高职高专国家示范性院校"十三五"规划教材

Android移动应用测试实战

主　编　张　志　陈小艳　王　鹏

副主编　于　涌　曹向志　夏品松

汪　刚　王　敏　张振坤

西安电子科技大学出版社

内 容 简 介

本书对移动测试技术进行了系统的讲解，不仅从理论的角度介绍了测试技术的基本原理、Android 平台开发和测试环境的搭建、Android 测试项目的创建、移动应用功能测试基本原理、Android 调试桥、移动自动化测试工具以及基于云平台的自动化测试平台，还从实战的角度介绍了如何进行移动应用兼容性测试、移动端性能测试、移动服务器端性能测试，另外还扩展介绍了移动应用特殊测试类型和移动应用测试管理。

本书深入浅出，通过对测试实践操作中遇到的常见问题逐一进行分析、总结，可为学生进入测试行业实际工作岗位提供指导，适合作为高职高专电子信息类专业教材。

图书在版编目(CIP)数据

Android 移动应用测试实战/张志，陈小艳，王鹏主编. —西安：西安电子科技大学出版社，2017.8

高职高专国家示范性院校“十三五”规划教材

ISBN 978-7-5606-4590-2

Ⅰ. ① A… Ⅱ. ① 张… ② 陈… ③ 王… Ⅲ. ① 移动终端—应用程序—程序设计

Ⅳ. ① TN929.53

中国版本图书馆 CIP 数据核字(2017)第 173321 号

策　　划　李惠萍

责任编辑　张静雅　李惠萍

出版发行　西安电子科技大学出版社(西安市太白南路 2 号)

电　　话　(029)88242885　88201467　　邮　　编　710071

网　　址　www.xduph.com　　电子邮箱　xdupfxb001@163.com

经　　销　新华书店

印刷单位　陕西天意印务有限责任公司

版　　次　2017 年 8 月第 1 版　2017 年 8 月第 1 次印刷

开　　本　787 毫米×1092 毫米　1/16　印　张　16

字　　数　373 千字

印　　数　1～3000 册

定　　价　33.00 元

ISBN 978-7-5606-4590-2/TN

XDUP 4882001-1

如有印装问题可调换

高职高专国家示范性院校“十三五”规划教材

Android 移动应用测试实战

编 委 会 名 单

主　编　张　志　陈小艳　王　鹏

副主编　于　涌　曹向志　夏品松　汪　刚　王　敏　张振坤

编　委　陈小艳　王　鹏　于　涌　曹向志　夏品松　汪　刚
谢永平　张振坤　朱　珺　王　翰　梅　斌　许孟才
周　祺　彭　伟　李莎莎

前　言

从2010年开始，随着3G网络和智能手机的普及，移动互联网行业展现了蓬勃的朝气，各公司或开发者为占据市场先机，开始将传统应用快速移植到移动端，以简单甚至没有考虑移动手机特性的方式将原有应用程序移植到移动端，这个时段属于APP应用的野蛮生长期。在这个时期，由于移动测试专业人才的缺乏以及开发成本等因素，移动APP测试没有受到足够的重视。

近年来，随着Android应用市场中APP数量的急剧增长，各类应用包括游戏、社交、教育、购物、旅游、视频、音乐、健康、导航、工具等APP都在市场上拥有庞大的数量，并且数量还在不断攀升，APP同质化情况严重，质量参差不齐，没有突出优势的APP很容易被市场所淘汰。同时，随着用户数量和用户对智能手机依赖程度的加深，用户对手机APP的要求也不断提高，移动APP不仅需要满足用户的功能性要求，还需要考虑用户体验、稳定性、易用性、可靠性、性能、安全性等因素。因此，各APP开发企业和开发者对于移动应用测试越来越重视，移动测试占据移动开发成本的比重越来越高，对移动测试人员的需求量也越来越大，同时移动测试水平也逐渐变成决定APP能否生存下去的至关重要的因素。为了解决众多企业和开发者在移动测试方面的困扰，Testin、百度、腾讯等企业适时推出了基于云平台的测试工具，可以代替企业或开发者进行测试，并提供专业的、详尽可靠的测试报告和优化建议等，一些企业也推出了相应的测试众包平台，使具有专业水平的开发测试人员可以利用业余时间在线帮助企业及开发者对其APP进行测试。要使移动APP产品从众多同类产品中脱颖而出，只有不断地对产品进行精益求精的测试，以匠人精神来精心打造每一款APP产品。移动测试技术及移动云测试技术正逐渐得到越来越多的关注，并逐渐成为移动应用开发技术领域的核心。一个移动产品团队，从策划、开发到维护等各阶段，移动测试人员都扮演着越来越重要的角色。

基于此，我们编写了本书，其中对移动测试技术进行了系统的讲解和整体的把握。本书不仅从理论的角度介绍了测试技术的基本原理、Android平台开发和测试环境的搭建、Android测试项目的创建、移动应用功能测试基本原理、Android调试桥、移动自动化测试工具以及基于云平台的自动化测试平台，还从实战的角度介绍了如何进行移动应用兼容性测试、移动端性能测试、移动服务器端性能测试，另外还扩展介绍了移动应用特殊测试类型和移动应用测试管理。本书本着实用性、系统性、可读性、可视性的原则进行撰写，充分吸收了编者在专长领域丰富的开发经验，可为初学者提供简明高效的入门指导。同时，本书通过对测试实践操作中遇到的常见问题逐一进行分析、归纳和总结，力争对学生进入测试行业实际工作起到一定的指导借鉴作用。

感谢 Testin 云测公司，该公司为本书编写提供了很多翔实的移动测试行业最新数据及发展趋势分析，并提供了很多移动测试的实例，从而使本书成为一本非常贴近企业实际运用的 Android 移动应用测试的实战教材。

由于时间仓促及编者水平有限，书中可能还存在疏漏、不当之处，敬请广大读者批评指正，我们不胜感激！

编　者

2017 年 3 月

目　　录

第一章　移动应用测试概述

本书的主要内容是关于手机 APP 测试相关理论和工具应用方面的技术，但考虑到有很多读者刚开始从事测试工作，这里用一章的内容对软件测试的基础内容进行概括性的介绍。如果读者已经熟悉了这些基本知识，就可以略过此章，直接阅读后续章节。

1.1　软件测试基础

自从软件出现以后，软件缺陷就一直伴随着软件而存在。曾经出现过很多由于软件缺陷导致出现故障的情况，例如 12306 网站、奥运网站、迪士尼狮子王游戏软件等，这些软件缺陷轻则导致网站瘫痪，重则导致重大的生命财产损失。越来越多的软件生产企业开始重视软件测试的重要性。

随着软件复杂程度日益增加，软件缺陷也会有所增长，通常在没有严格质量控制的情况下，会造成严重的质量事故。因此，人们“对抗”软件缺陷的态度日益坚决，使得软件测试不断地得到加强、重视和持续发展。

那么，什么是软件？什么是缺陷？什么是软件生命周期？在学习软件测试之前，读者应对这些概念有一个清晰的认识。

简单地说，软件就是程序与文档的集合。程序指实现某种功能的指令的集合，如目前广泛被应用于各行各业的 Java 程序、Delphi 程序、Visual Basic 程序、C 程序等。文档是指在软件从无到有这个完整的生命周期中产生的各类图文的集合，具体可以包括用户需求规格说明书、需求分析、系统概要设计、系统详细设计、数据库设计、用户操作手册等相关文字及图片内容。

软件缺陷是指计算机的硬件、软件系统(如操作系统)或应用软件(如办公软件、进销存系统、财务系统等)出现的错误，人们经常会把这些错误叫做“Bug”。“Bug”在英语中是臭虫的意思。在以前的大型机器中，经常出现有些臭虫破坏了系统的硬件结构，导致硬件运行出现问题，甚至崩溃。后来，Bug 这个名词就沿用下来，被引申为错误的意思，什么地方出了问题，就说什么地方出了 Bug，也就是用 Bug 来表示计算机系统或程序中隐藏的错误、缺陷或问题。

硬件的出错有两种原因，一种原因是设计错误，另一种原因是硬件部件老化失效等。软件的错误基本上是由于软件开发企业设计错误而引发的。设计完善的软件不会因用户可能的误操作产生 Bug，如本来是做加法运算，但错按了乘法键，这样用户虽然会得到一个不正确的结果，但不是 Bug。

软件生命周期又称为软件生存周期或系统开发生命周期，是从软件的产生直到报废的生命周期。生命周期包括需求定义、可行性分析、总体描述、系统设计、编码、调试和测试、验收和运行、维护升级、废弃等各个阶段，这种按时间分为各个阶段的方法是软件工程中的一种思想，即按部就班、逐步推进，每个阶段都要有定义、工作、审查、形成文档以供交流或备查，从而提高软件的质量。但随着面向对象的设计方法的成熟以及新的设计方法的推出，软件生命周期设计方法的指导意义正在逐步弱化。

1.2 软件测试的定义

随着信息技术的飞速发展、智能移动终端产品的大量普及，移动 APP 应用到了各个领域，软件产品的质量逐渐成为人们共同关注的问题。软件的生产者和使用者均面临严峻的考验，移动应用开发企业为了占有市场，必须把产品质量作为企业的重要目标之一，以在激烈的竞争中获得市场优势。软件测试是保障软件质量的一个重要手段。那么，什么是软件测试呢？

1983 年，IEEE 将软件测试定义为：使用人工和自动手段来运行或测试某个系统的过程，其目的在于检验它是否满足规定的需求，或弄清预期结果与实际结果之间的差别。软件测试就是在软件投入正式运行前期，对软件需求文档、设计文档、代码实现的最终产品及用户操作手册等方面进行审查的过程。软件测试通常描述了两项内容：

描述 1：软件测试是为了发现软件中的错误而执行程序的过程。

描述 2：软件测试是根据软件开发各个阶段的规格说明和程序的内部结构而精心设计的多组测试用例(即输入数据及其预期的输出结果)，并利用这些测试用例运行程序以发现错误的过程，即执行测试步骤。

这里又提到了两个概念：测试和测试用例。

测试包含硬件测试和软件测试，在本书中如没有特殊说明，测试仅指软件测试。它是为了找出软件中的缺陷而执行多组软件测试用例的活动。

测试用例是针对需求规格说明书中相关功能描述和系统实现而设计的，用于测试输入、执行条件和预期输出。测试用例是执行软件测试的最小实体。

关于软件测试还有一个概念，就是测试环境。测试环境包括很多内容，具体如下：

(1) 硬件环境(PC、笔记本电脑、服务器、小型机、大型机等)。

(2) 软件环境(操作系统，如 Windows 2000、Windows 9x、Windows XP、Windows NT、UNIX、Linux 等；Web 应用服务器，如 Tomcat、Weblogic、IIS、WebSphere 等；数据库，如 Oracle、SQL Server、MySQL、DB2 等；还有一些其他的软件，如办公软件、杀毒软件等)。软件环境的配置还需要考虑软件的具体版本和补丁的安装情况。

(3) 网络环境(如局域网、城域网或因特网，局域网的传输速度是多少)。

在进行软件测试的时候，同一个应用系统，有时因为测试环境的不同将直接导致软件运行结果的不同(如界面不同、运行结果不同等)，为了保证不再出现类似狮子王游戏软件兼容性测试方面的问题，在进行测试环境搭建的时候，需要注意以下几点：

(1) 尽量模拟用户的真实场景。测试环境尽量模拟用户的网络应用及软件、硬件使用环境，与用户的各项配置一致，对用户的真实场景进行仿真测试。有些情况下，完全模拟用户的场景是有困难的，这时可以通过与用户沟通，在特定的时间段(如节假日、下班以后的时间)应用用户的环境来达到测试的目的。

(2) 干净的环境。有时为了考查一款软件是否可以在新安装的操作系统下正常运行，就需要在干净的机器上考查与这个软件相关的动态链接库(DLL 文件)，检查相应组件是否能够正常注册、复制到相应路径下；有些情况下由于程序的运行需要第三方组件或者动态链接库的支持，但在打包的时候忘记把这些内容添加进去，从而导致在干净的系统中出现问题。在干净的系统中测试还可以有效避免由于安装了其他软件而产生冲突，影响问题定位方面的情况发生。

(3) 没有病毒的影响。有时，测试人员会发现系统在本机上出现文件无法写入、网络不通、驱动错误、IE 浏览器和其他软件的设置频繁被改变等一系列莫名其妙的问题，而这些问题在别的计算机上没有出现。遇到这些问题，一般情况下可能是由于用户的计算机感染上了病毒，需要杀毒以后再进行测试。在有病毒的计算机上进行测试是没有意义的事情，因为不知道这是系统的问题还是由于病毒原因而产生的问题。

(4) 独立的测试环境。做过测试的读者可能经常都会被测试和研发共用一套测试环境而困扰，因为测试和研发的数据会互相影响。例如，一个进销存软件，测试人员做了进货处理，进了 10 口电饭锅，进货单价为 100 元/口，接下来进入库存统计时发现库存金额为 800 元，原来是因为开发人员销售了两口电饭锅，致使库存统计的数据错误。在共用一套环境的情况下，测试、研发相互影响的事情比比皆是，这不利于缺陷的定位，也不利于项目或者产品任务的进度控制。

用户希望选用优质的软件，以保证自己的业务顺利完成。质量不佳的软件产品不仅会大大增加开发企业的维护成本和用户的使用成本，还会产生其他的责任风险。在一些关键应用(如民航订票系统、银行结算系统、证券交易客户端系统、自动飞行控制软件、军事防御终端系统和核电站安全终端控制系统等)中使用带有潜在缺陷的软件，可能会造成灾难性的后果。

软件缺陷这一概念用来描述各种软件错误，是所有软件错误的统称。通常把符合下列 5 种特征之一的软件错误认为是软件缺陷。

(1) 软件未达到软件产品需求说明书中指明的要求。

(2) 软件出现了软件产品需求说明书中指明不应该出现的错误。

(3) 软件功能超出了软件产品需求说明书中指明的范围。

(4) 软件未达到软件产品需求说明书中虽未指明但应达到的要求。

(5) 测试人员认为软件可能造成用户难以理解、不易使用、运行速度缓慢或者其他用户认为不好的问题。

如何避免错误的产生和消除已经产生的错误，使程序中的错误密度达到尽可能低的程度，是软件测试工作的主要内容。

测试的英文单词为“test”，即检验或考试之意。所谓测试，就是通过一定的方法或工具对被测试对象进行检验，目的是发现被测试对象存在的问题和潜在存在的问题。软件测试是测试中的特例，它的测试对象是人类的智力产品——软件。因此，软件测试是所有测试中最复杂的一种测试。

大量统计资料表明，软件测试的工作量往往占软件开发总工作量的 40%以上。极端情况下，测试关系到人的生命安全的软件所花费的成本可能相当于软件工程其他开发步骤总成本的三倍到五倍。因此，必须高度重视软件测试工作，绝不要以为写出程序之后，软件开发工作就接近完成了，实际上还有大量的测试和问题修正工作需要完成。

以智能手机为代表的移动终端中可安装的 APP 越来越多，从每一款移动应用上线到其进入手机应用市场之前，都需要经过严格的软件测试工作，以保证 APP 能够被用户顺利进行下载、安装、正常运行、升级等操作。针对手机中移动软件的测试不断得到企业的重视，对移动测试工程师的人员需求也呈不断增长的趋势。

1.3 软件测试的目的

软件测试的目的决定了如何去组织测试。如果测试目的是尽可能多地找出错误，那么测试就应该直接针对软件比较复杂的部分或是以前出错比较多的位置。如果测试的目的是给最终用户提供具有一定可信度的质量评价，那么测试就应该直接针对在实际应用中会经常用到的商业假设。

不同的机构会有不同的测试目的，相同的机构也可能有不同的测试目的，可能是测试不同区域或是对同一区域的不同层次的测试。

在谈到软件测试时，许多人都引用 Glenford J. Myers 在《The Art of Software Testing》一书中提出的观点：

(1) 测试是为了发现错误而执行程序的过程。

(2) 测试是为了证明程序有错误，而不是为了证明程序无错误。

(3) 一个好的测试用例在于它能发现至今未发现的错误。

(4) 一个成功的测试是发现了至今未发现的错误的测试。

这些观点可以提醒人们测试要以查找错误为中心，而不是为了演示软件的正确功能。但是仅凭字面意思理解这一观点可能会产生误导，认为发现错误是软件测试的唯一目的，查找不出错误的测试就是没有价值的，但事实并非如此。

首先，测试并不仅仅是为了找出错误。分析错误产生的原因和错误的分布特征，可以帮助项目管理者发现当前所采用的软件的不足，以便改进。同时，这种分析也能帮助我们设计出有针对性的检测方法，提高测试的有效性。通过对缺陷数据进行分析，也可以促进研发过程的改进。

其次，没有发现错误的测试也是有价值的。完整的测试是评定测试质量的一种方法，详细而严谨的可靠性增长模型可以证明这一点。例如，Bev Littlewood 发现一个经过测试而正常运行了 N 小时的系统有继续正常运行 N 小时的可能性。

随着软件测试行业的发展，软件测试工作目的也发生了变化。软件测试不仅仅是为了找出软件中的潜在缺陷，通过软件测试还能证明研发流程的有效性及软件特性能否满足质量要求，通过测试过程中对软件的各种数据采集和分析，也能为整个研发过程的改进提供数据支撑。

1.4　软件测试的原则

软件测试的基本原则是测试人员站在用户的角度，对产品进行全面测试，尽早、尽可能多地发现缺陷，并负责跟踪和分析产品中的问题，对不足之处提出质疑和改进意见。“零缺陷(Zero-Bug)”是一种理想，“足够好(Good-Enough)”是测试的原则。

在软件测试过程中，应注意和遵循以下原则：

(1) 所有的测试都应该以用户需求为中心，致力于满足用户需求。

所有测试的指标都应建立在用户需求之上，因为软件测试的目标在于揭示错误，所以测试人员要始终站在用户的角度去看问题，找出导致程序不能满足用户需求的严重错误。软件测试必须基于“质量第一”的原则去开展各项工作。当时间和质量冲突时，时间要服从质量。

(2) 尽早制订测试计划，在整个开发过程中要尽早地和不断地进行软件测试。

由于用户需求的复杂性和不确定性、软件的复杂性和抽象性、软件开发各阶段工作的多样性，加上各软件开发人员的差异性等因素，使得软件开发的每个环节都可能产生错误。所以，测试应贯穿于整个软件开发过程，而不应该只简单地被看做软件开发的一个独立阶段。软件项目一启动，软件测试也应该开始，而不是等程序写完，才开始进行测试。软件开发过程中要尽早地、不断地发现错误，及时纠正，不断提升软件质量。

软件测试计划是做好软件测试工作的前提。因此，在进行实际测试之前，应制订良好的、切实可行的测试计划并严格执行，特别要注意确定测试策略和测试目标。

测试计划应包括被测试软件的功能、输入和输出、测试内容、各项测试进度安排、资源要求、测试资料、测试工具、测试用例、测试控制方式和过程、系统集成方式及回归测试的规定和评价标准等。测试计划可以在需求模型一完成就开始，详细的测试用例定义可以在设计模型被确定后开始。值得注意的是，应该长期保证测试计划根据实际项目情况进行更新，直到软件系统完成为止。

(3) 应事先定义好产品的质量标准。

基于给定的产品质量标准，通过分析相应的测试结果，对产品的质量进行分析和评估，做到“有的放矢”。

(4) 测试工作不应由系统开发人员或开发机构本身来承担，应交由第三方承担。

从心理学角度讲，人们往往不愿意否定自己的工作。此外，测试是带有“挑剔性”的行为，即如果程序中包含了由于程序员对程序功能的误解而产生的错误，当程序员测试自己所编写的程序时，往往还会由于带着同样的误解而使错误难以发现。相对而言，第三方进行测试会使测试结果更客观、更有效，为了得到较好的测试效果，应由第三方人员对软件进行客观、严格的独立测试。

(5) 穷举测试是不可能的。

考虑到程序路径排列的数量巨大，因此，测试过程中不可能输入一切可能的数据，让程序的各条路径都执行一遍。应采用选择测试，即选取能充分覆盖程序逻辑，并确保程序设计中使用的所有条件是有可能和有代表性的，并以典型的数据作为测试用例。在测试中，应首先保证软件业务功能的正确性，其次考虑程序本身的功能，再考虑容错性、UI(User Interface，用户界面)、易用性等。

除了检查系统是否具备了所要求的功能之外，还要看系统是否存在多余功能或操作处理。因此，除了选用合理条件的输入数据，还要选用不合理条件的输入数据作为测试用例的数据。过去的程序测试中，考虑比较多的是合法的、合理的输入条件的测试，用以检查程序是否具备应有的功能，而忽视了不合法的和预想不到的输入条件。然而，用户在使用软件的过程中，往往会出现不遵循事先约定的情况，例如在键盘上按错了键、输入非法命令及不合理的数据等。如果软件中缺乏相应的处理功能，那么就容易产生故障，甚至导致软件失效。软件测试过程中，同样需要用不合理的输入条件来进行异常情况的测试，进而检验软件系统在处理非法操作情况下的健壮性。

测试的关键技术是设计一组高效的测试用例，好的测试用例是尽可能发现至今仍未发现的错误。测试用例是设计出来的，所以要根据测试目的，采用相应的方法去设计测试用例，从而提高测试的效率，更多地发现错误，提高程序的可靠性。从某种意义上说，测试是否成功，取决于测试用例的选择，所以测试用例的正确性和合理性具有很重要的意义。通常软件测试用例设计在整个测试工作中占用 1/3 左右的工作量。

(6) 设计测试用例时，要给出测试的预期结果。

这条原则是以心理学为基础的，如果事先无法给出预期的测试结果，由于受“眼睛会看见事先想看见的东西”的习惯的影响，往往会把似是而非的事物当成是正确的结果。解决这个问题的基本方法是，事先给出程序预期的输出结果，并以此为标准详细检查所有的输出，抓住症状并揭示错误。因此，一个测试用例必须包括两部分：对程序输入数据的描述和由这些输入数据应产生的输出结果的精确描述。

(7) 对合理的和不合理的输入数据都要进行测试。

为了提高程序的可靠性，不仅要考虑合理的输入数据，同时也应考虑不合理的输入数据。合理的输入数据是指正常的输入数据，用来验证程序的正确性，而不合理的输入数据是指异常的、临界的、可能引起问题变异的输入数据。但在测试程序时，人们很容易将注意力集中于合理的和预期的输入情况，而忽视不合理和非预期的情况。事实上，软件在投入运行后，用户往往会不遵循合理的输入要求，而进行一些非法的输入，如果系统不能对此意外输入做出正确反应，系统将很容易产生故障，甚至瘫痪。因此，在测试时必须重点测试系统处理非法输入的能力，而且用不合理的输入数据进行测试能发现更多的错误。

(8) 测试应从“小规模”开始，逐步转向“大规模”。

最初的测试通常把焦点放在单个程序模块上，进一步测试的焦点则转向在集成的模块簇中寻找错误，最后在整个系统中寻找错误。随着测试的逐步深入展开，要集中测试容易出错的地方。测试人员对软件功能的理解也是一个由浅到深的过程。

(9) 充分注意到缺陷的群集现象。

统计结果表明，测试发现的错误中有 80%的错误很可能是由 20%的程序模块造成的，即程序中存在缺陷群集性现象。程序段中错误数目多的地方，残存错误的数目也比较多。这与很多因素有关，其中最主要的因素是程序员的编程水平和习惯。因此，为了提高测试的效率，在进行深入测试时，应对缺陷群集的程序区段进行重点测试。

(10) 测试过程中，应重视并妥善保存文档。

应妥善保存一切测试过程文档，有条件时将其纳入知识库/资产库进行管理。测试过程文档包括测试计划、测试用例、测试方案、测试报告等，这些都是检查整个开发过程的主要依据，在对该软件产品进行维护时，需要根据这些测试文件进行修改和再测试。同时，这些文档也是测试人员的智慧结晶和经验积累，对新员工培训或今后的工作借鉴都有重要意义。

原则是重要的，方法应该在原则的指导下进行。除了上述原则之外，在测试过程中，还要注意以下事项：

(1) 要注意回归测试的关联性问题，修改一个错误而引起更多错误出现的现象普遍存在。

(2) 在规划测试时，不要设想程序中不会查出错误，默认程序中不存在错误对测试工作极为不利。

(3) 除检查程序功能是否完备外，还要检查程序功能是否有多余的情况。

(4) 对做了修改之后的程序进行重新测试时，应严格执行测试用例，否则将有可能忽略由于修改错误而引起的新错误。

(5) 必须彻底检查每一个测试结果，保证所有的测试结果无一遗漏。

(6) 对测试错误结果一定要有一个确认的过程。一般由“甲”测试出来的错误，一定要由“乙”来确认。对于严重的错误，可以召开评审会对其进行讨论和分析。

1.5 软件测试的分类

软件测试可按照测试阶段、是否运行程序、是否查看源代码以及其他方式来进行分类，如图 1-1 所示。

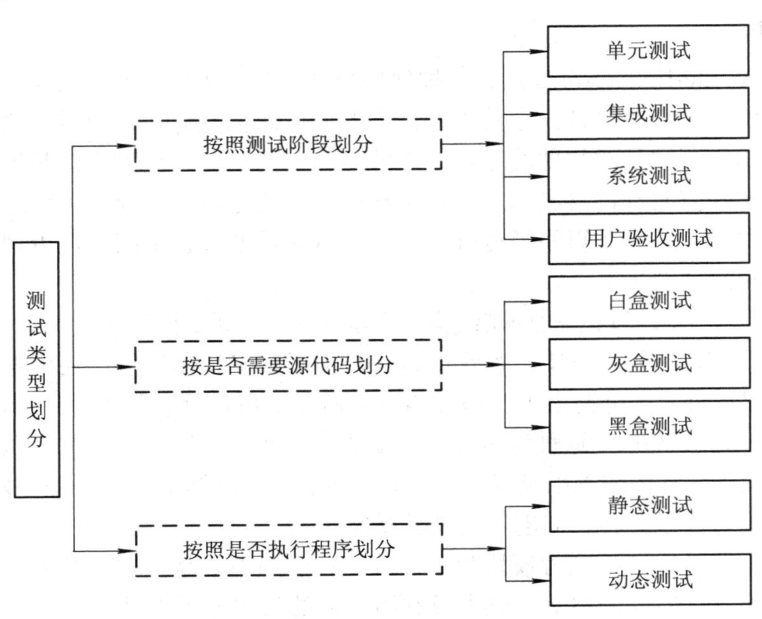

图 1-1 测试类型划分

1.5.1 黑盒测试、白盒测试与灰盒测试

1．黑盒测试

黑盒测试(Black-Box Testing)是软件测试的主要方法之一，也可以称为功能测试、数据驱动测试或基于规格说明的测试。测试者不了解程序的内部情况，只知道程序的输入、输出和系统的功能，这是从用户的角度对程序进行的测试。软件的黑盒测试意味着测试要在软件的接口处进行。这种方法是把测试对象看做一个不能打开的黑盒子，测试人员完全不考虑程序内部的逻辑结构和内部特性，只依据程序的需求规格说明书，检查程序的功能是否符合它的功能说明。

黑盒测试的随机性比较大，在大部分案例执行完成以后，大概能够测试 40%的功能。据美国的官方数据，20%的问题是在开发过程中发现的，80%的问题是在系统测试和集成测试过程中发现的。其中，对于 80%的问题，还需要再细分，20%是使用的问题，20%是程序的问题，5%是逻辑问题，剩下的都是莫名其妙的问题。这样的数据对测试的一个引导是：要想发现更多的问题，需要更多的思考和更多的组合。这样增加了很多工作量，人们在疲惫地执行着测试用例，渴望从中发现新的问题。

这样的用例设计思想使得人们在开发一个大型产品或者延续性产品的时候，整个测试用例的延续性很差，重用性也很差。所以，黑盒测试不能简单地使用，用例设计也不能随意地组合。

那么，如何在开发过程中很好地结合 2/8 原则，设计好的测试用例呢？不可能出现一个完美无瑕的产品，但是作为软件工程师和软件测试工程师，肯定希望自己参与开发或测试的产品稳定、易用并且能够满足当前大多数人的需求。笔者相信通过软件工程师、测试工程师以及质量保证人员等的不断努力，会设计出让用户感到满意的软件产品。

2．白盒测试

白盒测试(White-Box Testing)是另一种软件测试的主要方法，又称为结构测试、逻辑驱动测试或基于程序本身的测试，它着重于程序的内部结构及算法，通常不关心功能与性能指标。软件的白盒测试是对软件的过程性细节做细致的检查。这种方法是把测试对象看做一个打开的盒子，它允许白盒测试人员利用程序内部的逻辑结构及有关信息，设计或选择测试用例，对程序中所有逻辑路径进行测试。测试人员通过在不同点检查程序状态，确定实际状态是否与预期的状态一致。

白盒测试基于对源代码中的控制结构、处理过程的分析，检查程序内部处理是否正确，包括异常处理、语句结构、分支、循环结构等。对于很多控制软件，还要考虑有无冗余的代码，因为程序运行时，可能由于这些代码进入而无法再进行正常的执行(如进入了死循环状态，程序永远无法终止)。这种测试要求测试人员对程序的理解能力和编码能力很高，需要了解程序的构架、具体需求以及一些编写程序的技巧，能够检查一些程序规范以及指针、变量、数组越界等问题，使得问题在前期就暴露出来。

白盒测试一般是以单元或者模块为基础的，目前的做法是把它归结为开发的范畴。通常由资深的程序员、专职的白盒测试人员利用专业的代码分析工具，如 Bounds Checker、Jtest、C++ Test 等工具，发现代码上的缺陷，例如变量没有初始化、空指针、内存泄露以

及代码不规范等问题。

白盒测试的主要方法包括以下几种：

(1) 语句覆盖：使得程序中每个语句至少都能被执行一次。

(2) 判定覆盖：使得程序中每个判定至少为真或假各一次。

(3) 条件覆盖：使得判定中的每个条件获得各种可能的结果。

(4) 判定/条件覆盖：同时满足判定覆盖和条件覆盖。

(5) 条件组合覆盖：使得每个判定中条件的各种可能组合都至少出现一次。

3. 灰盒测试

灰盒测试(Gray-Box Testing)是基于程序运行时刻的外部表现，并结合程序内部逻辑结构来设计用例，执行程序并采集程序路径执行信息和外部用户接口结果的测试技术。这种测试技术介于白盒测试与黑盒测试之间，可以这样理解，灰盒测试关注输出对于输入的正确性，同时也关注内部表现。但这种关注不像白盒测试那样详细、完整，只是通过一些表征性的现象、事件、标志来判断内部的运行状态。例如，有时候输出是正确的，但内部其实已经出现错误了，这种情况非常多。如果每次都通过白盒测试来操作，效率会很低，因此需要采取灰盒测试的方法。

灰盒测试结合了白盒测试和黑盒测试的要素，考虑了用户端、特定的系统知识和操作环境。

灰盒测试由方法和工具组成，这些方法和工具取材于应用程序的内部知识和与之交互的环境，能够用于黑盒测试以增强测试效率、错误发现和错误分析的效率。

灰盒测试涉及输入和输出，但使用关于代码和程序操作等通常在测试人员视野之外的信息设计测试。

1.5.2 静态测试与动态测试

1. 静态测试

所谓静态测试(Static Testing)，是指不运行被测试的软件，而只是静态地检查程序代码、界面或者文档中可能存在的错误的过程。

静态测试主要包括以下三个方面。

(1) 程序代码测试：主要是程序员通过代码检查、代码评审等方式，对程序中是否存在编码不规范、代码编写是否和业务实现不一致，以及代码中是否有内存泄露、空指针等问题的测试。

(2) 界面测试：主要是测试人员从用户角度出发，根据公司的UI设计规范检查被测试软件的界面是否符合用户的要求。在这里，非常赞同在开发软件产品之前将界面原型提供给用户参考，听取用户意见，而后不断完善原型，最后依照通过的原型实现软件的做法。

(3) 文档测试：主要是测试人员对需求规格说明书、用户手册是否符合用户要求的检查过程。

为了能够说明静态测试是如何进行的，下面仅以对程序代码的测试为例来介绍。

首先看一段由C语言实现的小程序，代码如下所示：

```
void msg(char *explanation)
```

```
{
    char p1;
    p1 = malloc(100);
  .(void) sprintf(p1，"The error occurred because of '%s'."，explanation);
}
```

如果读者对 C 语言有一定的了解，应该清楚内存申请完成，在完成任务后，必须要把申请的内存回收，否则就会造成内存的泄露。从上面的代码不难发现，每次应用 msg()函数都会泄露 100 字节的内存。在内存充裕的情况下，一两次泄露是微不足道的，但是连续操作数小时后，特别是在多用户并发的情况下，持续运行一段时间之后，即使如此小的泄露也会削弱应用程序的处理能力，最后的结果必将是内存资源耗尽。

在实际的 C、C++编程中，若在代码中通过 malloc()对内存进行了分配，那么在完成任务以后一定要记得把那部分申请的内存通过 free()释放掉，当然还需要注意在应用文件操作的时候，要关闭文件以及建立一个连接以后要关掉连接等问题。对于上述情况，如果没有及时关闭申请的资源，同样会出现内存泄露的情况。

除了上面介绍的代码方面的问题以外，文档中缺少注释信息也是一个问题。一个软件在编写过程中，通常都是多人相互协作，每个人编写一部分功能模块，每个人可能非常清楚自己编写的模块内容，但是有时候难免会遇到您去修改别人代码的情况(如某个研发人员离职了，您需要维护他编写的那部分代码)。这时如果没有注释信息，您可能理解几十万、上百万行的代码是极其困难的，但是在有注释的情况下，您就能很快了解编写者的意图，方便后期代码的维护。

2．动态测试

与静态测试相对应的就是动态测试。所谓动态测试(Dynamic Testing)，是指实际运行被测试的软件，输入相应的测试数据，检查实际输出结果是否和预期结果相一致的过程。从静态测试和动态测试的概念不难发现，静态测试和动态测试的唯一区别就是是否运行程序。

为了说明动态测试是如何进行的，这里举一个具体的实例。以 Windows 自带的计算器程序为例，如输入“5 + 50 =”，在设计用例的时候，预期结果应该为“55”，如果结果不等于“55”则说明程序是错误的，见图 1-2。

图 1-2　计算器程序

1.5.3　单元测试、集成测试、系统测试与验收测试

1．单元测试

单元测试是测试过程中最小粒度的测试，它在执行的过程中紧密地依照程序框架对产品的函数和模块进行测试，包含入口和出口的参数、输入和输出信息、错误处理信息、部分边界数值测试。

目前，在国内大多数情况下，这个部分的测试工作是由开发人员进行的。笔者相信未来应该是由测试工程师来做这个工作。这和目前国内软件测试刚刚起步的阶段是密切相关的，随着软件行业的蓬勃发展，越来越多的软件企业已经意识到白盒测试的重要程度，特别是在军工、航天以及一些对人身、财产安全影响重大的项目中，白盒测试的重要意义不言而喻。当然，这样意义重大的事情，对白盒测试人员的综合能力也提出了更高的要求，从业人员必须对需求、系统框架、代码以及测试技术等方面都要有深刻的理解，这样才能发现问题。

还有一种大家在一起讨论评审的方法，就是当一个模块给某个开发工程师以后，需要他给大家讲解要完成这个模块或者函数的整体流程和思路，进行统一评审，使得问题能够暴露得更充分一些，这样做的目的有以下几个方面。第一，使得大家对设计者的思路有明晰的理解，以便以后调用或者配合的时候能够真切地提出需求或者相对完美地配合。第二，在评审的过程中，可能发现问题，如果大家没有遇见过，这样就会对其提高警惕，如果遇见过，就会回想当时自己是怎么解决或者规避的，使得大家能够避免错误的发生，减少解决问题的周期。第三，可以对平常所犯错误进行一个整理，这是生动的教科书，可以使得新人员借鉴前人的一些经验，学习解决问题的方法。

上面介绍了两种方法，第一种是通过在开发的过程中进行测试，由开发(白盒测试)工程师编写测试代码，对所编写的函数或者模块进行测试；第二种是通过代码互评发现问题，将问题进行积累，形成知识积累库，以便使得其他开发人员在遇到同样的问题时不至于再犯错误。

单元测试非常重要，因为它影响的范围比较大，也许由于一个函数或者参数问题，造成后面暴露出很多表象问题。而且如果单元测试做不好，就使得集成测试或者后面系统测试的压力很大，这样项目的费用和进度可能就会受到影响。

对单元测试，有很多工具可以应用，现在的主流是 Xunit 系列(即针对 Java 的测试主要用 Junit，针对.NET 的测试用 Nunit，针对 Delphi 的测试用 Dunit 等工具)，当然，除此之外，也有其他的工具，如 TestBed、Jtest 等。测试人员应该在单元测试工作中不断积累工作经验，不断改进工作方法，增强单元测试力度。

保证单元测试顺利进行，需要渗透软件工程的很多思想，把 CMM 和跟踪机制建立起来，把问题进行分类与跟踪。

1) 单元测试的任务

单元测试的主要任务包括以下几方面：

(1) 模块接口测试。模块接口测试是单元测试的基础，主要检查数据能否正确地通过模块。只有在数据能正确流入、流出模块的前提下，其他测试才有意义。

测试接口正确与否应该考虑下列因素：

① 输入的实际参数与形式参数的个数是否相同；

② 输入的实际参数与形式参数的属性是否匹配；

③ 输入的实际参数与形式参数的量纲是否一致；

④ 调用其他模块时所给实际参数的个数是否与被调模块的形式参数的个数相同；

⑤ 调用其他模块时所给实际参数的属性是否与被调模块的形式参数的属性匹配；

⑥ 调用其他模块时所给实际参数的量纲是否与被调模块的形式参数的量纲一致；

⑦ 调用预定义函数时所用参数的个数、属性和次序是否正确；

⑧ 是否存在与当前入口点无关的参数引用；

⑨ 是否修改了只读型参数；

⑩ 各模块对全程变量的定义是否一致；

⑪ 是否把某些约束作为参数传递。

如果模块内包括外部输入/输出，还应该考虑下列因素：

① 文件属性是否正确；

② 打开或关闭语句是否正确；

③ 格式说明与输入/输出语句是否匹配；

④ 缓冲区大小与记录长度是否匹配；

⑤ 文件使用前是否已经打开；

⑥ 是否处理了文件尾；

⑦ 是否处理了输入/输出错误；

⑧ 输出信息中是否有文字性错误。

(2) 局部数据结构测试。检查局部数据结构是为了保证临时存储在模块内的数据在程序执行过程中的完整性和正确性。局部数据结构往往是错误的根源，应仔细设计测试用例，力求发现下面几类错误：

① 不合适或不相容的类型说明；

② 变量无初值；

③ 变量初始化或默认值有错；

④ 不正确的变量名(拼错或不正确地截断)；

⑤ 出现上溢、下溢和地址异常；

⑥ 除了局部数据结构外，如果可能，单元测试时还应该查清全局数据(如 Fortran 的公用区)对模块的影响。

(3) 独立执行路径测试。在模块中应对每一条独立执行路径进行测试。单元测试的基本任务是保证模块中每条语句至少执行一次。此时，设计测试用例是为了发现因错误计算、不正确的比较和不适当的控制流造成的错误，其中基本路径测试和循环测试是最常用且最有效的测试技术，测试中发现的常见错误包括：

① 误解或用错算符优先级；

② 混合类型运算；

③ 变量初值错误；

④ 精度不够；

⑤ 表达式符号错误。

比较判断与控制流常常紧密相关，测试用例还应致力于发现下列错误：

① 不同数据类型的对象之间进行比较；

② 错误地使用逻辑运算符或优先级；

③ 因计算机表示的局限性，期望理论上相等而实际上不相等的两个量相等；

④ 比较运算或变量出错；

⑤ 循环终止条件不可能出现；

⑥ 错误地修改了循环变量。

(4) 错误处理路径测试。一个好的设计应能预见各种出错情况，并对这些出错情况预设各种出错处理路径。出错处理路径同样需要认真测试，在测试时应着重检查下列问题：

① 输出的出错信息难以理解；

② 记录的错误与实际遇到的错误不相符；

③ 在程序自定义的出错处理段运行之前，系统已介入进行处理；

④ 异常处理不当，导致数据不一致等情况发生；

⑤ 错误陈述中未能提供足够的定位出错信息。

(5) 边界条件测试。边界条件测试是单元测试中重要的一项任务。众所周知，软件经常在边界上失效，采用边界值分析技术，针对边界值设计测试用例，很有可能发现新的错误。

2) *单元测试方法*

一般认为单元测试应紧接在编码之后，当源程序编制完成并通过复审和编译检查，便可开始单元测试。测试用例的设计应与复审工作相结合，根据设计信息选取测试数据，将增大发现上述各类错误的可能性。在确定测试用例的同时，应给出期望结果。

由于被测试的模块往往不是独立的程序，它处于整个软件结构的某一层上，被其他模块调用或调用其他模块，其本身不能单独运行，因此在单元测试时，应为测试模块开发一个驱动(Driver)模块和若干个桩(Stub)模块。

驱动模块的作用是用来模拟被测模块的上级调用模块，其功能要比真正的上级模块简单得多，它接收测试数据并将这些数据传递到被测试模块，被测试模块被调用后，可以打印“进入-退出”消息。桩模块用来代替被测模块所调用的模块，用以返回被测模块所需的信息。

驱动模块和桩模块是测试使用的软件，而不是软件产品的组成部分，其编写需要一定的开发费用。若驱动模块和桩模块比较简单，实际开发成本就会相对低一些。遗憾的是，仅用简单的驱动模块和桩模块不能完成某些模块的测试任务，这些模块的测试只能采用后面讨论的集成测试方法。

2. 集成测试

时常有这样的情况发生，每个模块都能单独工作，但这些模块集成在一起之后却不能正常工作，其主要原因是模块相互调用时会产生许多与接口有关的新问题。例如：数据经过接口可能丢失；一个模块对另一模块可能造成不应有的影响；几个子功能组合起来不能实现主功能；误差不断积累，最后则达到不可接受的程度；全局数据结构出现错误等。集成测试是组装软件的系统测试技术，按设计要求把通过单元测试的各个模块组装在一起之后，进行综合测试以便发现与接口有关的各种错误。

集成测试包括两种不同的方法：非增量式集成和增量式集成。研发人员习惯于把所有模块按设计要求一次全部组装起来，然后进行整体测试，这称为非增量式集成。这种方法容易出现混乱，因为测试时可能发现很多错误，为每个错误进行定位和纠正非常困难，并且在改正一个错误的同时又可能引入新的错误，新旧错误混杂，更难断定出错的原因和位置。与之相反的是增量式集成方法，程序一段一段地扩展，测试的范围一步一步地扩大，错误易于定位和纠正，测试也可做到完全彻底。

增量式集成方法主要包括自顶向下集成和自底向上集成两种类型。

自顶向下增量式测试是按结构图自上而下进行逐步集成和逐步测试，即模块集成的顺序是首先集成主控模块(主程序)，然后按照软件控制层次结构向下进行集成。

自底向上增量式测试是从最底层的模块开始，按结构图自下而上逐步进行集成和测试。

集成测试主要测试软件的结构问题，因为测试建立在模块的接口上，所以多为黑盒测试，适当辅以白盒测试。

执行集成测试的流程为：

(1) 确认组成一个完整系统的模块之间的关系。

(2) 评审模块之间的交互和通信需求，确认模块间的接口。

(3) 使用上述信息产生一套测试用例。

(4) 采用增量式测试，依次将模块加入到系统，并测试新合并后的系统，这个过程以逻辑/功能顺序重复进行，直至所有模块被集成进来形成完整的系统为止。

此外，在测试过程中尤其要注意关键模块。所谓关键模块一般都具有以下一个或多个特征：① 对应几条需求；② 具有高层控制功能；③ 复杂，易出错；④ 有特殊的性能要求。

由于集成测试的主要目的是验证组成软件系统的各模块的接口和交互作用，集成测试对数据的要求无论从难度和内容来说一般都不是很高。集成测试一般也不使用真实数据，测试人员可以通过手工制作一部分具有代表性的测试数据。在创建测试数据时，应保证数据充分测试软件系统的边界条件。

在单元测试时，根据需要生成了一些测试数据，在集成测试时可适当地重用这些数据，这样可节省时间和人力。

集成测试很难把握，应针对总体设计尽早开始筹划。为了做好集成测试，需要遵循以下原则：

(1) 所有公共接口都要被测试到。

(2) 关键模块必须进行充分的测试。

(3) 集成测试应当按一定的层次进行。

(4) 集成测试的策略选择应当综合考虑质量、成本和进度之间的关系。

(5) 集成测试应当尽早开始，并以总体设计为基础。

(6) 在模块与接口的划分上，测试人员应当和开发人员进行充分的沟通。

(7) 当接口发生修改时，涉及的相关接口必须进行再测试。

(8) 测试执行结果应当如实记录。

3. 系统测试

集成测试通过以后，软件已经组装成一个完整的软件包，这时就需要进行系统测试。系统测试完全采用黑盒测试技术，因为这时已不需要考虑组件模块的实现细节，而主要是根据需求分析时确定的标准检验软件是否满足功能、性能等方面的要求。系统测试所用的数据必须尽可能地像真实数据一样准确和有代表性，也必须与真实数据的大小及其复杂性相当。满足上述测试数据需求的一个方法是使用真实数据。在不使用真实数据的情况下，应该考虑对真实数据进行复制。复制数据的质量、精度和数据量必须尽可能地代表真实的数据。当使用真实数据或使用复制数据时，仍然有必要引入一些手工数据。在创建手工数据时，测试人员必须采用正规的设计技术，使得提供的数据真正代表正规和异常的测试数据，确保软件系统能被充分地测试。

系统测试需要有广泛的知识面，测试工程师需要了解和掌握很多方面的知识，需要了解所出现的问题可能是由什么原因造成的，以便我们能够及时地补充测试用例，降低产品发行后的风险。

系统测试阶段是测试发现问题的主要阶段，系统测试重复的工作量比较大。如果是一个大型的项目，则涉及的内容相对比较多。测试本身是一件具有重复性的工作，很多时候需要部署同样的测试环境，测试同样的模块功能，反复输入相同的测试数据，这是十分枯燥和乏味的。所以，如果能够将部分有规律的重复性工作使用自动化测试工具来进行，就会减少工作量，提高工作效率。

4．验收测试

系统测试完成之后，软件已完全组装起来，接口方面的错误也已排除，这时可以开始对软件进行最后的确认测试。确认测试主要检查软件能否按合同要求进行工作，即是否满足软件需求规格说明书中的要求。

软件确认要通过一系列黑盒测试。确认测试同样需要制订测试计划和过程，测试计划应规定测试的种类和测试进度，测试过程则定义一些特殊的测试用例，旨在说明软件与需求是否一致。无论是计划还是过程，都应该着重考虑软件是否满足合同规定的所有功能和性能，文档资料是否完整、准确，人机界面和其他方面(如可移植性、兼容性、错误恢复能力和可维护性等)是否满足用户要求。

确认测试的结果有两种可能：一种是功能和性能指标满足软件需求说明的要求，用户可以接受；另一种是软件不满足软件需求说明的要求，用户无法接受。项目进行到这个阶段才发现的严重错误和偏差一般很难在预定的工期内改正，因此必须与用户协商，寻求一个妥善解决问题的方法。

事实上，软件开发人员不可能完全预见用户实际使用程序的情况。例如，用户可能错误地理解命令，或提供一些奇怪的数据组合，也可能对系统给出的提示信息迷惑不解等。因此，软件是否真正满足最终用户的要求，应由用户进行一系列验收测试。验收测试既可以是非正式的测试，也可以是有计划、有系统的测试。有时，验收测试长达数周甚至数月，不断暴露错误，导致开发延期。一个软件产品可能拥有众多用户，不可能由每个用户验收，此时多采用α、β测试，以期发现那些似乎只有最终用户才能发现的问题。

α测试是指软件开发公司组织内部人员模拟各类用户行为对即将面市的软件产品(称为α版本)进行测试，试图发现错误并修正。α测试的关键在于尽可能地模拟实际运行环境和用户对软件产品的操作，并尽最大努力涵盖所有可能的用户操作方式。经过α测试调整的软件产品称为β版本。紧随其后的β测试是指软件开发公司组织各方面的典型用户(如放到互联网上供用户免费下载，并可以试用一定的期限，或者以光盘等形式免费发放给部分期待试用的未来潜在客户群用户试用一定的期限，这个期限可能是几天，也可能是几个月)在日常工作中实际使用β版本，并要求用户报告异常情况、提出改进意见，然后软件开发公司再对β版本进行改错和完善。

1.5.4 其他测试

1．回归测试

无论是进行黑盒测试还是白盒测试都会涉及回归测试，那么，什么是回归测试呢？回归测试是指对软件新的版本测试时，重复执行上一个版本测试时使用的测试用例。

在软件生命周期中的任何一个阶段，只要软件发生了改变，就可能给该软件带来问题。软件的改变可能是源于发现了错误并做了修改，也有可能是因为在集成或维护阶段加入了新的模块。当软件中所含错误被发现时，如果错误跟踪与管理系统不够完善，就可能会遗漏对这些错误的修改；而开发者对错误理解得不够透彻，也可能导致所做的修改只修正了错误的外在表现形式，而没有修复错误本身，从而造成修改失败；修改还有可能产生副作用，从而导致软件未被修改的部分产生新的问题，使本来正常的功能产生错误。同样，在有新代码加入软件的时候，除了新加入的代码中有可能含有错误外，新代码还有可能对原有的代码造成影响。因此，每当软件发生变化时，就必须重新测试现有的功能，以便确定修改是否达到了预期的目的，检查修改是否损害了原有的正常功能。同时，还需要补充新的测试用例来测试新的或被修改了的功能。为了验证修改的正确性及其影响，就需要进行回归测试。

回归测试在软件生命周期中扮演着重要的角色，因忽视回归测试而造成严重后果的例子不计其数，导致阿里亚娜 V 型火箭发射失败的软件缺陷就是由于复用的代码没有经过充分的回归测试造成的。测试人员平时也经常会听到一些客户抱怨以前正常的功能，现在出现了问题。这些通常是因为鉴于商机、实施等部门对软件开发周期的限制因素，开发人员对软件系统增加或者改动部分系统功能，由于时间的原因，对测试部门说明只对新增或者变更的模块进行测试，而对其他未修改的模块不进行测试或者干脆说不需要测试。由于软件系统各个模块之间存在着或多或少的联系，很有可能因为新增加的功能而引起其他模块不能进行正常的工作，所以只测试新增模块，不对系统进行完整功能的测试，导致以前正常的功能现在出现了问题。

2．冒烟测试

冒烟测试的名称可以理解为该种测试耗时短，仅用一袋烟的功夫就足够了。也有人认为可与新电路板基本功能检查进行类比。任何新电路板焊好后，先通电检查，如果存在设计缺陷，电路板可能会发生短路而冒烟。

冒烟测试的对象是每一个新编译的需要正式测试的软件版本，目的是确认软件基本功能正常，可以进行后续的正式测试工作。冒烟测试的执行者是版本编译人员或其他研发人员。

在一般软件公司，软件在编写过程中，内部需要编译多个版本，但是只有有限的几个版本需要执行正式测试(根据项目开发计划)。这些版本在刚刚编译出来后，软件编译人员需要对其进行常规的测试，查看其是否可以正确安装/卸载，主要功能是否实现，数据是否存在严重丢失的情况等。如果通过了该测试，则可以根据正式测试文档进行正式测试，否则，就需要重新编译版本，再次执行版本构建、打包和测试，直到成功为止。冒烟测试的好处是可以节省大量的时间成本和人力、物力成本，避免由于打包失误、功能严重缺失、硬件部件损坏导致软件运行失败等严重问题而引起大量测试人员从事没有意义的测试工作。

3．随机测试

随机测试是这样一种测试，即在测试中，测试数据是随机产生的。例如，测试一个系统的姓名字段，姓名长度可达 12 个字符，那么可能随机输入 12 个字符“ay5%,，i567aj”，显然，没有人叫这样一个名字，并且可能该字段不允许出现“%”等字符，所以要对随机产生的输入集合进行提炼，省略一些不符合要求的测试集。并且这样随机产生的用例可能仅覆盖了一部分等价类，大量的情况无法覆盖到。这样的测试有时又称为猴子测试(Monkey Testing)。

随机测试有以下缺点：

(1) 测试往往不太真实。

(2) 测试不能达到一定的覆盖率。

(3) 许多测试都是冗余的。

(4) 需要使用同样的随机数种子才能重建测试。

这种随机测试在很多时候没有太大的用处，往往被用来作为“防崩溃”的手段，或者被用来验证系统在遭受不利影响时是否能保持正常。笔者认为，随机测试在面向网络，特别是因特网、不确定群体时还是非常有用的，因为除了真正想使用系统的用户之外，也有很多有意攻击系统和制造垃圾数据的人。随机测试在考察一个系统的健壮性、防止生成大量垃圾数据等方面非常有用，有很多系统就是因为前期不注重控制垃圾数据的输入，导致数据量急速增长，后来又不得不做一个数据校验程序来限制或删除垃圾数据，这在无形中又增加了工作量。

1.6　测试用例设计方法

软件测试设计的重要工作内容就是用例的设计，那么用例设计有哪些方法呢？下面将介绍用例设计中一些常用的方法。

测试设计阶段最重要的是如何将测试需求分解，如何设计测试用例。

1.6.1　测试需求分析

对测试需求进行分析需要反复检查并理解各种信息，主要是与需求分析人员进行交流，必要的情况下也可以与用户交流，了解用户的真正需求。测试需求分析是设计测试用例的基础。

测试需求分析可以按照以下步骤执行：

(1) 确定软件提供的主要功能、性能测试项详细内容。

(2) 对每个功能，确定完成该功能所要进行的操作内容。

(3) 确定数据的输入和预期的输出结果。

(4) 确定会产生性能和压力测试的重要指标，包括硬件资源的利用率，业务的响应时间，并发用户数等重要内容。

(5) 确定应用需要处理的数据量，根据业务情况预期未来两三年内的数据扩展。

(6) 确定需要的软件和硬件配置。

1.6.2 测试用例设计

测试用例一般指对一项特定的软件产品进行测试任务的描述，体现测试方案、方法、技术和策略。需要指出的是，测试数据都是从庞大的可用测试数据中精心挑选出具有代表性的用例。测试用例是软件测试系统化、工程化的产物，而测试用例的设计一直是软件测试工作的重点和难点。

设计测试用例也就是设计针对特定功能或功能组合的测试方案，并编写成文档。测试用例应该体现软件工程的思想和原则。

传统的测试用例文档编写有两种方式：

(1) 填写操作步骤列表：将在软件上进行的操作步骤一步步详细记录下来，包括所有被操作的项目和相应的值。

(2) 填写测试矩阵：将被操作项作为矩阵中的一个字段，而矩阵中的一条条记录则是这些字段的值。

评价测试用例的好坏有以下两个标准：

(1) 是否可以发现尚未发现的软件缺陷。

(2) 是否可以覆盖全部的测试需求。

1.6.3 测试用例设计方法

1. 等价类划分方法

等价类划分是一种典型的黑盒测试方法。使用这一方法时，完全不考虑程序的内部结构，只依据程序的规格说明来设计测试用例。由于不可能用所有可以输入的数据来测试程序，而只能从全部可供输入的数据中选择一个进行测试，如何选择适当的子集，使其尽可能多地发现错误，解决的办法之一就是等价类划分。

首先，把数目极多的输入数据(包括有效的和无效的)划分为若干等价类。所谓等价类是指某个输入域的子集合。在该子集合中，各个输入数据对于揭露程序中的错误都是等效的，并合理地假定：测试某等价类的代表值就等价于对这一类其他值的测试。因此，可以把全部输入数据合理划分为若干等价类，在每一个等价类中取一个数据作为测试的输入条件，就可用少量有代表性的测试数据取得较好的测试结果。

等价类的划分有以下两种不同的情况：

(1) 有效等价类：是指符合用户需求规格说明书的数据规范，合理的输入数据集合；

(2) 无效等价类：是指符合用户需求规格说明书的数据规范，无效的输入数据集合。

划分等价类的原则如下：

(1) 按区间划分；

(2) 按数值划分；

(3) 按数值集合划分；

(4) 按限制条件或规则划分。

在确立了等价类之后，需建立等价类表，列出所有划分出的等价类，如表 1-1 所示。

表 1-1 等价类划分列表

输入条件	有效等价类	无效等价类
…	…	…
…	…	…

从划分出的等价类中按以下原则选择测试用例：

(1) 为每一个等价类规定一个唯一的编号。

(2) 设计一个新的测试用例，使其尽可能多地覆盖尚未覆盖的有效等价类。重复这一步骤，直到所有的有效等价类都被覆盖为止。

(3) 设计一个新的测试用例，使其仅覆盖一个无效等价类。重复这一步骤，直到所有的无效等价类都被覆盖为止。

这里举一个例子：我们上小学一年级的时候，主要学习语文和数学这两门功课，两门功课单科满分成绩均为 100 分。期末考试的时候，老师会计算每个学生的总分，即总分＝语文分数＋数学分数。为了方便老师计算个人总成绩，编写如下 C 语言代码：

```
int sumscore(int maths， int chinese)
{
    int sumdata;
    if (((maths>100) || (maths<0)) || ((chinese>100) || (chinese<0)))
    {
        printf("单科成绩不能小于 0 或者大于 100！");
        return -1;
    }
    sumdata=maths+chinese;
    printf("%d"， sumdata);
    return sumdata;
}
```

现在根据“单科成绩只能在 0～100 之间”的需求来设计测试用例。如果想把 0～100 的所有情况都测试到(仅包含正整数和零)，需要 101 × 101 =10 201 个用例，显然这种穷举测试的方法不可行，因此尝试用等价类划分的方法来设计用例。

根据单科成绩输入的限制条件，可以将输入区域划分成 3 个等价类，如图 1-3 所示。从图 1-3 中可以看到，输入区域被分成了一个有效等价类(成绩在 0～100 之间)和两个无效等价类(成绩小于 0)和(成绩大于 100)。下面可以从每一个等价类中选择一组具有代表性的数据来进行函数正确性的测试，详细数据见表 1-2。

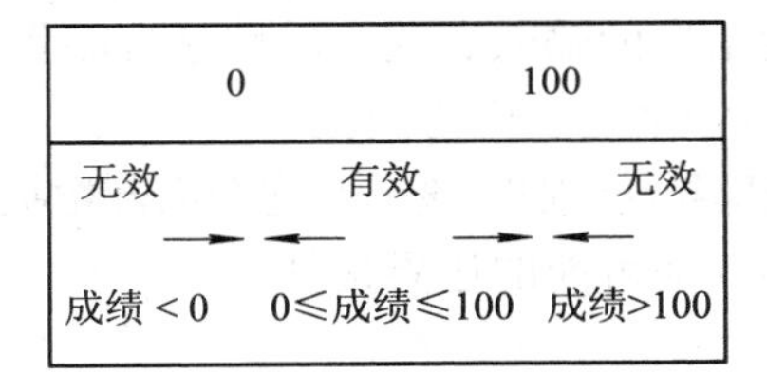

图 1-3 单科成绩等价类

表 1-2　等价类划分测试数据列表

用例编号	等价类分类	语文	数学	总　成　绩
1	有效等价类	60	90	150
2	无效等价类	–1	70	提示：单科成绩不能小于 0 或者大于 100！
3	无效等价类	101	120	提示：单科成绩不能小于 0 或者大于 100！

细心的读者可能会发现一个问题，即上面等价类的划分并不是很完善，只针对整型数据进行用例的设计，如果输入的是空格、小数、字母等数据怎么办？所以，测试用例的设计应该尽可能用少量的数据覆盖尽可能多的情况。上面用例的设计中，更多地从输入数据的范围进行了考虑，没有考虑参数的类型输入不正确的情况。下面将先前没有考虑的字母、小数等特殊字符也加入到测试数据列表中，形成比较完善的等价类划分测试数据列表，详细数据见表 1-3。

表 1-3　完善后的等价类划分测试数据列表

用例编号	等价类分类	语文	数学	总　成　绩
1	有效等价类	60	90	150
2	无效等价类	–1	70	提示：单科成绩不能小于 0 或者大于 100！
3	无效等价类	101	120	提示：单科成绩不能小于 0 或者大于 100！
4	无效等价类	91.2	88.2	提示：单科成绩不能小于 0 或者大于 100！
5	无效等价类	A	B	提示：单科成绩不能小于 0 或者大于 100！
…	…	…	…	…

2. 边界值分析法

人们由长期的测试工作经验得知，大量的错误发生在输入或输出范围的边界上，而不是在输入范围的内部。因此针对各种边界情况设计测试用例，可以查出更多的错误。使用边界值分析方法设计测试用例，首先应确定边界情况。

选择测试用例的原则如下：

(1) 如果输入条件规定了值的范围，则应该取刚刚达到这个范围的边界值，以及刚刚超过这个范围的边界值作为测试输入数据。

(2) 如果输入条件规定了值的个数，则用最大个数、最小个数、比最大个数多 1 个、比最小个数少 1 个的数作为测试数据。

(3) 如果程序的规格说明给出的输入域或输出域是有序集合(如有序表、顺序文件等)，则应选取集合的第一个和最后一个元素作为测试用例。

(4) 如果程序用了一个内部结构，则应该选取这个内部数据结构的边界值作为测试用例。

(5) 分析规格说明，找出其他可能的边界条件。

3. 因果图方法

因果图方法最终生成的就是判定表，它适合于检查程序输入条件的各种组合情况。利用因果图生成测试用例的基本步骤如下：

(1) 分析软件需求规格，说明描述中哪些是原因，哪些是结果。原因是输入条件或输入条件的等价类，结果是输出条件。

(2) 分析软件需求规格，说明描述中的语义，找出原因与结果之间、原因与原因之间对应的关系，根据这些关系画出因果图。

(3) 标明约束条件。由于语法或环境的限制，有些原因和结果的组合情况是不可能出现的。为表明这些特定的情况，在因果图上使用若干标准的符号标明约束条件。

(4) 把因果图转换成判定表。

(5) 为判定表中的每一列设计测试用例。

因果关系图常用的表示符号如图 1-4 所示。

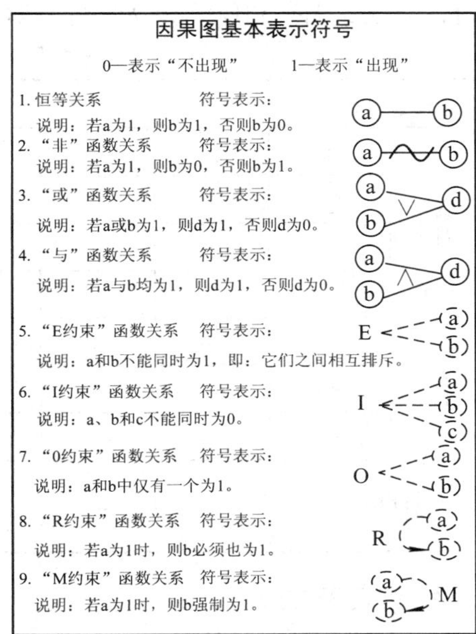

图 1-4　因果图的基本符号

为了使读者对因果关系图方法有一个清晰的了解，这里举一个例子：在一个应用系统中，系统要求能够分类导入进货和销售的数据，对文件的命名有如下要求，即文件名第一个字符必须为 A(进货)或 B(销售)，第二个字符必须为数字。满足则将进货、销售接口文件信息导入系统中。若第一个字符不正确，则发出信息 X_{12}(“非进货或销售数据！”)；若第二个字符不正确，则发出信息 X_{13}(“单据信息不正确！”)。设计过程如下：

(1) 分析规范(如表 1-4 所示)。

表 1-4　文件命名问题分析规范列表

原　因	结　果
①：第一个字符为 A	㉚：导入接口文件数据
②：第一个字符为 B	㉛：发信息 X_{12}
③：第二个字符为数字	㉜：发信息 X_{13}

(2) 画出因果图(如图 1-5 所示)。

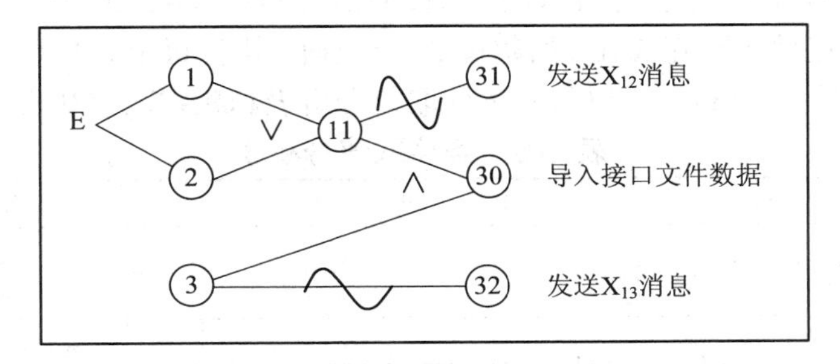

图 1-5　文件命名问题因果图

中间节点⑪是导出结果的进一步原因，考虑到原因①、②不可能同时为 1，加上 E 约束。

(3) 将因果图转换为判定表(如表 1-5 所示)。

从表 1-5 可发现，组合情况 1、2 的测试用例是空的，这是因为原因①、②不可能同时为 1，所以原因①和原因②同时为 1(即第一个字符既为 A 又为 B 这种情况)是没有意义的。

表 1-5 文件命名问题判定表

组合情况		1	2	3	4	5	6	7	8
原因	①	1	1	1	1	0	0	0	0
	②	1	1	0	0	1	1	0	0
	③	1	0	1	0	1	0	1	0
	⑪	—	—	1	1	1	1	0	0
结果	㉛	—	—	0	0	0	0	1	1
	㉚	—	—	1	0	1	0	0	0
	㉜	—	—	0	1	0	1	0	1
测试用例		—	—	A3 A8	AM A?	B5 B4	BN B!	C2X 6	DY PI

4．判定表方法

判定表是分析和表达多逻辑条件下执行不同操作的情况的一种方法。判定表的优点是能够将复杂的问题按照各种可能的情况全部列举出来，简明并避免遗漏。因此，利用判定表能够设计出完整的测试用例集合。在一些数据处理问题当中，某些操作的实施依赖于多个逻辑条件的组合，即针对不同逻辑条件的组合值，分别执行不同的操作。判定表很适合于处理这类问题。

判定表通常由以下 4 个部分组成：

(1) 条件桩(Condition Stub)：列出问题的所有条件。通常认为列出条件的次序无关紧要。

(2) 动作桩(Action Stub)：列出问题规定可能采取的操作。这些操作的排列顺序不受约束。

(3) 条件项(Condition Entry)：列出针对它左列条件的取值(在所有可能情况下的真假值)。

(4) 动作项(Action Entry)：列出在条件项的各种取值情况下应该采取的动作。

这里举一个例子。某个货运公司邮递货物的收费标准如下：如果收件地点在本省，则快件每千克 5 元，慢件每千克 3 元；如果收件地点在外省，则在 20 千克以内(包括 20 千克)快件每千克 7 元，慢件每千克 5 元，而超过 20 千克时，快件每千克 9 元，慢件每千克 7 元。

根据对上面问题的分析，可以得到条件取值分析表和判定表，如表 1-6 和表 1-7 所示。

表 1-6 条件取值分析表

条 件	取 值	含 义
条件 1：收件地址是否在本省	Y	是(本省)
	N	否(外省)
条件 2：邮件重量是否小于等于 20 kg	Y	是(小于等于 20 kg)
	N	否(大于 20 kg)
条件 3：是否为快件	Y	是(快件)
	N	否(慢件)

表 1-7　判　定　表

条件及动作		1	2	3	4	5	6	7	8	含义
条件	收件地址是否在本省	Y	Y	Y	Y	N	N	N	N	状态
	邮件重量是否小于等于 20 kg	Y	Y	N	N	Y	Y	N	N	
	是否为快件	Y	N	Y	N	Y	N	Y	N	
动作	3 元/kg	—	X	—	X	—	—	—	—	决策规则
	5 元/kg	X	—	X	—	—	X	—	—	
	7 元/kg	—	—	—	—	X	—	—	X	
	9 元/kg	—	—	—	—	—	—	X	—	

1) 规则及规则合并

规则：任何一个条件组合的特定取值及其相应要执行的操作称为规则。在判定表中贯穿条件项和动作项的一列就是一条规则。显然，判定表中列出多少组条件取值，也就有多少条规则，即条件项和动作项有多少列。

化简：有两条或多条规则，具有相同的动作，并且其条件项之间存在着极为相似的关系，规则可合并。

两条规则动作项一样，条件项类似，在条件 1、2 分别取 Y、N 时，无论条件 3 取何值，都执行同一操作。即要执行的动作与条件 3 无关，于是可合并。这里用“—”表示与取值无关，如表 1-8 所示。

表 1-8　化简规则表

Y	Y	→	Y
N	N		N
Y	N		—
X	X		X

判定表的建立步骤如下(根据软件规格说明)：

(1) 分析判定问题涉及几个条件。

(2) 分析每个条件有几个取值区间。

(3) 画出条件取值分析表，分析条件的各种可能组合。

(4) 分析决策问题涉及几个判定方案。

(5) 画出有条件组合的判定表。

(6) 决定各种条件组合的决策方案，即填写判定规则。

(7) 合并化简判定表，即相同决策方案所对应的各个条件组合是否存在无须判定的条件的组合，能够合并时则进行合并。

2) 判定表的优点和缺点

判定表的优点：它能把复杂的问题按各种可能的情况一一列举出来，简明而易于理解，也可避免遗漏，如表 1-9 所示。

表 1-9　化简后的判定表

条件及动作		1	2	3	4	5	6	
条件	收件地址是否在本省	Y	Y	N	N	N	N	状态
	邮件重量是否小于等于 20 kg	—	—	Y	Y	N	N	
	是否为快件	Y	N	Y	N	Y	N	
动作	3 元/kg	—	X	—	—	—	—	决策规则
	5 元/kg	X	—	—	X	—	—	
	7 元/kg	—	—	X	—	—	X	
	9 元/kg	—	—	—	—	X	—	

判定表的缺点：它不能表达重复执行的动作(例如循环结构)。

B. Beizer 指出了适合使用判定表设计测试用例的条件。

(1) 规格说明以判定表形式给出，或很容易转换成判定表。

(2) 条件的排列顺序不会影响执行哪些操作。

(3) 规则的排列顺序不会影响执行哪些操作。

(4) 每当某一规则的条件已经满足，并确定要执行的操作后，不必检验别的规则。

(5) 如果某一规则得到满足，则要执行多个操作，这些操作的执行顺序无关紧要。

B. Beizer 提出这 5 个必要条件的目的是使操作的执行完全依赖于条件的组合。其实对于某些不满足以上条件的判定表，同样可以借以设计测试用例，只不过尚需增加其他的测试用例。

5. 错误推测法

有时，为了发现一些问题，需要个人具备开发、测试以及其他方面的经验积累。有很多人可能发现，有的用人单位希望招聘一名有测试工作经验的人，而不愿意招聘一名应届毕业生。原因不仅仅是有工作经验的人了解测试工作的流程，作为招聘单位可能考虑更多的是，已工作的人员在测试方面积累了丰富的经验。有经验的人靠直觉和经验来推测程序中可能存在的各种错误，从而有针对性地编写检查这些错误的例子，这就是错误推测法。错误推测法的基本思路是：列举出程序中所有可能发生的错误和容易发生错误的特殊情况，根据它们选择测试用例。

笔者曾经在对一个人事信息管理软件进行性能测试的时候，发现内存泄露明显，在使用 LoadRunner 做性能测试时，在 50 个虚拟用户并发的情况下，应用系统会出现内存被耗尽，最后发生宕机的情况。依照以前的开发经验，笔者认为以下几种原因都会导致内存泄露情况的发生：

(1) 编写代码时申请了内存，使用完成以后，没有释放申请的内存。

(2) 变量使用完成后，没有清空这些变量的内容。

(3) 建立数据库连接、网络连接、文件操作等使用完成后，没有断开使用的连接。

……

上面几种情况都将会出现内存泄露。笔者把内存泄露现象以及出现内存泄露的原因信息提供给了研发人员，研发人员通过对代码的审查，很快就发现在显示人员的照片时申请了内存，使用完成后没有释放，就是这个原因直接导致了宕机情况的发生。

综上所述，对于测试工作来讲，软件开发、软件测试、操作系统、应用服务器、数据库以及网络等方面的经验，都会为发现系统中的缺陷、定位问题产生的原因以及解决问题提供一种思路。

6. 场景法

现在的软件几乎都是用事件触发来控制流程的，事件触发时的情景便形成了场景，而对同一事件的不同触发顺序和处理结果就形成了事件流。这种在软件设计方面的思想也可以引入软件测试中，从而比较生动地描绘出事件触发时的情景，有利于测试设计者设计测试用例，同时使测试用例更容易理解和执行。用例场景用来描述流经用例的路径，从用例开始到结束遍历这条路径上所有基本流和备选流。

如图 1-6 所示，图中经过用例的每条路径都用基本流和备选流来表示，直黑线表示基本流，是经过用例的最简单的路径。备选流用不同的色彩表示，一个备选流可能从基本流开始，在某个特定条件下执行，然后重新加入基本流中(如备选流 1 和备选流 3)，也可能起源于另一个备选流(如备选流 2)，或者终止用例而不再重新加入到某个流(如备选流 2 和备选流 4)。

为了使读者对场景设计方法能够有一个较深入的了解，这里举银行 ATM 机提款操作的例子。图 1-7 所示是银行 ATM 机操作业务的流程示意图。

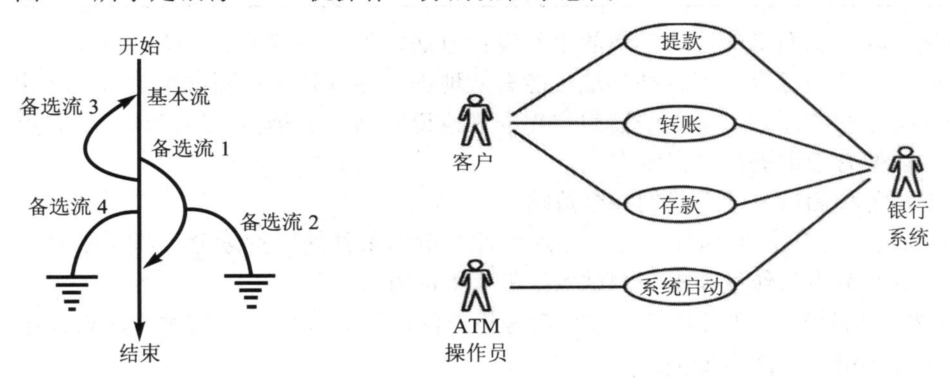

图 1-6　基本流和备选流　　　　图 1-7　ATM 机相关操作流程示意图

根据流程示意图，以银行的客户提款为例，结合用例设计的方法设计出如表 1-10 所示的场景。

表 1-10　ATM 机器提款场景法用例

场　　景	PIN	账号	输入金额	账面金额	ATM 内的余额	预期结果
场景 1：成功提款	T	T	T	T	T	成功提款
场景 2：ATM 机器内没有现金	T	T	T	T	F	提款选项不可用，结束用例
场景 3：ATM 机器内现金不足	T	T	T	T	F	警告提示，返回基本流步骤 6，重新输入金额
场景 4：PIN 有错误	F	T	N/A	T	T	警告提示，返回基本流步骤 4，重新输入金额
…	…	…	…	…	…	…

注：T 代表 True(真)，F 代表 False(假)，N/A 代表 Not Applicable(不适合)。

用例的设计不仅仅是简单地把要做的事情描述出来，通常还需要把每一个场景的测试数据也设计出来，这样再进入测试执行阶段就可以按部就班，做到心中有数。下面就是针对前面的场景用例而设计的数据，如表 1-11 所示。

表 1-11　ATM 机器提款场景法用例数据

场　景	PIN	账号	输入金额	账面金额	ATM 内的余额	预期结果
场景 1：成功提款	0001	110～119	60	1000	3000	成功提款
场景 2：ATM 机器内没有现金	0001	110～119	100	600	0	提款选项不可用，结束用例
场景 3：ATM 机器内现金不足	0001	110～119	200	500	100	警告提示，返回基本流步骤 6，重新输入金额
场景 4：PIN 有错误	1111	110～119	N/A	300	2000	警告提示，返回基本流步骤 4，重新输入金额
…	…	…	…	…	…	…

当然，除了上面讲的这些常用的用例设计方法以外，还有正交试验等设计方法。在实际测试中，往往是综合使用各种方法才能有效地提高测试效率和测试覆盖率，这就需要认真掌握这些方法的原理，认真研读用户需求规格说明书，了解客户的需求，积累更多的测试经验，以便有效地提高测试水平。

以下是各种测试方法选择的综合策略：

(1) 首先进行等价类划分，包括输入条件和输出条件的等价划分，将无限测试变成有限测试，这是减少工作量和提高测试效率最有效的方法。

(2) 在任何情况下都必须使用边界值分析方法。经验表明，用这种方法设计出的测试用例发现程序错误的能力最强。

(3) 可以用错误推测法追加一些测试用例，这需要依靠测试工程师的智慧和经验。

(4) 对照程序逻辑，检查已设计出的测试用例的逻辑覆盖程度，如果没有达到要求的覆盖标准，则应当再补充足够的测试用例。

(5) 如果程序的功能说明中含有输入条件的组合情况，则一开始就可选用因果图方法和判定表方法。

(6) 对于参数配置类的软件，要用正交试验法选择较少的组合方式达到最佳效果(请关注正交试验法的读者自行查找相关资料进行学习)。

(7) 功能图法也是很好的测试用例设计方法，可以通过不同时期条件的有效性设计不同的测试数据。

(8) 对于业务流清晰的系统，可以利用场景法贯穿整个测试用例过程，在用例中综合使用各种测试方法。

1.7　软件开发与软件测试的关系

前面已经提到软件生命周期，软件从无到有是需要需求人员、研发人员、测试人员、维护人员等相互协作的。作为软件测试人员，在从事软件测试工作的同时，最好对软件的研发过程有一个整体的了解。随着信息技术和各行各业的蓬勃发展，现在的软件系统通常都比较复杂，一个新的软件产品研发过程少则需要几个人，多则需要几百人、数千人来协同完成。下面介绍软件的开发模式。

1.7.1　常见的几种软件开发模式

从开始构思到正式发布软件产品的过程称为软件开发模式。一个软件系统的顺利完成是与选择正确的、适宜的软件开发方法，严格地执行开发流程密不可分的。

由于软件开发需求和规模各不相同，因此，在实际工作中也有针对性地运用了多种开发模式，下面对此作一介绍。

1．直接编写法

在早期的软件开发过程中，通常由于软件的规模比较小，有些开发人员不遵从软件工程的思想，直接编写代码，而不经过前期的概要设计、详细设计等过程，这通常会产生两种结果：第一种结果是开发出来的软件非常优秀(开发人员思路非常清晰，代码编写能力非常强)；第二种结果是软件产品开发失败(毕竟在开发过程中，能够很好地掌控整体构架，并能够很好地实现细节的开发人员还是很少的)。

直接编写法的优点显而易见，就是思路简单，对开发人员的要求很高，要求开发人员必须思路清晰，因为在大多数情况下，功能模块的实现是依赖于开发人员的“突发奇想”。由于不需要编写相应的需求、设计等文档，软件开发过程有可能会缩短。其缺点也非常明显，就是这种方法没有任何计划、进度安排和规范的开发过程，软件项目组成员的主要精力花费在程序开发的设计和代码编写上，它的开发过程是非工程化的。用这种方法开发的软件，其测试通常是在开发任务完成后进行，也就是说已经形成了软件产品之后才进行测试。测试工作有的较容易，有的则非常复杂，这是因为软件及其说明书在最初就已完成，待形成产品后，已经无法回头修改存在的问题，所以软件测试的工作只是向客户报告软件产品经过测试后发现的情况。

通过上面的介绍，不难发现这种开发软件的方法存在着很大的风险。现行软件产品通常都是功能繁多、业务处理复杂的产品，在这些软件产品开发工作中应当避免采用直接编写法作为软件开发的方法。

2．边写边改法

软件的边写边改开发模式是软件项目小组在没有刻意采用其他开发模式时常用的一种开发模式。它是对直接编写法的一种改进，参考了软件产品的要求。这种方法通常只是在开发人员有了比较粗略的想法时就开始进行简单的设计，然后进行反复编写、测试与修复这样一个循环过程，在认为无法更精细地描述软件产品要求时就发布产品。因为从开始就没有计划，项目组织能够较为迅速地展示成果。因此，边写边改模式非常适合用在快速制作的小项目上，如示范程序与演示程序比较适合采用该方法。

处于边写边改开发项目组的软件测试人员要明确的是，测试人员和开发人员有可能长期陷入循环往复的开发过程中。通常，新的软件(程序)版本在不断地产生，而旧的版本的测试工作可能还未完成，新版本软件(程序)又可能包含了新的或已修改的功能。

在进行软件测试工作期间，最有可能遇到边写边改开发模式。虽然它有一些缺点，但是它有助于人们理解更正规的软件开发方法。

3．瀑布法

1970 年，Winston Royce 提出了著名的“瀑布模型”。直到 20 世纪 80 年代早期，它一直是被广泛采用的软件开发模型。瀑布模式是将软件生命周期的各项活动规定为按照顺序相连的若干个阶段性工作，形如瀑布流水，最终得到软件产品，如图 1-8 所示。瀑布模式本质上是一种线性顺序模型，因此存在着较明显的缺点，各阶段之间存在着严格的顺序性和依赖性，特别强调预先定义需求的重要性，在着手进行具体的开发工作之前，必须通过需求分析预先定义并“冻结”软件需求，然后再一步一步地实现这些需求。但是实际项目很少遵循这种线性顺序。虽然瀑布模式也允许迭代，但这种改变往往会为项目开发带来混乱。在系统建立之前很难只依靠分析就确定出一套完整、准确、一致、有效的用户需求，这种预先定义需求的方法更不能适应用户需求不断变化的情况。

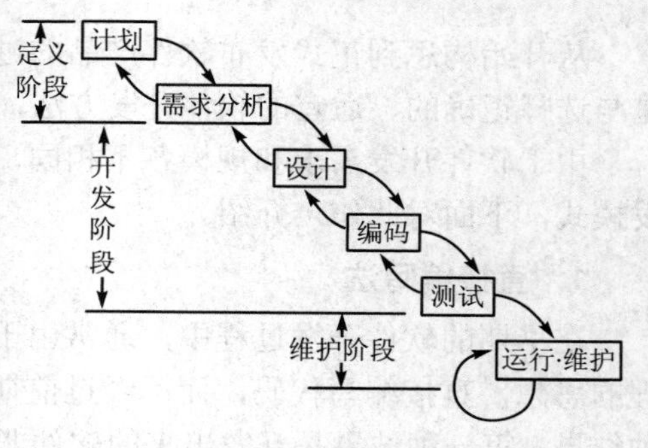

图 1-8　瀑布开发模式

1) 瀑布开发模式的优点

(1) 各个阶段之间具有顺序性和依赖性。

(2) 推迟程序的物理实现。

(3) 每个阶段必须完成规定的文档，每个阶段结束前完成文档审查，对修正错误起到一定的作用。

(4) 易于组织，易于管理。

(5) 该模式是一种严格线性的、按阶段顺序的、逐步细化的过程模型(开发模式)。

2) 瀑布开发模式的缺点

(1) 在项目开始的时候，用户常常难以清楚地给出所有需求。

(2) 用户与开发人员对需求的理解存在差异。

(3) 顺序的开发流程使得开发中的经验教训不能反馈到该项目的开发中去，实际的项目很少按照顺序模式进行。

(4) 因为瀑布模式确定了需求分析的绝对重要性，但是在实践中要想获得完善的需求说明是非常困难的，导致“阻塞状态”情况发生。

(5) 开发中出现的问题直到开发后期才能够显露，因此失去了及早纠正的机会。

(6) 不能反映出软件开发过程的反复性与迭代性。

3) 瀑布开发模式的适用场合

(1) 在有稳定的产品定义和易被理解的技术解决方案时，非常适合使用瀑布模式。

(2) 对有明确定义的版本进行维护或将一个产品移植到一个新的平台上，也比较适合使用瀑布模式。

(3) 对于那些易理解但很复杂的项目，应用瀑布模式同样比较合适，因为这样的项目可以用顺序方法处理问题。

(4) 对于那些质量需求高于成本需求和进度需求的项目，使用瀑布模式处理效果也很理想。

(5) 对于研发队伍的技术力量比较薄弱或者新人较多，缺乏实战经验的团队，采用瀑布模式也非常合适。

4. 快速原型法

根据客户需求在较短的时间内解决用户最迫切需要解决的问题，完成可演示的产品。这个产品只实现最重要的功能，在得到用户的更加明确的需求之后，原型将被丢弃。快速原型法的第一步是建立一个快速原型，实现客户或未来的用户与系统的交互，用户或客户对原型进行评价，进一步细化待开发软件的需求，通过逐步调整原型使其满足客户的要求，开发人员可以确定客户的真正需求是什么；第二步则在第一步的基础上开发客户满意的软件产品。显然，快速原型方法可以克服瀑布模式的缺点，减少由于软件需求不明确带来的开发风险，具有显著的效果。快速原型实施的关键在于尽可能快速地建立软件原型，一旦确定了客户的真正需求，所建立的原型将被丢弃。因此，原型系统的内部结构并不重要，重要的是必须迅速建立原型，随之迅速修改原型，以反映客户的需求，如图 1-9 所示。

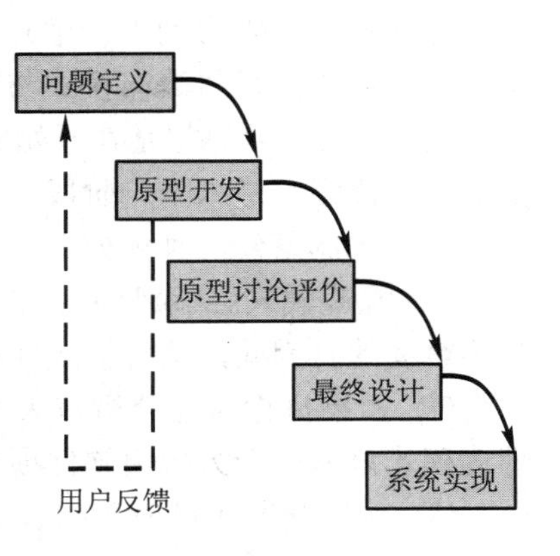

图 1-9　快速原型开发模式

5. 螺旋模式法

1988 年，Barry Boehm 正式发表了软件系统开发的“螺旋模式”(如图 1-10 所示)，他将瀑布模式和快速原型结合起来，强调了其他模型所忽视的风险分析，特别适合于大型的复杂系统。

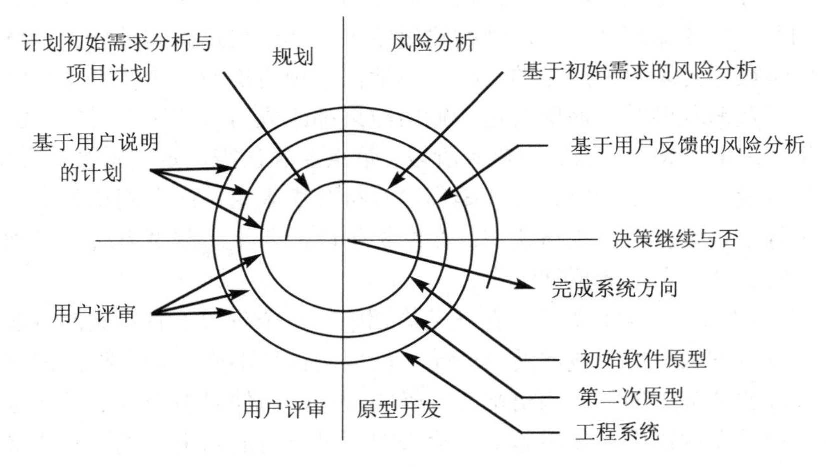

图 1-10　螺旋模式法

螺旋模型沿着螺线进行若干次迭代，图 1-10 中的 4 个象限代表了以下活动：

(1) 规划：确定软件目标，选定实施方案，弄清项目开发的限制条件。

(2) 风险分析：分析评估所选方案，考虑如何识别和消除风险。

(3) 原型开发：实施软件开发和验证。

(4) 用户评审：评价开发工作，提出修正建议，制订下一步计划。

螺旋模式有风险分析，强调可选方案和约束条件，从而支持软件的重用，有助于将软件质量作为特殊目标融入产品开发之中。螺旋模式的第一个阶段是确定该阶段的目标——制订计划，完成这些目标的选择方案及其约束条件，然后从风险角度分析方案的开发策略，努力排除各种潜在的风险，有时需要通过建立原型来完成。如果某些风险不能排除，该方案立即终止，否则启动下一个开发步骤。最后，评价该阶段的结果，并设计下一个阶段的工作。螺旋模式是将瀑布模式与边写边改演化模式相结合，并加入风险评估所建立的软件开发模式。其主要思想是在开始时不必详细定义所有细节，而是定义重要功能并尽量实现，接受客户反馈，进入下一阶段，并重复上述过程，直到获得最终产品。但是，螺旋模式也有一定的限制条件，具体如下：

(1) 螺旋模式强调风险分析，但要求许多客户接受和相信这种分析，并做出相关反应是不容易的。因此，这种模式往往适用于内部的大规模软件开发。

(2) 如果执行风险分析将大大影响项目的利润，那么进行风险分析毫无意义。因此，螺旋模式只适用于大规模软件项目。

(3) 软件开发人员应该擅长寻找可能的风险，准确地分析风险，否则，将会带来更大的风险。

1.7.2　测试与开发各阶段的关系

测试应该从生命周期的第一个阶段开始，并且贯穿于整个软件开发的生命周期。生命周期测试是对解决方案的持续测试，即使在软件开发计划完成后或者被测试的系统处于执行状态的时候，都不能中断测试。在开发过程的几个时期，测试团队所进行的测试是为了尽早发现系统中存在的缺陷。软件的开发有自己的生命周期，在整个软件生命周期中，软件都有各自相对于各生命周期的阶段性的输出结果，其中也包括需求分析、概要设计、详细设计及程序编码等各阶段所产生的文档，包括需求规格说明、概要设计规格说明、详细设计规格说明以及源程序等，而所有这些输出结果都应成为被测试的对象。测试过程包括了软件开发生命周期的每个阶段。在需求阶段，重点要确认需求定义是否符合用户的需要；在设计和编程阶段，重点要确定设计和编程是否符合需求定义；在测试和安装阶段，重点是审查系统执行是否符合系统规格说明；在维护阶段，要重新测试系统，以确定更改的部分和没有更改的部分是否都能正常工作。

测试“V”模型如图 1-11 所示。在开发周期中的每个阶段都有相关的测试阶段与之相对应，测试可以在需求分析阶段就及早开始，创建测试的准则。每个阶段都存在质量控制点，对每个阶段的任务、输入和输出都有明确的规定，以便对整个测试过程进行质量控制和配置管理。通常在测试中，使用验证来检查中间可交付的结果，使用确认来评估可执行代码的性能。一般来说，验证回答的问题是“是否建立了正确的系统？”，而确认回答的问题是“建立的系统是否正确？”。

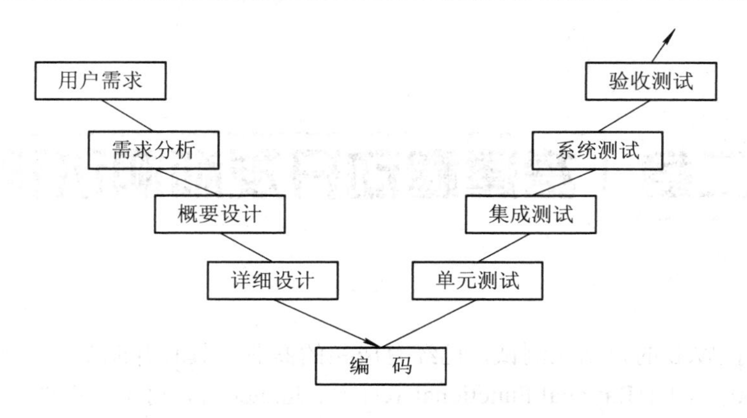

图 1-11　软件测试“V”模型

所谓验证，是指如何决定软件开发的每个阶段、每个步骤的产品是否正确无误，并与其前面的开发阶段和开发步骤的产品一致。验证工作意味着在软件开发过程中开展一系列活动，旨在确保软件能够正确无误地实现软件的需求。

所谓确认，是指如何决定最后的软件产品是否正确无误。

1.8　移动应用测试的现状和前景

随着国内软件企业的不断发展和壮大，软件测试在企业中的地位越来越高，软件测试将逐步发展为一个完善的、独立的学科。实际工作过程中，测试工程师的工作是利用测试工具，按照测试方案和流程对产品进行功能和性能测试，甚至根据需要编写不同的测试用例，设计和维护测试系统，对测试方案可能出现的问题进行分析和评估。分析我国软件测试行业发展现状可知，培养一大批具有高度的工作责任心和自信心的、具有实事求是工作态度的、具有较高专业技术水准和较强沟通能力的软件测试工程师对推动我国软件行业的发展具有重要意义，软件企业的软件质量也会随着软件测试的不断发展和进步而提高。

在移动互联网领域，智能手机硬件技术的发展为手机中的软件发展奠定了基础。人们越来越离不开手机，对其中安装的各种应用软件产生了很强的依赖性。各类企业推出各种APP 应用，对 APP 的软件质量要求越来越高。对高质量的测试工程师需求量越来越大。大量新技术、新应用的出现，例如云计算、大数据、虚拟现实等，也促使企业高薪招聘相应的技术人才。然而，由于国内原来对测试工程师的职业重视程度不够，使许多人不了解测试工程师具体从事什么工作。这使得许多 IT 公司只能通过在实际工作中进行淘汰的方式对测试工程师进行筛选，因此国内在短期将出现测试工程师严重短缺的现象，从而导致许多正在招聘软件测试工程师的企业很少能够在招聘会上顺利招到合适的人才。

从各种招聘网站很容易搜索到 APP 测试的相关招聘岗位，如 APP 测试、APP 自动化测试、APP 测试开发等。各种 APP 测试相关岗位的薪资普遍超过普通的测试工程师的薪资。从职业发展来看，随着工作经验的积累，软件测试工作者的自身价值也会增长，移动测试亦会逐渐发展成为软件测试领域的一个关键方向。

第二章　搭建移动开发和测试环境

传统的基于 Web 的自动化测试，已经有成熟的商业工具和开源工具，例如 QTP(Quick Test Professional)、RFT(Rational Functional Tester)、Jmeter 等，对于新兴的 APP 进行自动化测试尚处在研究和探索阶段，也涌现出很多优秀的开源工具和框架。

基于移动平台的自动化测试，通常都需要测试人员有一定的语言基础、单元测试基础和 IDE(Integrated Development Environment，集成开发环境)。IDE 是用于程序开发环境的应用程序，一般包括代码编辑器、编译器、调试器和图形用户界面工具。它是集成了代码编写、编译、调试和分析等一体化的辅助开发人员开发软件的应用软件，目前应用比较广泛的 IDE 有 VisualStudio、Eclipse 等。

根据工作环境和个人喜好不同，既可以在 Windows 系统部署 Android 开发环境，也可以在 Linux 系统部署 Android 开发环境，关于这方面的资料在互联网上可大量查询。鉴于目前大多数测试人员应用 Windows 系统，这里主要以 Windows 10 系统环境为例，讲解如何在 Windows 10 64 位系统环境下搭建 Android 开发和测试环境。

在安装工具之前，应通过计算机属性检查自己的电脑是 32 位还是 64 位，以下载、安装不同的版本。Windows 10 64 位系统相关信息如图 2-1 所示。

图 2-1　Windows 10 64 位系统相关信息

2.1　JDK 的安装与配置

Android 应用程序开发使用 Java 语言，所以首先要搭建 Java 程序开发运行环境。Java

开发需要安装 JDK(Java Development Kit)。JDK 是 Sun Microsystems 针对 Java 应用而发布的产品，已经成为使用最广泛的 Java SDK(Software Development Kit，软件开发工具包)。可以访问网址“http://www.oracle.com/technetwork/java/javase/downloads/ jdk8- downloads-2133151.html”来下载最新的 JDK(有时候根据应用系统或工具软件需要的 JDK 版本要求安装对应的版本)，如图 2-2 所示。

Java SE Development Kit 8u121

You must accept the Oracle Binary Code License Agreement for Java SE to download this software.

○ Accept License Agreement　◉ Decline License Agreement

Product / File Description	File Size	Download
Linux ARM 32 Hard Float ABI	77.86 MB	jdk-8u121-linux-arm32-vfp-hflt.tar.gz
Linux ARM 64 Hard Float ABI	74.83 MB	jdk-8u121-linux-arm64-vfp-hflt.tar.gz
Linux x86	162.41 MB	jdk-8u121-linux-i586.rpm
Linux x86	177.13 MB	jdk-8u121-linux-i586.tar.gz
Linux x64	159.96 MB	jdk-8u121-linux-x64.rpm
Linux x64	174.76 MB	jdk-8u121-linux-x64.tar.gz
Mac OS X	223.21 MB	jdk-8u121-macosx-x64.dmg
Solaris SPARC 64-bit	139.64 MB	jdk-8u121-solaris-sparcv9.tar.Z
Solaris SPARC 64-bit	99.07 MB	jdk-8u121-solaris-sparcv9.tar.gz
Solaris x64	140.42 MB	jdk-8u121-solaris-x64.tar.Z
Solaris x64	96.9 MB	jdk-8u121-solaris-x64.tar.gz
Windows x86	189.36 MB	jdk-8u121-windows-i586.exe
Windows x64	195.51 MB	jdk-8u121-windows-x64.exe

图 2-2　JDK 下载界面信息

从图 2-2 中可以看到，Oracle 提供了基于不同操作系统和位长的 JDK 包，对于 Windows 10 64 位的操作系统，下载图 2-2 所示的“jdk-8u121-windows-x64.exe”文件。下载完成后，双击该文件，将出现图 2-3 所示界面。点击“下一步”按钮，将出现图 2-4 所示界面。

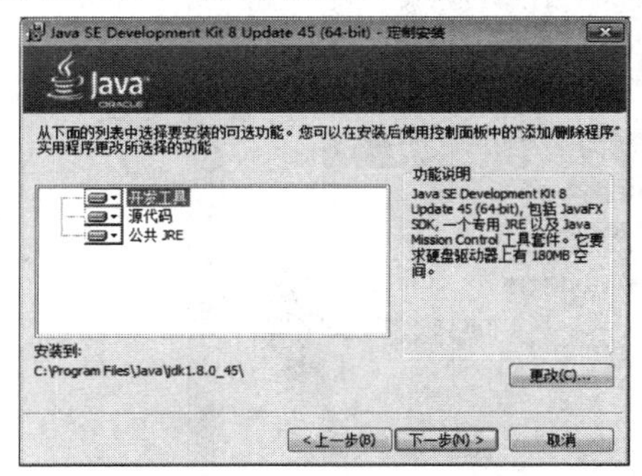

图 2-3　JDK 安装向导－安装程序

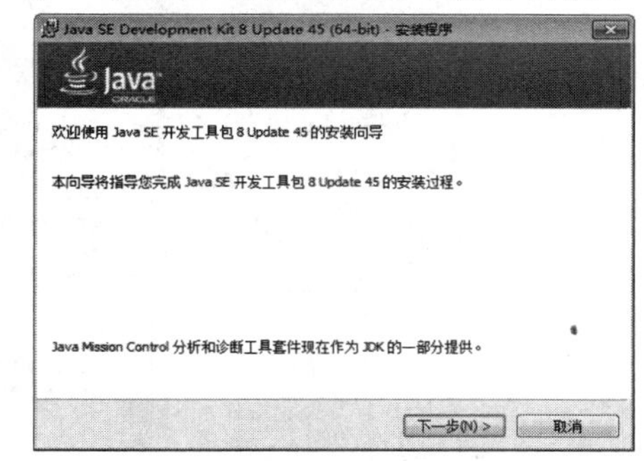

图 2-4　JDK 安装向导－定制安装

点击“下一步”按钮，将出现图 2-5 所示界面，这里选择其默认的安装目录，不做改变。点击“下一步”按钮，将出现图 2-6 所示界面，开始安装 JDK 的相关文件。

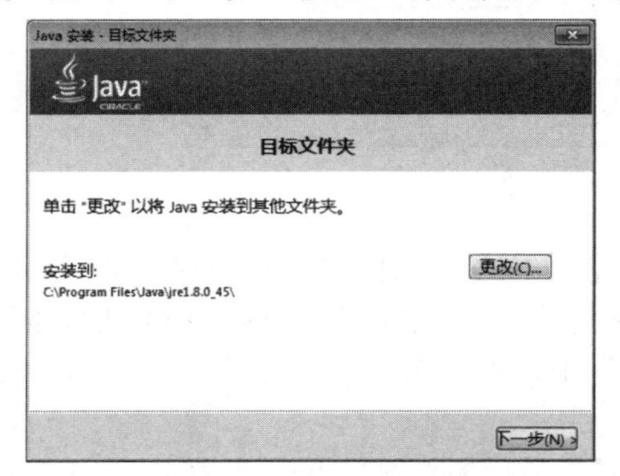

图 2-5　JDK 安装向导－目标文件夹

图 2-6　JDK 安装向导－进度

待相关文件安装完成后，将出现图 2-7 所示界面，表示 JDK 已安装到 Windows 10 操作系统中，点击“关闭”按钮。

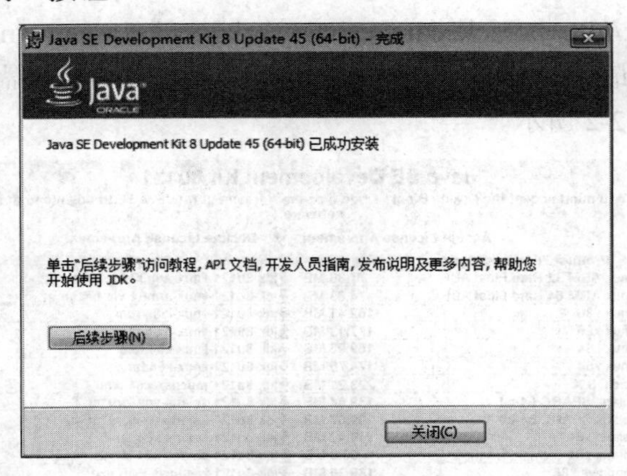

图 2-7　JDK 安装向导—完成

接下来，开始配置 Windows 系统相关环境变量。用鼠标右键单击桌面的“计算机”图标，在弹出的快捷菜单中选择“属性”菜单项，将弹出图 2-8 所示对话框，点击“环境变量”按钮。

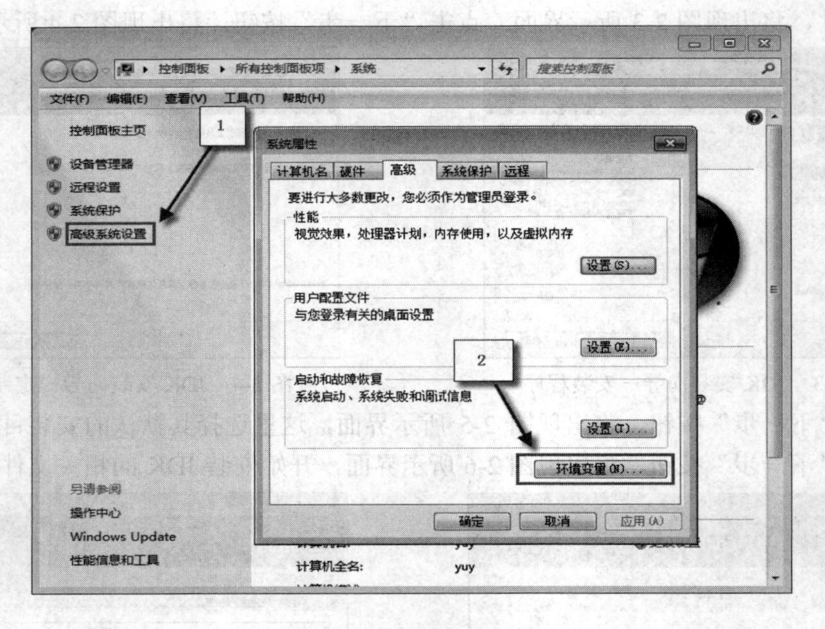

图 2-8　系统属性对话框

点击弹出的“环境变量”对话框中“系统变量”下的“新建”按钮，如图 2-9 所示。在弹出的图 2-10 所示对话框中新建一个系统环境变量，其变量名为“JAVA_HOME”，因为 JDK 安装在“C:\Program Files\Java\jdk1.8.0_45”中，所以对应的变量值为“C:\Program Files\Java\jdk1.8.0_45”。

在系统变量列表中找到“Path”变量，在变量值最后加入运行 Java 应用中的一些可执行文件所在的路径“;C:\Program Files\Java\jdk1.8.0_45\bin”，如图 2-11 所示。

图 2-9　环境变量对话框

图 2-10　新建系统变量对话框

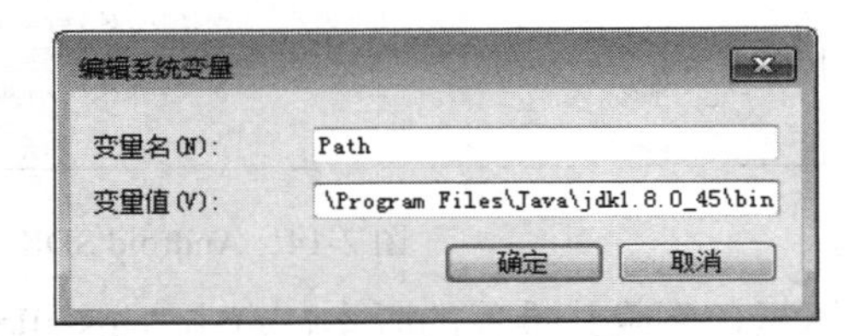

图 2-11　编辑 Path 环境变量

再新建一个名称为“CLASSPATH”的系统环境变量，变量值为“.;%JAVA_HOME%\lib\tools.jar;%JAVA_HOME%\lib\dt.jar”，相关的详细配置信息如图 2-12 所示。

最后，验证 JDK 安装、设置是否成功，在控制台命令行下输入“java -version”，若出现图 2-13 所示信息，则表示安装、设置成功。

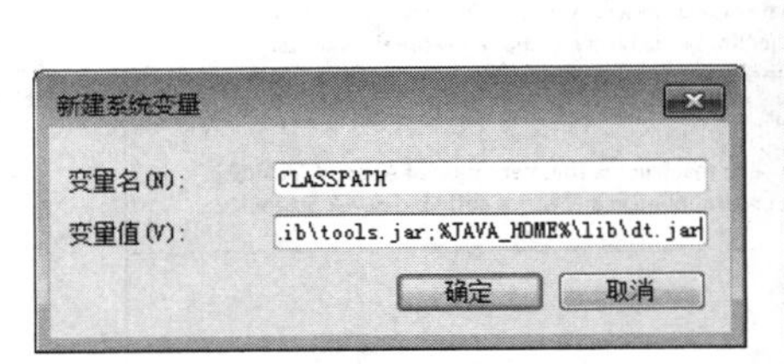

图 2-12　编辑 CLASSPATH 环境变量

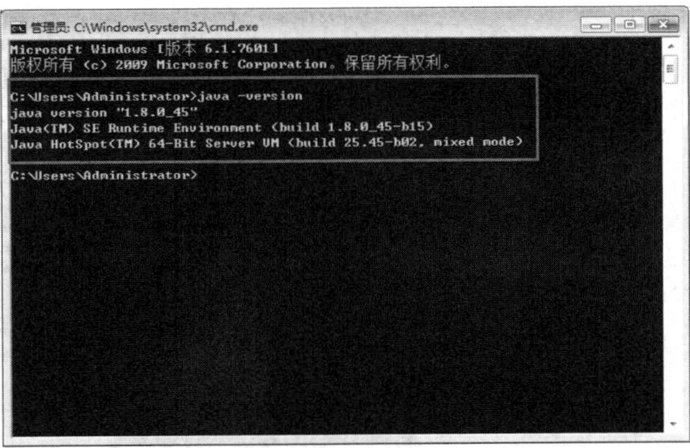

图 2-13　运行“java -version”

2.2　Android SDK 的安装

Android SDK 是 Google 提供的 Android 开发工具包，在开发 Android 应用的时候，需

要通过引入其工具包来使用与 Android 相关的 API。

通过访问“http://developer.android.com/sdk/index.html”下载 Android SDK，如图 2-14 所示。

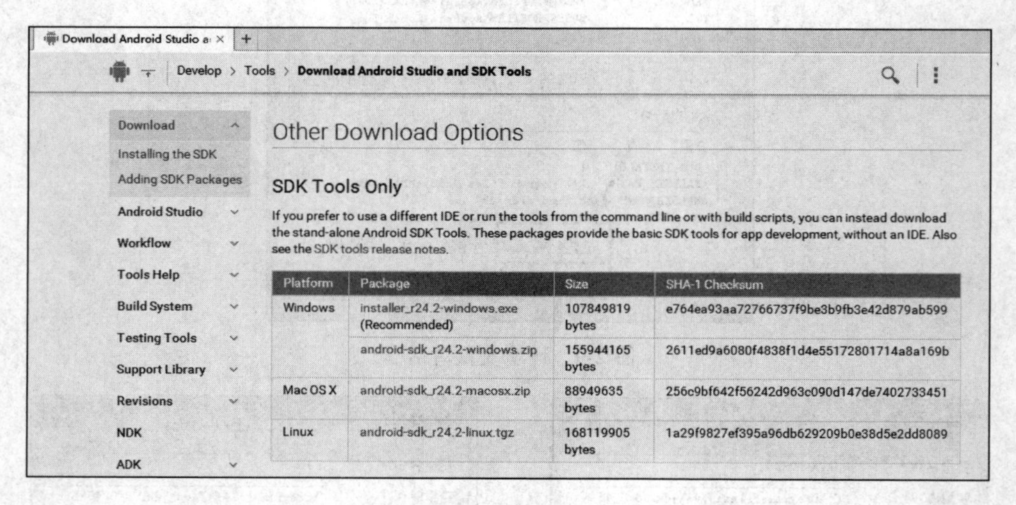

图 2-14　Android SDK 不同系统版本下载地址

这里，下载其推荐的版本，点击“installer_r24.2-windows.exe”链接进行下载。选中弹出的界面中的“I have read and agree with the above terms and conditions”复选框，点击“Download installer_r24.2-windows.exe”按钮(如图 2-15 所示)。

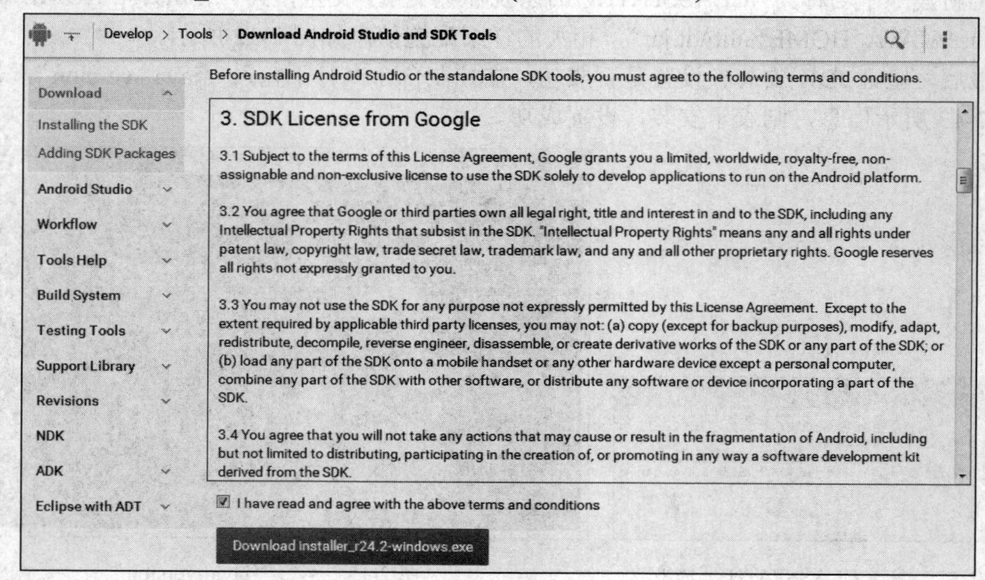

图 2-15　“Download installer_r24.2-windows.exe”的显示信息

文件“installer_r24.2-windows.exe”下载完成后，运行该文件，弹出图 2-16 所示界面，点击“Next”按钮。

在后续安装路径中，将该应用安装到“E:\android-sdk”，如图 2-17 所示。

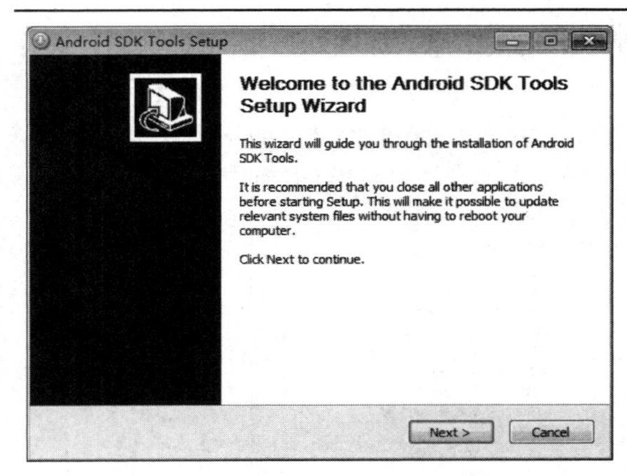

图 2-16　“Android SDK Tools Setup”对话框

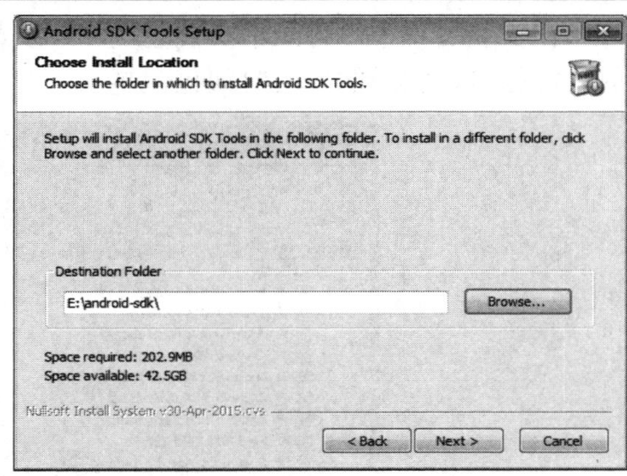

图 2-17　选择安装路径对话框

安装完成后，在弹出的图 2-18 所示对话框中单击“Finish”按钮，启动“Android SDK Manager”应用。

在弹出的“Android SDK Manager”应用对话框中，可以选择需要安装的 API 版本和相应的工具包相关信息，然后点击“Install 40 packages…”按钮，如图 2-19 所示。

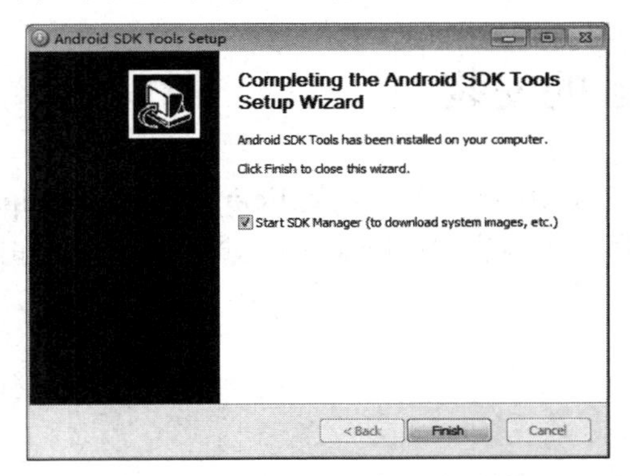

图 2-18　“Android SDK”安装完成后对话框

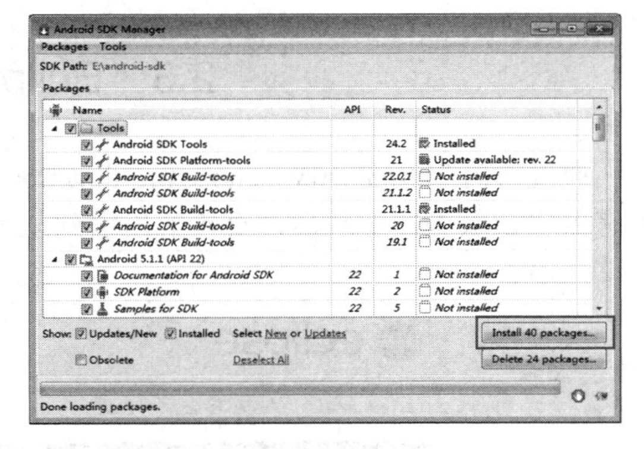

图 2-19 启动安装对话框

在弹出的图 2-20 所示对话框中，选择“Accept”和“Accept License”按钮，点击“Install”按钮安装已选择的内容。

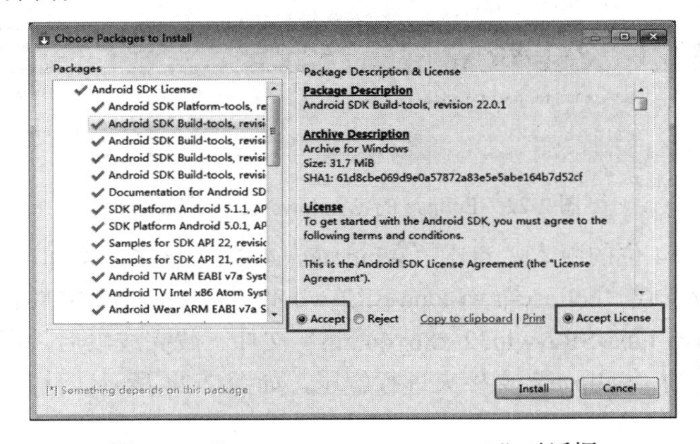

图 2-20　“Choose Packages to Install”对话框

在安装过程中，将显示安装进度、下载速度等相关信息，如图 2-21 所示。当然，选择的内容越多，相应的安装时间也就越长。

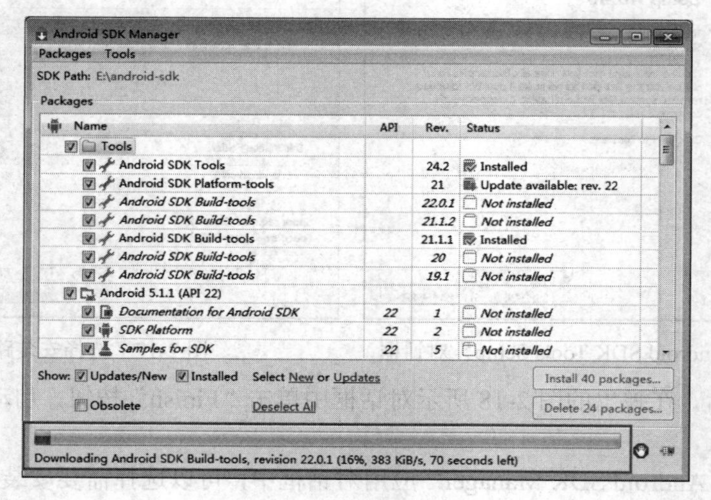

图 2-21　下载进度相关信息

2.3　Eclipse 的安装

通过访问“http://www.eclipse.org/downloads/?osType=win32”下载 Eclipse(当然，Eclipse 也有免安装版本，下载后，直接解压缩到某个目录中运行“eclipse.exe”即可启动)，如图 2-22 所示。

图 2-22　Eclipse 的 Windows 版本下载地址

这里选择下载 64 位的版本，点击“Windows 64 Bit”链接，将弹出图 2-23 所示界面。点击方框所示区域下载“eclipse-java-luna-SR2-win32-x86_64.zip”文件。

在“eclipse-java-luna-SR2-win32-x86_64.zip”文件下载完成以后，用 WinRAR 等工具打开它，将其包含的“eclipse”文件夹进行解压，如图 2-24 所示。这里，将其解压到电脑某空目录下。

图 2-23　Eclipse 的 Windows 版本下载镜像相关信息

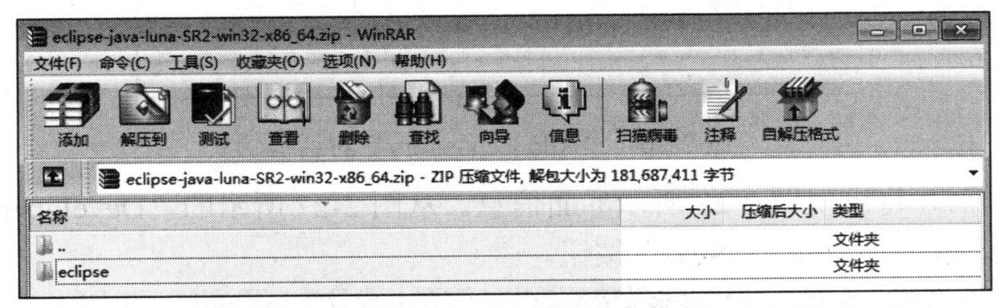

图 2-24　“eclipse-java-luna-SR2-win32-x86_64.zip”压缩包相关信息

2.4　ADT 的安装与配置

ADT 的全称是 Android Development Tools，它是 Google 提供的一个 Eclipse 插件，用于在 Eclipse 中提供强大的、高度集成的 Android 开发环境。在 Eclipse 中并不能直接开发 Android 程序，而是需要安装 ADT 插件，下面讲解如何安装 ADT 插件。

首先，打开 Eclipse，点击“Help>Install New Software”菜单项，显示图 2-25 所示对话框信息。

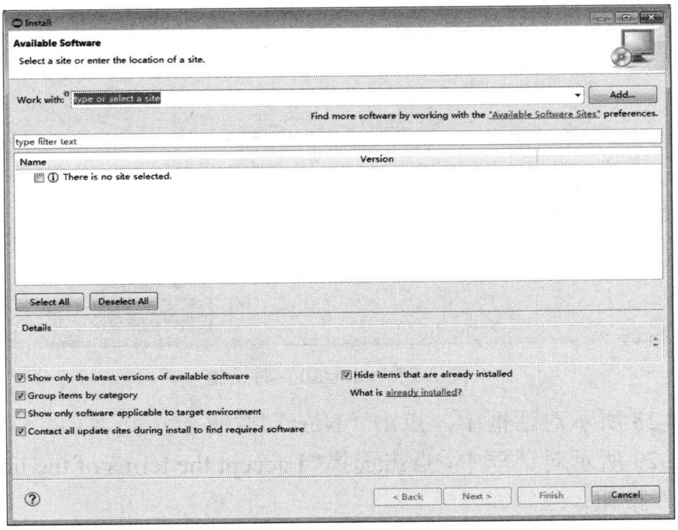

图 2-25　“Install”对话框

点击图 2-25 所示对话框右侧的“Add…”按钮，在弹出的图 2-26 所示对话框中的 Name 栏输入“ADT”，Location 栏输入“http://dl-ssl.google.com/android/eclipse/”，单击“OK”按钮，对其进行保存。

如果在 Google 网站无法访问或下载失败，则可以在其他网站下载“ADT-23.0.6.zip”压缩包，然后在图 2-26 中点击“Archive…”选择下载的安装包，点击“OK”按钮后即可进行后续安装。

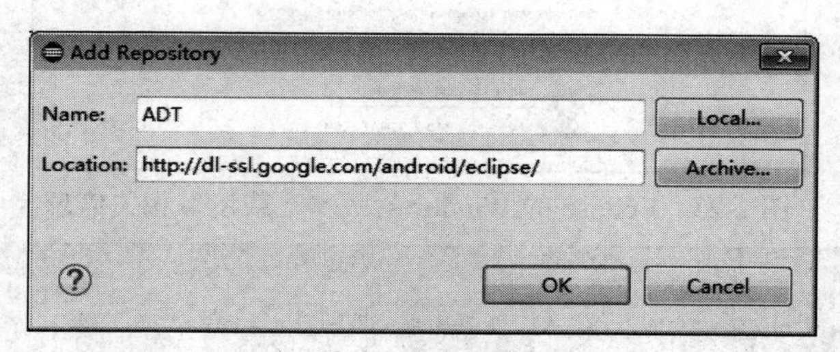

图 2-26　“Add Repository”对话框

稍等片刻后，将出现图 2-27 所示界面信息。从图 2-27 所示的“Developer Tools”中选择要安装的选项，然后点击“Next”按钮。

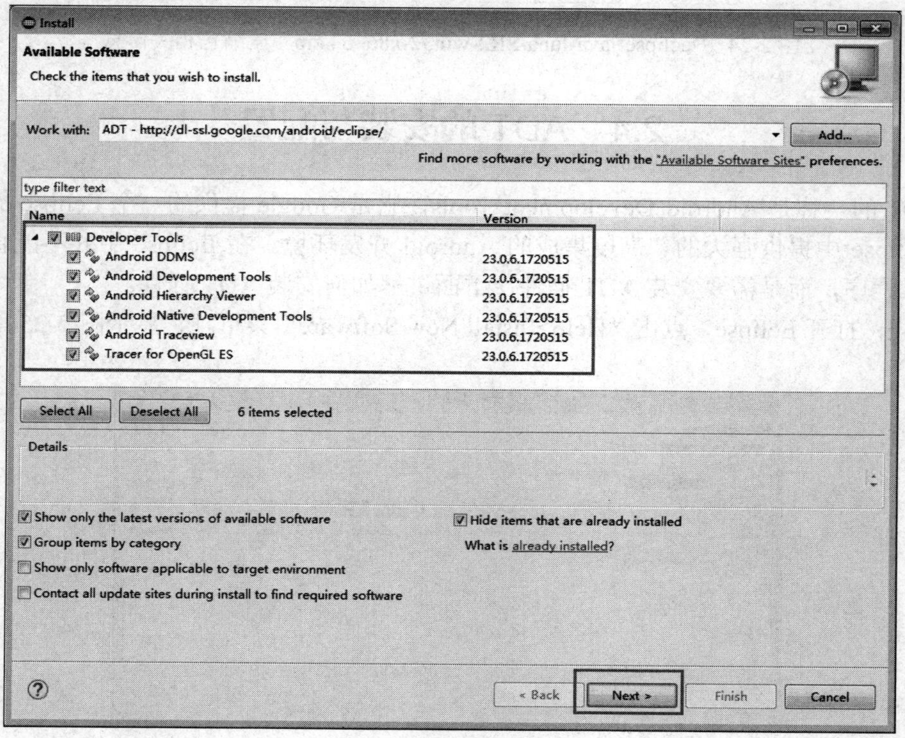

图 2-27　“Install”对话框

在弹出的图 2-28 所示对话框中，点击“Next”按钮。

在弹出的图 2-29 所示对话框中，点击选择“I accept the terms of the license agreements”，然后点击“Finish”按钮。

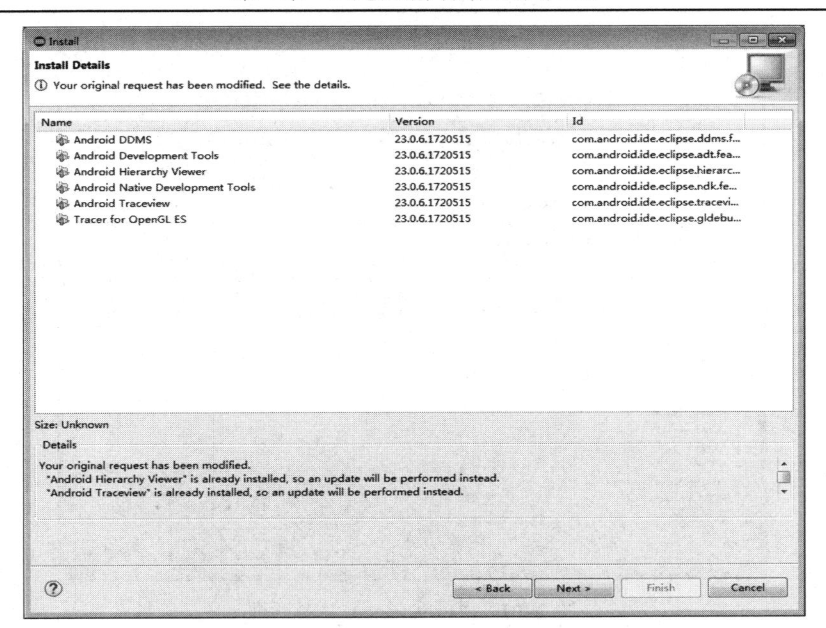

图 2-28　“Install－Install Details”对话框

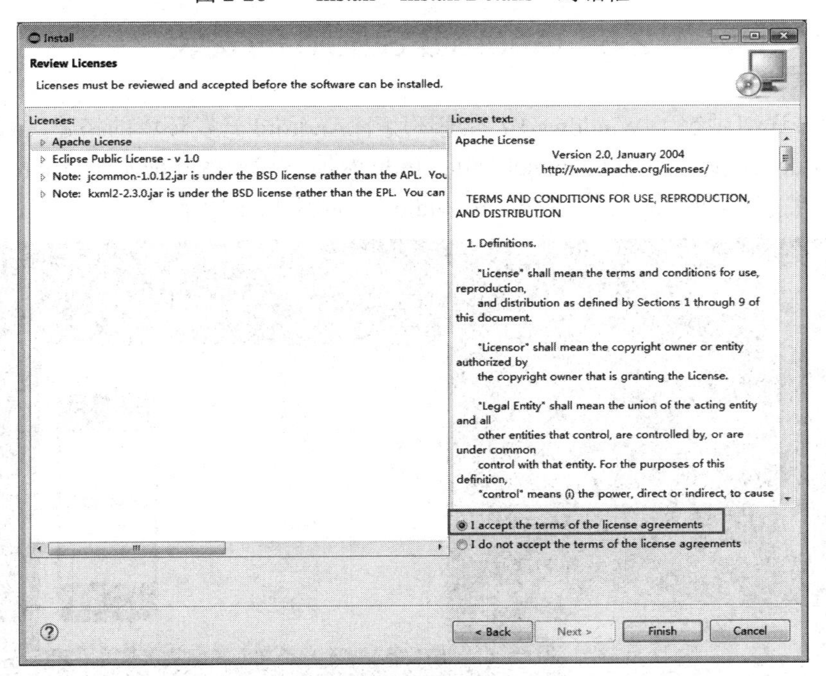

图 2-29　“Install－Review Licenses”对话框

Android SDK 和 ADT 相关包下载过程比较耗时，需要耐心等待。

接下来，开始配置 ADT 相关内容。启动 Eclipse，点击“Windows>Preferences”菜单项，显示图 2-30 所示对话框。点击“Android”页，在“SDK Location”中输入或者点击“Browse…”按钮选择“E:\android-sdk”(也就是 Android SDK 安装位置文件夹)，点击“OK”按钮对上述设置进行保存。

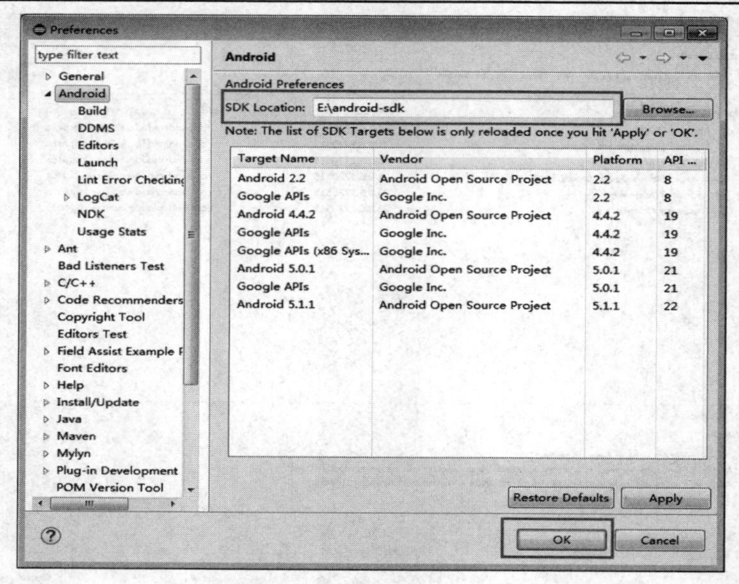

图 2-30　“Preferences”对话框

2.5　Android Studio 的安装

前面章节详细讲解了 Windows 10 系统环境下 Android 开发环境的搭建过程。其实，还可以从 http://developer.android.com/sdk/index.html 网址下载一些其他基于 Android 应用开发的工具，如目前比较受关注的“Android Studio”，如图 2-31 所示。

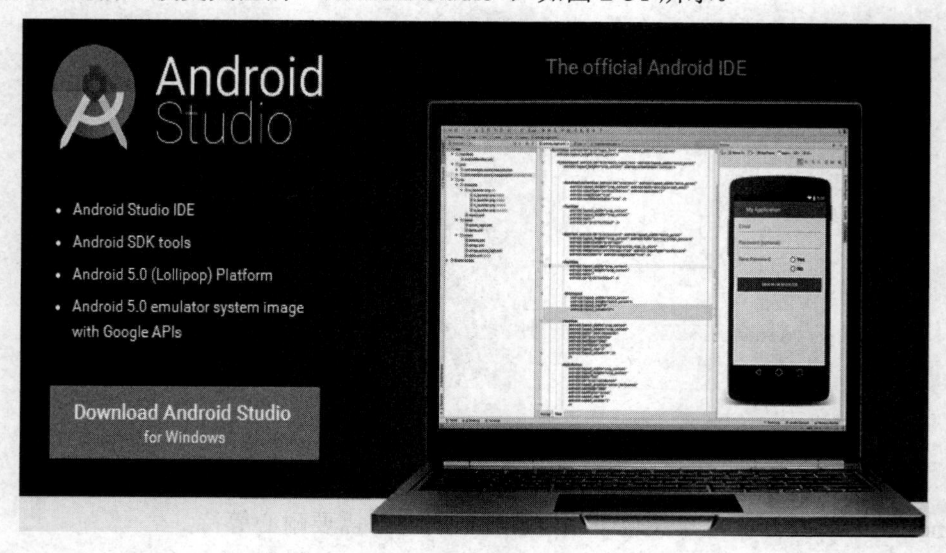

图 2-31　“Android Studio”下载相关信息

Android Studio 的安装过程如下：

第一步：点击下载的可执行文件，弹出起始安装界面，如图 2-32 所示。

图 2-32　起始安装界面

第二步：点击“Next>”，弹出安装组件选择界面，如图 2-33 所示。

第三步：点击“Next>”，弹出安装路径选择界面，如图 2-34 所示。

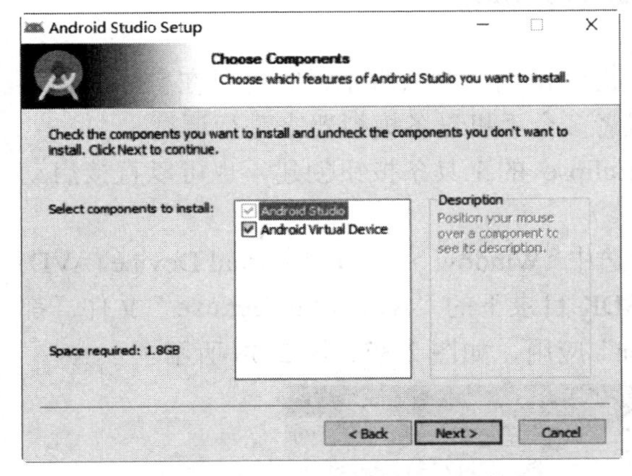

图 2-33　安装组件选择界面

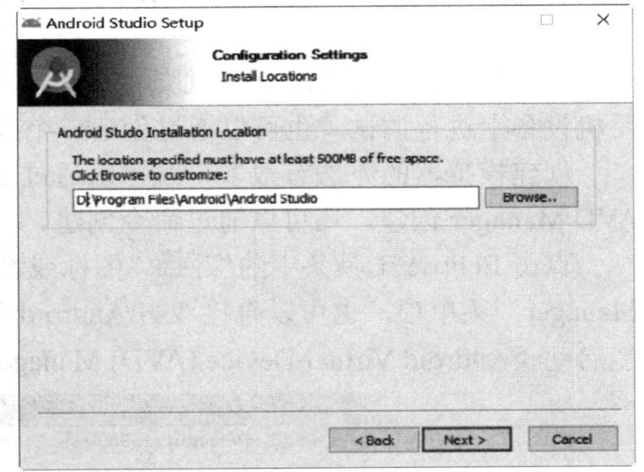

图 2-34　安装路径选择界面

第四步：在路径选择界面中，修改默认安装在 C 盘的路径，安装在 D 盘，点击“Next>”，弹出图 2-35 所示界面。

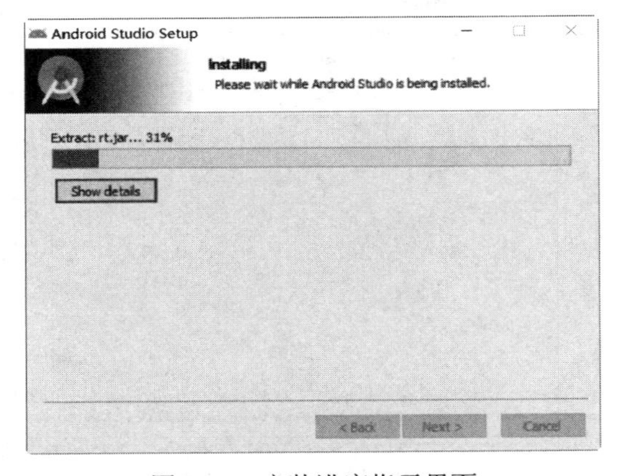

图 2-35　安装进度指示界面

第五步：等待上述安装进度达到 100%后，安装即将结束，弹出图 2-36 所示界面，单击“Finish”完成安装。

图 2-36　安装完成界面

2.6　创建模拟器

在人们日常进行自动化测试脚本开发时，会经常调试测试脚本，既可以在实际的物理手机设备上进行调试，也可以通过创建一个或者多个手机设备模拟器来进行调试。

创建模拟器的方法有很多，既可以通过 Eclipse 的工具条按钮创建，也可以直接启动 AVD Manager 创建，还可以通过命令创建。

点击 Eclipse 工具条中的“手机”图标或者选中“Window >Android Virtual Device (AVD) Manager”菜单项，也可以直接双击 Android SDK 目录下的“AVD Manager.exe”文件，都能启动“Android Virtual Device (AVD) Manager”应用，如图 2-37、图 2-38 所示。

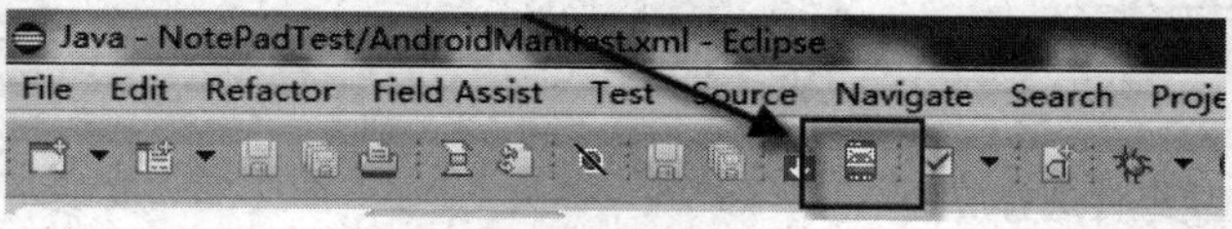

图 2-37　Eclipse 工具条

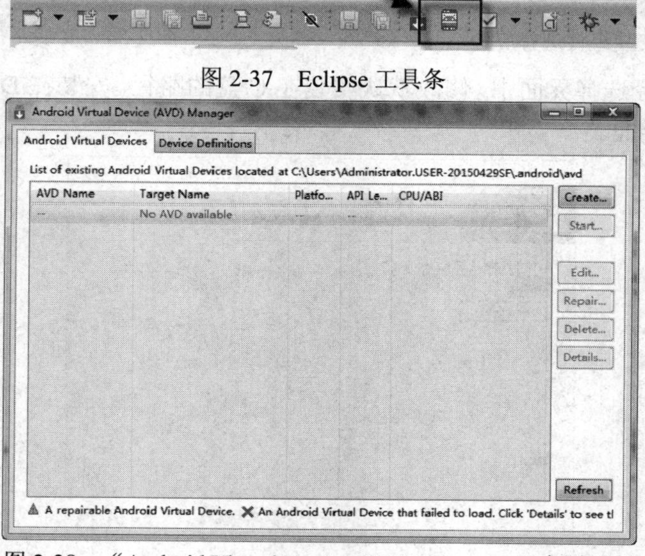

图 2-38　“Android Virtual Device (AVD) Manager”应用界面

点击“Create…”按钮，将弹出图 2-39 所示对话框。

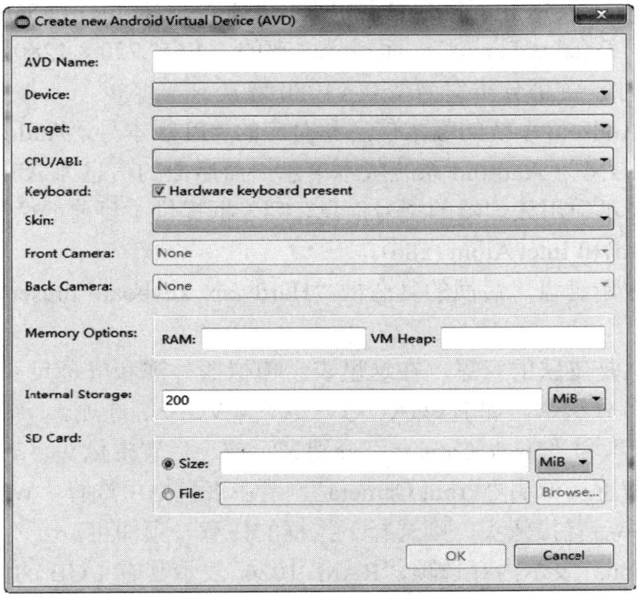

Create new Android Virtual Device (AVD)

AVD Name:

Device:

Target:

CPU/ABI:

Keyboard: Hardware keyboard present

Skin:

Front Camera: None

Back Camera: None

Memory Options: RAM: VM Heap:

Internal Storage: 200 MiB

SD Card:

Size: MiB

File: Browse...

OK Cancel

图 2-39　“Create new Android Virtual Device (AVD)”对话框

这里，需要创建一个名称为“Galaxy_Nexus_4.4.2”的安卓虚拟设备，依次在对应的界面输入或者选择如下信息，如图 2-40 所示。

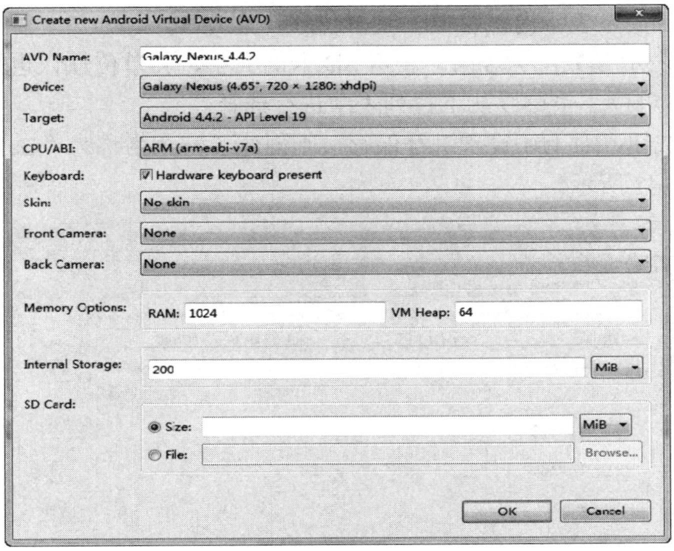

Create new Android Virtual Device (AVD)

AVD Name: Galaxy_Nexus_4.4.2

Device: Galaxy Nexus (4.65", 720 × 1280: xhdpi)

Target: Android 4.4.2 - API Level 19

CPU/ABI: ARM (armeabi-v7a)

Keyboard: Hardware keyboard present

Skin: No skin

Front Camera: None

Back Camera: None

Memory Options: RAM: 1024 VM Heap: 64

Internal Storage: 200 MiB

SD Card:

Size: MiB

File: Browse...

OK Cancel

图 2-40　“Galaxy_Nexus_4.4.2”模拟器相关配置信息

下面对图 2-40 所示的相关信息项进行讲解。

“AVD Name”表示安卓虚拟设备名称，也就是模拟器名称，这里将其命名为“Galaxy_Nexus_4.4.2”。读者在命名时，最好使模拟器的名称有意义，并和后续设备对得上，同时将模拟器应用的系统版本标示出来，当然最好根据自己手机的信息命名，这样就一目了然了。

“Device”表示设备，从其下拉列表框中选择“Galaxy Nexus (4.65",720 × 1280:xhdpi)”，代表设备的型号是“Galaxy Nexus”，而括号内部的“4.65",720 × 1280:xhdpi”表示手机主屏幕大小为 4.65 英寸，主屏分辨率为 720 × 1280 像素。

“Target”表示 Android 系统的版本信息和对应的 API 版本号，“Android 4.4.2 - API Level 19”中“-”前面的信息为 Android 系统版本信息，而后面的信息为 API 的版本号。

“CPU/ABI”表示应用处理器的型号信息，列表框提供了目前的两款主流处理器型号，即 ARM (armeabi-v7a)和 Intel Atom (x86)。

“Keyboard”表示键盘，后面的复选框“Hardware keyboard present”表示是否支持硬件键盘。

“Skin”的原意是皮肤的意思，在这里表示模拟器外观和屏幕尺寸，其下拉列表框提供了一些不同的屏幕分辨率，如 HVGA、QVGA、WVGA 等选项。

“Front Camera”和“Back Camera”分别表示前、后置摄像头，有的时候需要对其进行模拟。若要选择前置摄像头“Front Camera”，请在下拉框中选择“Webcam0”，调用电脑的摄像头；若要选择后置摄像头，则选择下拉框的任意一项即可。

“Memory Options”表示内存选项，“RAM：1024”表示其有 1 GB 的内存，RAM(Random Access Memory，随机存取存储器，又称作“随机存储器”)是与 CPU 直接交换数据的内部存储器，也叫主存(内存)。它可以随时读写，而且速度很快，通常作为操作系统或其他正在运行中程序的临时数据存储媒介。Android 系统是运行在 Dalvik 虚拟机上的，“VM Heap”就是指虚拟机的最大占用内存，也就是单个应用的最大占用内存，这里其值为 64，代表 64 MB。

“Internal Storage”表示内部存储，其单位默认为 MB。

“SD Card”表示 SD 卡，“Size”表示 SD 卡的大小，其单位默认也是 MB，当然如果需要选择其他存储单位，也可以从下拉列表中进行选择。

单击“OK”按钮，对上述设置进行保存，则创建了一个名称为“Galaxy_Nexus_4.4.2”的模拟器，如图 2-41 所示。

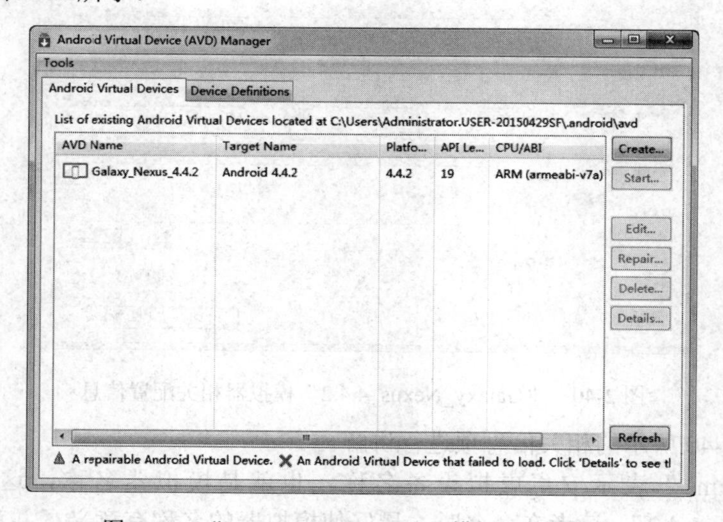

图 2-41　“Galaxy_Nexus_4.4.2”模拟器相关信息

读者可以根据自己的需要添加多个模拟器设备。模拟器设备的使用应注意以下几点：

(1) 在没有物理手机设备时，模拟器对调试测试脚本程序非常有帮助。

(2) 模拟器的执行效率要比同配置的真实手机设备低。

(3) 模拟器因为其相关的参数可配置，所以可以模拟操作系统版本的升级情况。

(4) 模拟器因为其相关的参数可配置，所以建议读者执行测试脚本用例时可以在低版本的系统中测试其兼容性。

(5) 模拟器和真实的物理设备还是有差别的，所以建议读者在做自动化测试时尽量采用真实的物理设备。

前面建立了一个模拟器，下面讲解如何来启动这个模拟器。

首先，在“Android Virtual Devices”列表中，选择刚才建立的“Galaxy_Nexus_4.4.2”模拟器，然后点击“Start...”按钮，如图 2-42 所示。

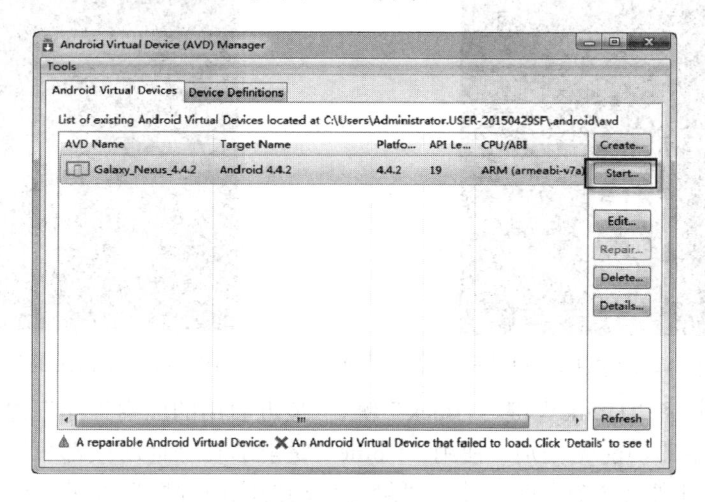

图 2-42　“Android Virtual Devices”列表

在完成后的界面点击“Launch”按钮，如图 2-43 所示，不需要再进行任何操作，接下来耐心等待。

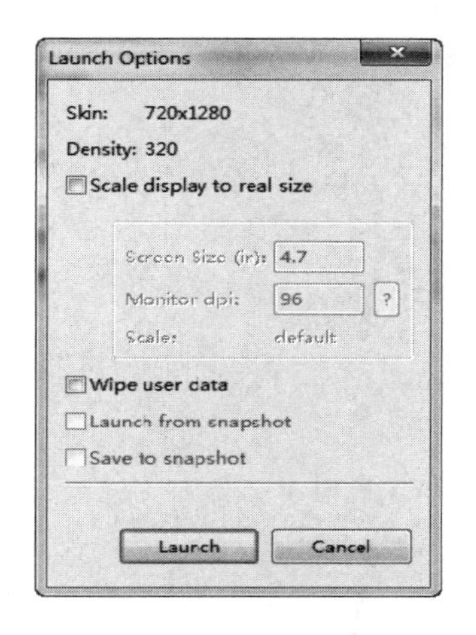

图 2-43　“Launch Options”对话框

由于计算机配置的不同，模拟器启动所耗费的时间也不尽相同，通常来说其启动时间要大于两分钟，这也是建议使用真实物理设备的一个原因。当模拟器启动后，将显示图 2-44 所示界面信息。

从图 2-44 中可以看出，其界面和手机显示屏幕没有差异，可以通过鼠标点击“锁”图标，按住鼠标向右划动对模拟器进行解锁。解锁后的界面如图 2-45 所示。

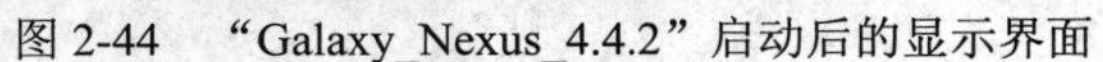
图 2-44　“Galaxy_Nexus_4.4.2”启动后的显示界面　　图 2-45　解锁后的显示界面

模拟器同样具备“Home”键、“Back”键、“最近启用的应用程序”键等，它和人们平时应用的手机设备的功能无差别。使用“Home”键能够在任何时候都可以回到桌面，使用“Back”键则返回到上一个界面，使用“最近启动的应用程序”键可以展示最近启用过的应用程序列表，当然，在操作的过程中可能会涉及一些输入操作，这时笔记本上的键盘就成为了输入设备。

第三章　创建 Android 测试项目

前面已经完成了 Android 开发环境的搭建工作，现在编写一个简单的 Android 程序。这里要实现两个整型数字相加的程序。

3.1　创建一个新的 Android 项目

启动 Eclipse，点击“File > New > Android Application Project”菜单项，如图 3-1 所示。

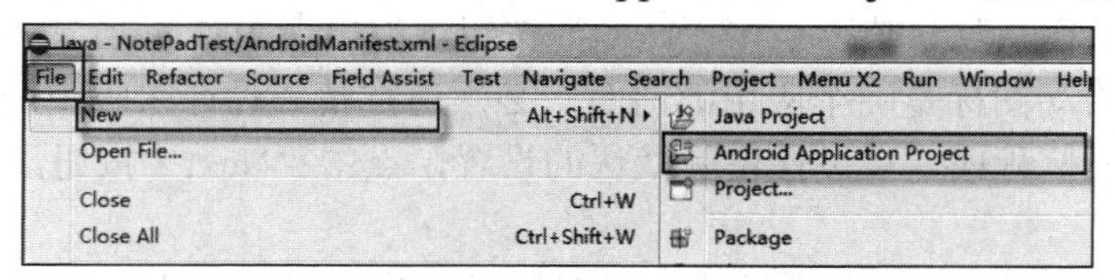

图 3-1　创建一个 Android 项目的菜单

3.2　填写 Android 项目信息

在弹出的图 3-2 所示界面中，“Application Name”表示应用名称，如果后续将该应用安装到手机设备上，会在手机上显示该名称，这里将其命名为“CalculatorOfTwoNum”。

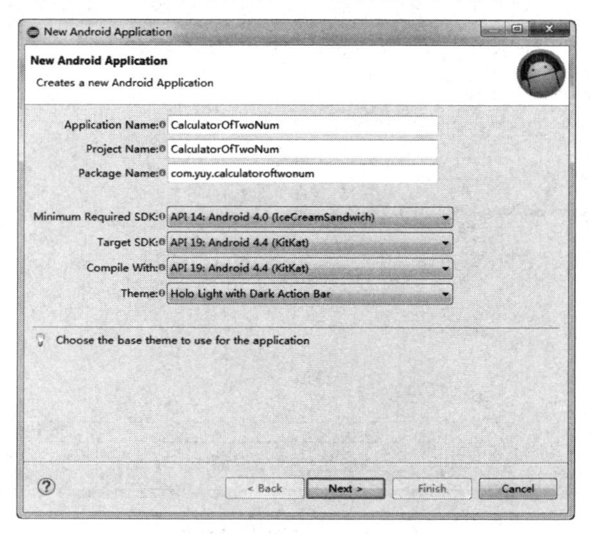

图 3-2　创建一个 Android 项目的对话框信息

“Project Name”表示项目名称，在项目创建完成后该名称会显示在 Eclipse 左侧的 Package Explorer 中，这里保留其自动生成的内容，即“CalculatorOfTwoNum”。“Package Name”表示项目的包名，Android 系统是通过包名来区分不同应用程序的，因此要保证包名的唯一性，这里将其命名为“com.yuy.calculatoroftwonum”。“Minimum Required SDK”表示程序运行需要的最低兼容版本，这里保留其默认值，即 Android 4.0 版本。“Target SDK”表示目标版本，通常要在该版本经过非常全面的系统测试，这里选择 Android 4.4 版本。“Complie With”表示程序将使用哪个版本的 SDK 进行编译，这里也选择 Android 4.4 版本。“Theme”表示程序的 UI 所使用的主题，这里选择其默认的“Holo Light with Dark Action Bar”主题。

3.3　配置 Android 项目目录和活动信息

在图 3-2 所示界面中点击“Next”按钮，进入图 3-3 所示对话框，这个对话框可以对项目的一些属性信息进行配置，如是否创建启动图标、创建活动和项目的存放位置等内容，这里不做修改，保留其默认值。点击“Next”按钮，将出现图 3-4 所示界面，配置应用的启动图标。通常启动图标是一个应用的门面，必须通过精心设计来吸引用户的注意力，但作为一个简单的示例程序，可以保留其默认的设置，点击“Next”按钮，出现图 3-5 所示界面。

如图 3-5 所示，可以在该对话框选择要创建活动的类型，这里选择创建一个空白活动，也就是其默认的选项，点击“Next”按钮，将出现图 3-6 所示界面。

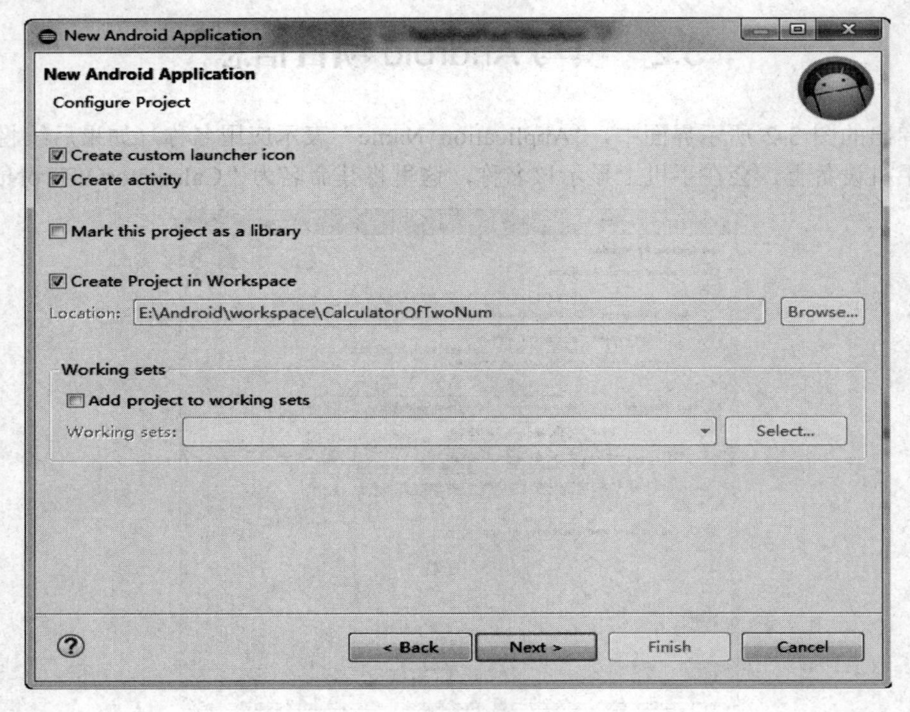

图 3-3　项目配置对话框

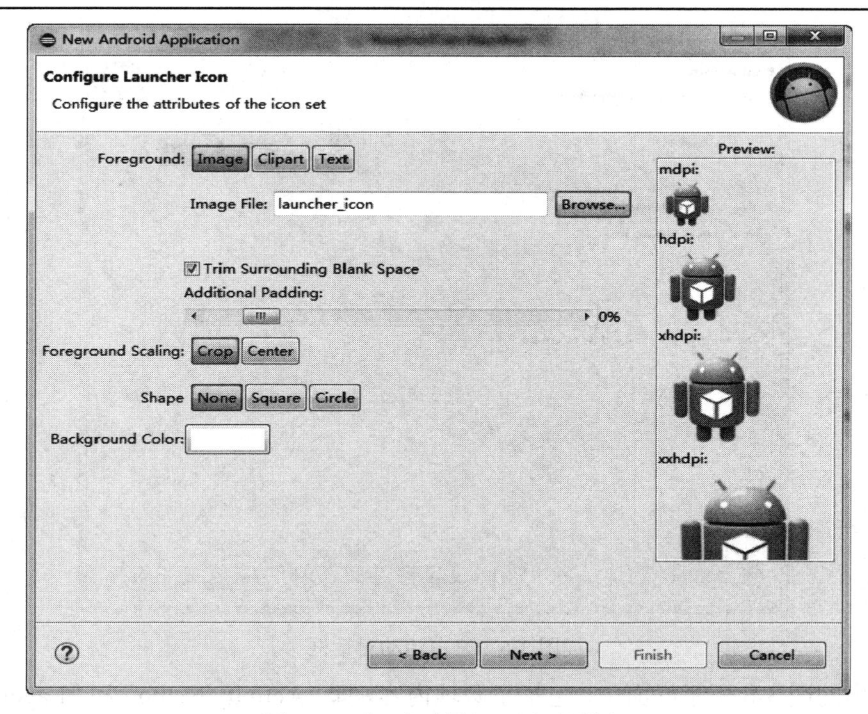

图 3-4　项目启动图标配置对话框

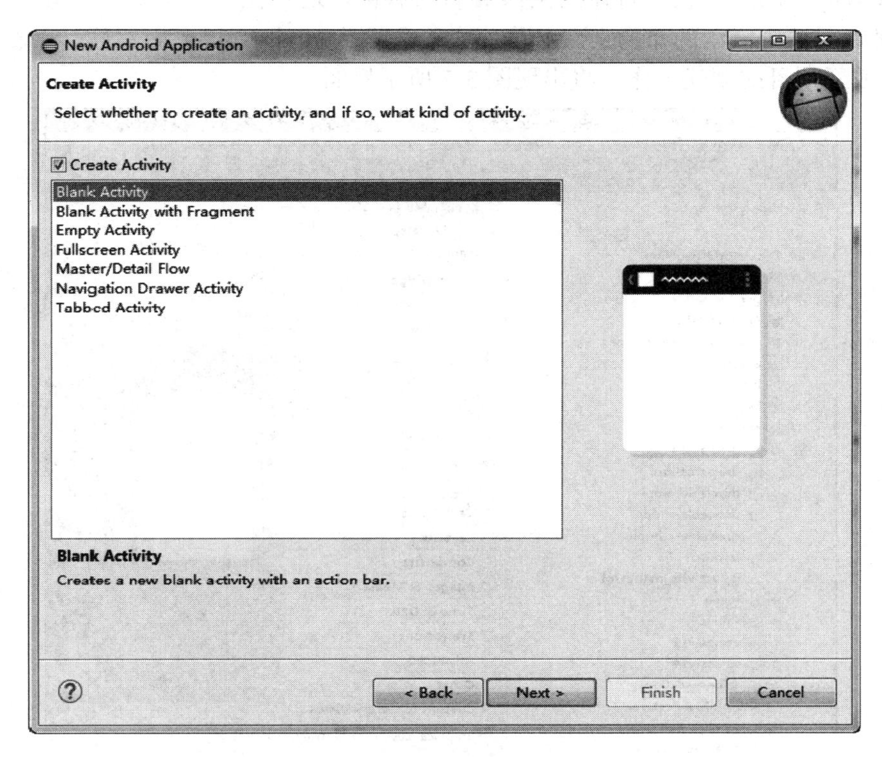

图 3-5　项目创建活动对话框

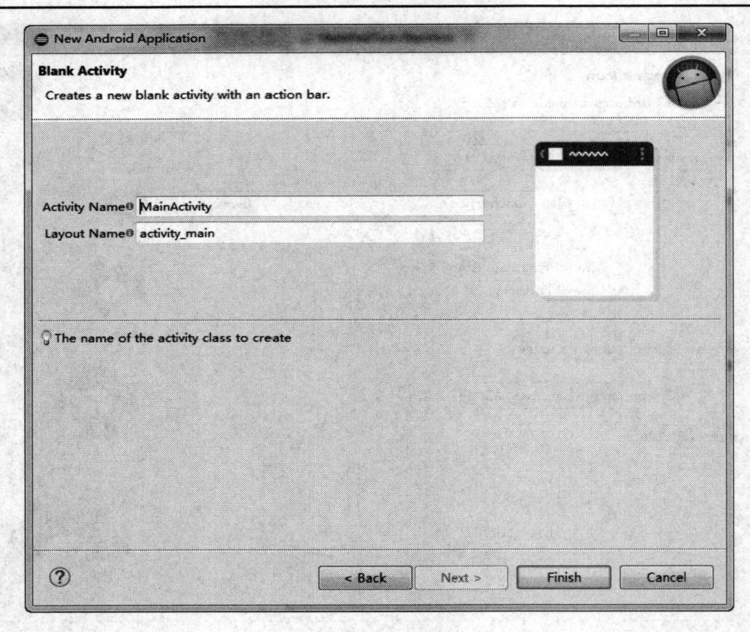

图 3-6　空白活动对话框

在弹出的图 3-6 所示界面中，包括了两项内容，即“Activity Name”和“Layout Name”，其中“Activity Name”表示新建的空白活动的名称，这里保留“MainActivity”，“Layout Name”是针对这个活动的布局文件名称，这里保留“activity_main”。然后，点击“Finish”按钮，完成新项目的创建工作，将出现图 3-7 所示界面。

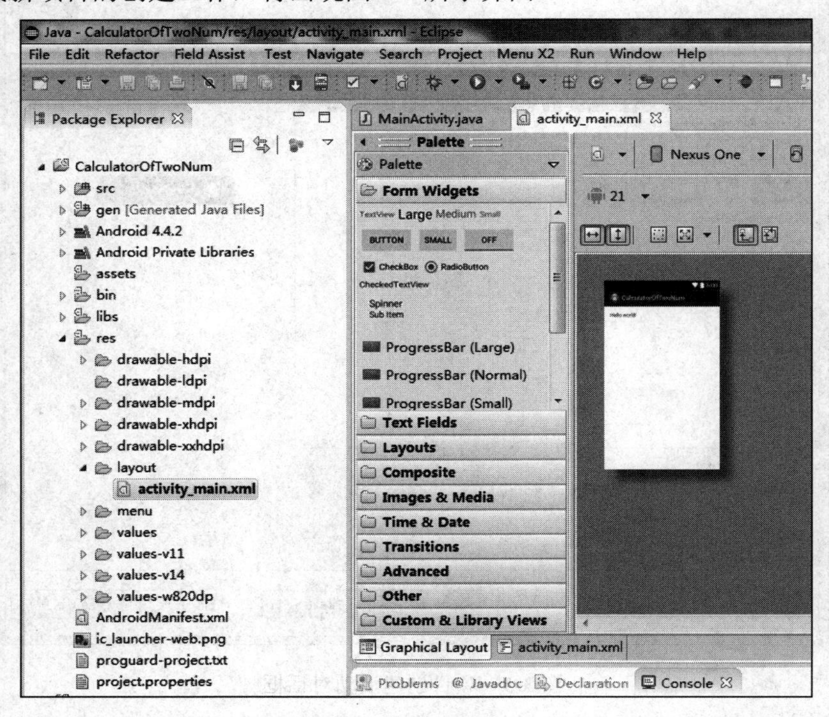

图 3-7　“CalculatorOfTwoNum”相关信息

3.4　设计程序的 UI 原型

本节要做一个基于图形界面的手机应用，笔者用“画笔”程序做了一个简单的应用预实现的界面，供大家参考，如图 3-8 所示。

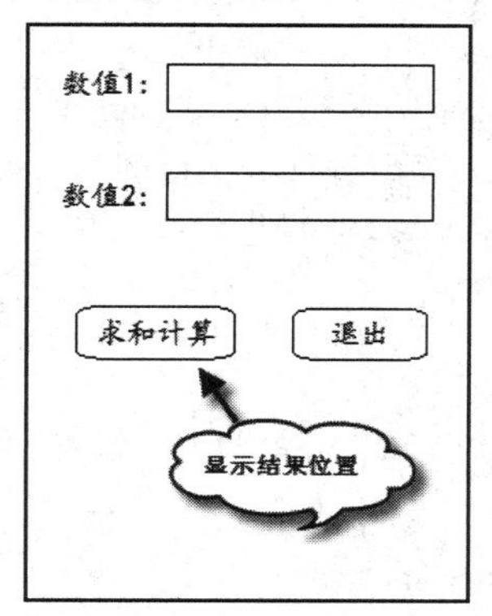

图 3-8　预实现的“CalculatorOfTwoNum”应用界面

3.5　依据 UI 原型实现 Android 项目的布局文件

下面介绍实现这个简单的手机应用程序的步骤。首先来实现布局文件，将相应标签、文本框和按钮控件放到图 3-8 所示的相应位置。这可以通过两种方式实现，一种方式是直接从图 3-7 所示的控件面板中拖放控件到右侧的活动区域中，另外一种方式是直接修改“activity_main.xml”文件。这里选择第二种方式，双击“res”目录下的“layout”子目录中的“activity_main.xml”文件，然后选择右侧的“activity_main.xml”页，如图 3-9 所示。

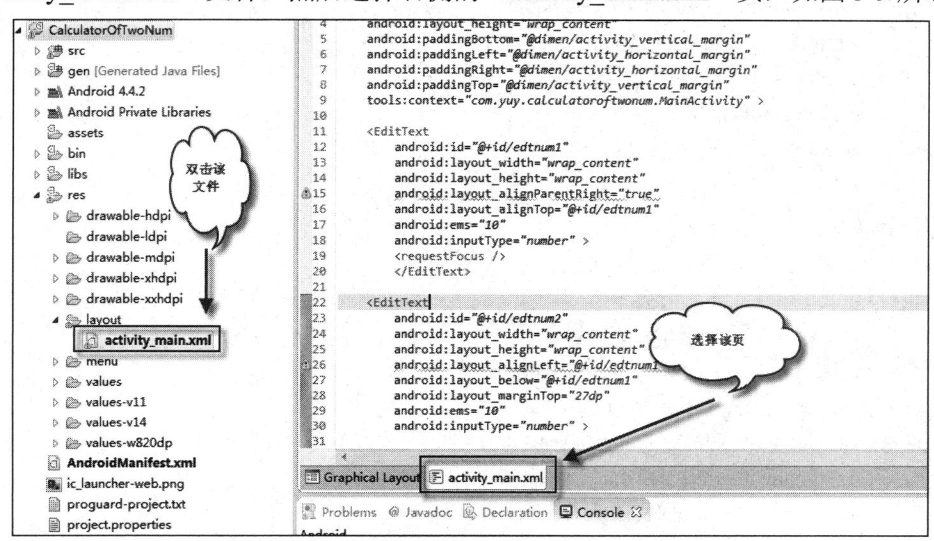

图 3-9　修改“activity_main.xml”布局文件

将“activity_main.xml”文件修改为以下内容：

```
<RelativeLayout xmlns:android="http://schemas.android.com/apk/res/android"
    xmlns:tools="http://schemas.android.com/tools"
    android:layout_width="match_parent"
    android:layout_height="wrap_content"
    android:paddingBottom="@dimen/activity_vertical_margin"
    android:paddingLeft="@dimen/activity_horizontal_margin"
    android:paddingRight="@dimen/activity_horizontal_margin"
    android:paddingTop="@dimen/activity_vertical_margin"
    tools:context="com.yuy.calculatoroftwonum.MainActivity" >

<EditText
        android:id="@+id/edtnum1"
        android:layout_width="wrap_content"
        android:layout_height="wrap_content"
        android:layout_alignParentRight="true"
        android:layout_alignTop="@+id/edtnum1"
        android:ems="10"
        android:inputType="number" >
<requestFocus />
</EditText>

<EditText
        android:id="@+id/edtnum2"
        android:layout_width="wrap_content"
        android:layout_height="wrap_content"
        android:layout_alignLeft="@+id/edtnum1"
        android:layout_below="@+id/edtnum1"
        android:layout_marginTop="27dp"
        android:ems="10"
        android:inputType="number" >

</EditText>

<TextView
        android:id="@+id/txtnum2"
        android:layout_width="wrap_content"
        android:layout_height="wrap_content"
        android:layout_alignBottom="@+id/edtnum2"
        android:layout_toLeftOf="@+id/edtnum2"
        android:text="@string/num2" />

<TextView
```

```
        android:id="@+id/txtnum1"
        android:layout_width="wrap_content"
        android:layout_height="wrap_content"
        android:layout_above="@+id/edtnum2"
        android:layout_alignLeft="@+id/txtnum2"
        android:text="@string/num1" />

    <Button
        android:id="@+id/btncalc"
        android:layout_width="wrap_content"
        android:layout_height="wrap_content"
        android:layout_alignLeft="@+id/txtnum2"
        android:layout_below="@+id/edtnum2"
        android:layout_marginTop="70dp"
        android:text="@string/calc" />

    <Button
        android:id="@+id/btnexit"
        android:layout_width="wrap_content"
        android:layout_height="wrap_content"
        android:layout_alignBaseline="@+id/btncalc"
        android:layout_alignBottom="@+id/btncalc"
        android:layout_alignRight="@+id/edtnum2"
        android:text="@string/exit" />

</RelativeLayout>
```

布局文件创建好以后，可以切换到图形布局来查看效果，如图 3-10 所示。

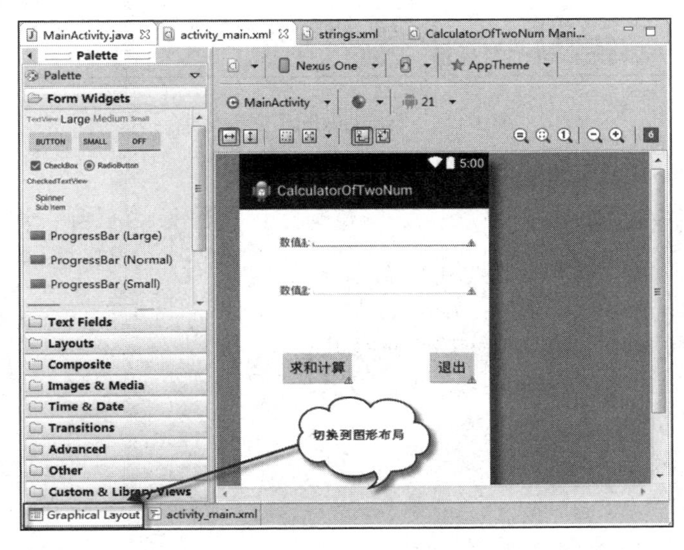

图 3-10　“activity_main.xml”布局文件的图形化界面

3.6　布局文件内容的理解

从图 3-10 可以进一步确认上述操作实现了预设计界面的需求。上面的布局文件存在以下一些问题：

(1) 在上面的配置文件中，并没有出现“数值 1:”“数值 2:”“求和计算”和“退出”汉字。

(2) 上面的布局文件是一个 XML 文件，那么在 XML 文件中不同的标签表示什么控件呢？

下面主要针对以上问题进行介绍。为了解决日后手机应用版本的国际化问题，开发人员通常不直接把文本标签、按钮名称写到对应控件的属性中，而是通过一个配置文件来进行设置，这样就可以根据不同国家应用不同的语言，加载不同的配置文件，而不用再编译不同的安装包进行分发。这里对应汉字的标题都存放在“res”目录下“values”子目录的“strings.xml”文件中，如图 3-11 所示。

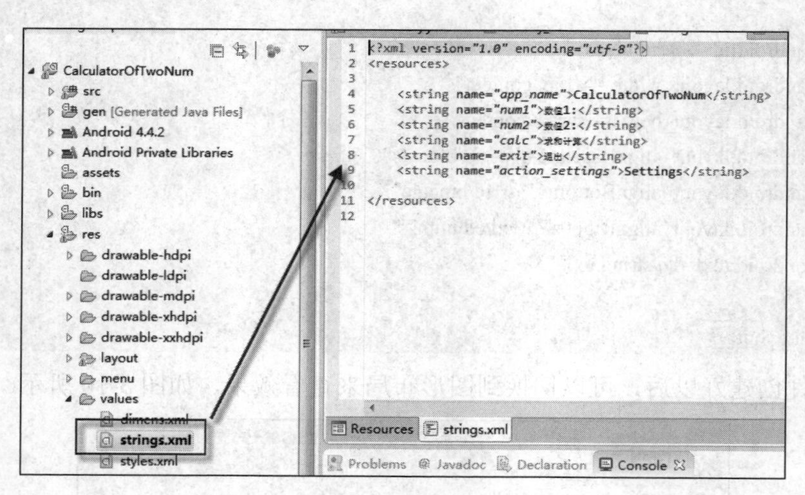

图 3-11　“stings.xml”文件信息

这里将“strings.xml”文件内容展示如下：

```
<?xml version="1.0" encoding="utf-8"?>
<resources>

<string name="app_name">CalculatorOfTwoNum</string>
<string name="num1">数值 1:</string>
<string name="num2">数值 2:</string>
<string name="calc">求和计算</string>
<string name="exit">退出</string>
<string name="action_settings">Settings</string>
```

```
</resources>
```

从这个 XML 文件中，可以看到其中定义了很多标签。第一个标签“<string name="app_name">CalculatorOfTwoNum</string>”定义了名称为“app_name”，其值为“CalculatorOfTwoNum”的一组键值对。它将会在另一个非常重要的文件，即“AndroidManifest.xml”文件中得到应用，在后续内容中将会介绍。第二个标签“<string name="num1">数值 1:</string>”定义了名称为“num1”的键值，其值为“数值 1:”。不难理解，在“activity_main.xml”布局文件中“android:text="@string/num1"”引用的就是“数值 1:”。后续的内容类似，不再进行赘述。

在布局文件中，用“<RelativeLayout>”来声明一个相对布局，用“<TextView>”来声明一个文本标签控件，用“<EditText>”来声明一个文本框控件，用“<Button>”来声明一个按钮控件。各个控件标签中还有一些属性来描述其高度、宽度、相对位置等信息，如果想深入地学习，建议读者阅读系统性书籍，这里不再赘述。

3.7　Android 项目的源代码实现

为了实现两个整型数字相加程序的源代码，点击“src”目录，在“com.yuy.calculatoroftwonum”包下双击“MainActivity.java”文件，打开该文件，如图 3-12 所示。

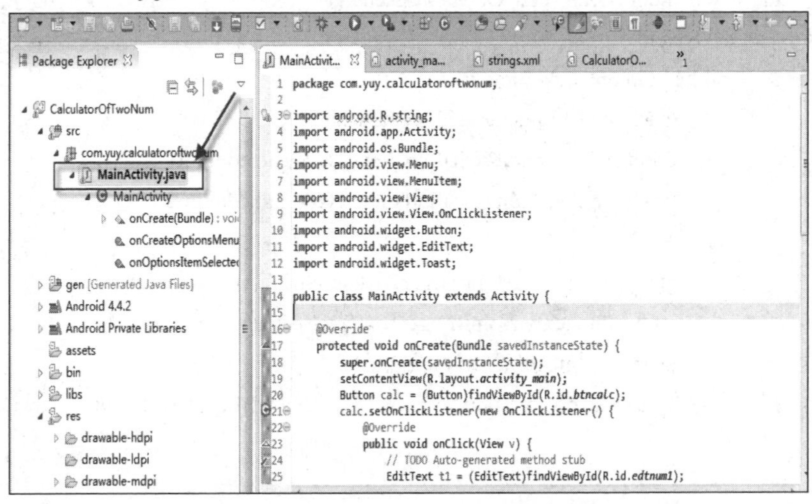

图 3-12　“MainActivity.java”文件信息

将“MainActivity.java”文件的信息修改为以下内容：

```
package com.yuy.calculatoroftwonum;


import android.R.string;
import android.app.Activity;
import android.os.Bundle;
```

```
import android.view.Menu;
import android.view.MenuItem;
import android.view.View;
import android.view.View.OnClickListener;
import android.widget.Button;
import android.widget.EditText;
import android.widget.Toast;

public class MainActivity extends Activity {
    public int add(int num1,int num2){
        return num1+num2;
    }

    @Override
    protected void onCreate(Bundle savedInstanceState) {
        super.onCreate(savedInstanceState);
        setContentView(R.layout.activity_main);
        Button calc = (Button)findViewById(R.id.btncalc);
        calc.setOnClickListener(new OnClickListener() {
            @Override
            public void onClick(View v) {
                // TODO Auto-generated method stub
                EditText t1 = (EditText)findViewById(R.id.edtnum1);
                EditText t2 = (EditText)findViewById(R.id.edtnum2);

                int a= Integer.parseInt(t1.getText().toString());
                int b= Integer.parseInt(t2.getText().toString());
                String s= Integer.toString(add(a, b));
                Toast.makeText(MainActivity.this,s, Toast.LENGTH_LONG).show();
            }
        }
        );
        Button exit = (Button)findViewById(R.id.btnexit);
        exit.setOnClickListener(new OnClickListener() {
            @Override
            public void onClick(View v) {
                finish();
            }
        });
```

```
    }

    @Override
    public boolean onCreateOptionsMenu(Menu menu) {
        // Inflate the menu; this adds items to the action bar if it is present.
        getMenuInflater().inflate(R.menu.main, menu);
        return true;
    }

    @Override
    public boolean onOptionsItemSelected(MenuItem item) {
        // Handle action bar item clicks here. The action bar will
        // automatically handle clicks on the Home/Up button, so long
        // as you specify a parent activity in AndroidManifest.xml.
        int id = item.getItemId();
        if (id == R.id.action_settings) {
            return true;
        }
        return super.onOptionsItemSelected(item);
    }
}}
```

上面的代码很简单，主要的代码是求和计算部分的代码，即下面的内容：

```
        Button calc = (Button)findViewById(R.id.btncalc);
        calc.setOnClickListener(new OnClickListener() {
            @Override
            public void onClick(View v) {
                // TODO Auto-generated method stub
                EditText t1 = (EditText)findViewById(R.id.edtnum1);
                EditText t2 = (EditText)findViewById(R.id.edtnum2);

                int a= Integer.parseInt(t1.getText().toString());
                int b= Integer.parseInt(t2.getText().toString());
                String s= Integer.toString(add(a, b));
                Toast.makeText(MainActivity.this,s, Toast.LENGTH_LONG).show();
            }
        }
        );
```

从上面的代码可以看到，其中有 findViewById()方法，这个方法是为了获取布局文件中定义的元素，这里传入的参数是 R.id.btncalc，得到“求和计算”按钮的实例。它涉及了 R.java 文件，下面对这个文件进行介绍。在项目“gen”文件夹下的“com.yuy.calculatoroftwonum”包中会自动生成一个以“R.java”命名的文件。在项目中添加的任何资源都会在其中生成一个与之对应的资源 ID，请不要自行修改该文件内容，如图 3-13 所示。

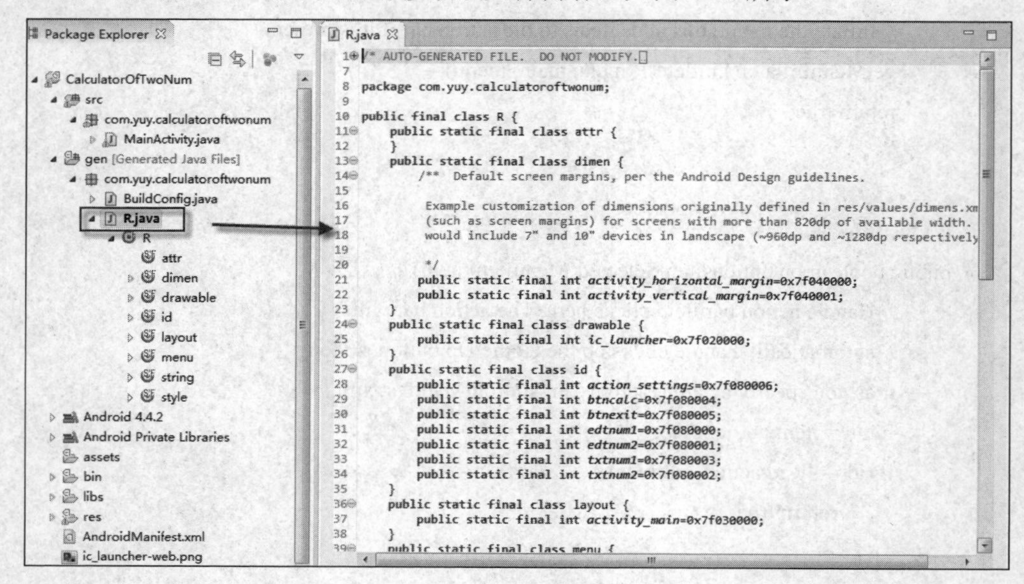

图 3-13 “R.java”文件信息

得到“求和计算”按钮实例后，通过调用 setOnClickListener()函数为该按钮注册一个监听器，点击该按钮就会执行监听器的 onClick()函数。因此就会执行下面的内容：

```
EditText t1 = (EditText)findViewById(R.id.edtnum1);
EditText t2 = (EditText)findViewById(R.id.edtnum2);


int a= Integer.parseInt(t1.getText().toString());
int b= Integer.parseInt(t2.getText().toString());
String s= Integer.toString(add(a, b));
//显示求和结果
Toast.makeText(MainActivity.this,s, Toast.LENGTH_LONG).show();
```

这几条语句的含义是先获得布局中的两个文本框实例，再将“数值 1”和“数值 2”的文本内容转换为整数赋给整型变量 a 和 b，而后通过 add()函数将 a 与 b 的和转换为字符串类型赋给字符串类型变量 s，最后通过 Toast 对象的 show()函数将求和结果显示出来。

3.8 AndroidManifest.xml 文件讲解

“AndroidManifest.xml”文件位于项目目录之下，如图 3-14 所示。

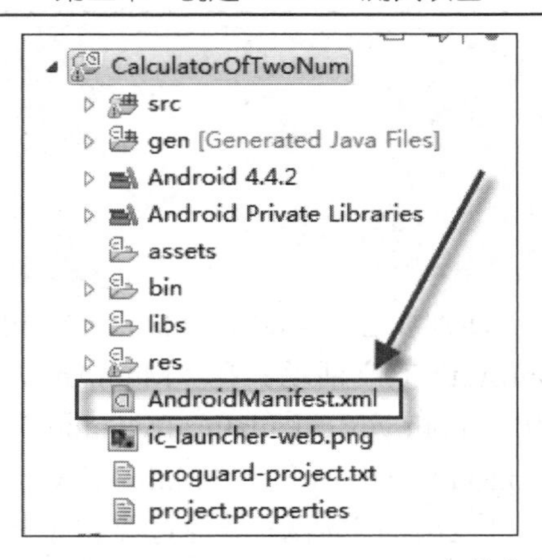

图 3-14　“AndroidManifest.xml”文件位置

“AndriodManifest.xml”文件是 Android 项目的配置文件，程序中定义的四大组件都需要在这个文件里注册。有时候人们需要对 SD 卡的读写操作、网络等资源进行访问，也需要在该文件中添加相应的权限，还可以在该文件中指定运行这个手机应用所要求的最低兼容版本和目标版本。这个文件的内容如下：

```
<?xml version="1.0" encoding="utf-8"?>
<manifest xmlns:android="http://schemas.android.com/apk/res/android"
    package="com.yuy.calculatoroftwonum"
    android:versionCode="1"
    android:versionName="1.0" >

<uses-sdk
        android:minSdkVersion="14"
        android:targetSdkVersion="19" />

<application
        android:allowBackup="true"
        android:icon="@drawable/ic_launcher"
        android:label="@string/app_name"
        android:theme="@style/AppTheme" >

<activity
            android:name=".MainActivity"
            android:label="@string/app_name" >
<intent-filter>
<action android:name="android.intent.action.MAIN" />
<category android:name="android.intent.category.LAUNCHER" />
</intent-filter>
```

```
</activity>

</application>

</manifest>
```

需要注意的是，所有的活动都要在“AndroidManifest.xml”文件进行注册后才能被使用，以下配置即为注册“MainActivity”活动。在“MainActivity”前面有一个“.”，它表示当前目录，包的前面为“com.yuy.calculatoroftwonum”，加上当前目录也就是“com.yuy.calculatoroftwonum.MainActivity”，“.MainActivity”为其简写形式。为了使“MainActivity”作为这个手机应用的主活动(能通过点击手机桌面应用的图标直接打开这个活动)，就需要加入“<intent-filter>”标签，并加入“<action android:name = "android.intent.action.MAIN" />”和“<category android:name = "android.intent.category. LAUNCHER" />”，这样才能使之成为应用的主活动，相关内容如下：

```
<intent-filter>
<action android:name="android.intent.action.MAIN" />
<category android:name="android.intent.category.LAUNCHER" />
</intent-filter>
```

如果没有声明任何一个活动作为主活动，这个程序仍然可以正常安装，只是没有办法在手机桌面上看到它，这种形式的应用一般作为第三方服务来进行内部调用。

下面的配置用于指定这个程序所支持的最低向下兼容的系统版本和目标版本，相关内容如下：

```
<uses-sdk
        android:minSdkVersion="14"
        android:targetSdkVersion="19" />
```

下面的配置用于指定应用的图标、应用标题、程序的 UI 所使用的主题，这些内容引用的也是“strings.xml”和“R.java”这两个文件中的内容。当“allowBackup”标志为“true”时，用户可通过“adb backup”和“adb restore”来进行对应用数据的备份和恢复，这可能存在一定的安全风险，相关内容如下：

```
        android:allowBackup="true"
        android:icon="@drawable/ic_launcher"
        android:label="@string/app_name"
        android:theme="@style/AppTheme" >
```

图 3-14 中，在项目的最下面有一个名为“project.properties”的文件，该文件的内容如下：

```
# This file is automatically generated by Android Tools.
# Do not modify this file -- YOUR CHANGES WILL BE ERASED!
```

```
#
# This file must be checked in Version Control Systems.
#
# To customize properties used by the Ant build system edit
# "ant.properties", and override values to adapt the script to your
# project structure.
#
# To enable ProGuard to shrink and obfuscate your code, uncomment this (available properties: sdk.dir,
# user.home):
#proguard.config=${sdk.dir}/tools/proguard/proguard-android.txt:proguard-project.txt

# Project target.
target=android-19
```

从上面的内容来看，有效的内容仅为“target=android-19”，它指定了编译程序所使用的 SDK 版本。

结合图 3-13 中项目的结构，进行如下说明：

(1) “src”：这个目录是存放 Java 源代码文件的地方。

(2) “gen”：这个目录里的内容都是自动生成的，它主要有一个 R.java 文件，在项目中添加的任何资源其实都会在该文件中生成一个对应的资源 ID，请不要自行去修改该文件。

(3) “assets”：这个目录主要用于存放一些随程序打包的文件，在程序运行过程中可以动态读取到这些文件的内容。如果程序使用到了 WebView 加载本地网页的功能，这个目录也将是存放网页相关文件的位置。

(4) “bin”：这个目录主要包含了一些在编译时自动产生的文件，比如安装包文件。

(5) “libs”：如果在项目中使用到了第三方的一些 jar 包，就需要把这些 jar 包都放在该目录下，放在这个目录下的 jar 包都会被自动添加到构建路径里去。

(6) “res”：这个目录主要存放项目中使用的所有图片、布局、字符串等资源，前面提到的 R.Java 文件中的内容也是根据这个目录下的文件自动生成的。当然，这个目录下还有很多子目录，图片放在“drawable”目录下，布局放在“layout”目录下，字符串放在“values”目录下。

3.9　运行 Android 项目

如果手机模拟器没有启动，则需要开启先前创建的手机模拟器，保证其处于运行状态，如图 3-15 所示。

然后，选中“CalculatorOfTwoNum”项目，点击鼠标右键，从弹出的快捷菜单中选择“Run As > Android　Application”菜单项。

图 3-15　处于运行状态的“Galaxy_Nexus_4.4.2”模拟器

接下来，将会看到“Console”的输出信息。以下内容为其具体的输出信息：

```
[2015-05-28 13:46:39 - CalculatorOfTwoNum] ------------------------------
[2015-05-28 13:46:39 - CalculatorOfTwoNum] Android Launch!
[2015-05-28 13:46:39 - CalculatorOfTwoNum] adb is running normally.
[2015-05-28 13:46:39 - CalculatorOfTwoNum] Performing com.yuy.calculatoroftwonum.MainActivity
activity
launch
[2015-05-28 13:46:40 - CalculatorOfTwoNum] Automatic Target Mode: using existing emulator
'emulator-5554'
running compatible AVD 'Galaxy_Nexus_4.4.2'
[2015-05-28 13:46:40 - CalculatorOfTwoNum] Uploading CalculatorOfTwoNum.apk onto device
'emulator-5554'
[2015-05-28 13:46:41 - CalculatorOfTwoNum] Installing CalculatorOfTwoNum.apk...
[2015-05-28 13:46:53 - CalculatorOfTwoNum] Success!
[2015-05-28 13:46:54 - CalculatorOfTwoNum] Starting activity com.yuy.calculatoroftwonum.
MainActivity on device emulator-5554
[2015-05-28 13:46:57 - CalculatorOfTwoNum] ActivityManager: Starting: Intent
{ act=android.intent.action.MAIN cat=[android.intent.category.LAUNCHER]
cmp=com.yuy.calculatoroftwonum/.MainActivity }
```

从上面的输出信息中，能够清楚地看到执行该应用的操作全过程，并清楚地看到其启动过程中检测 ADB 命令是否可以成功执行，是否能够调用应用的主活动，上传应用的安装包到手机模拟器，安装应用，启动主活动这一完整过程。从输出的信息来看，应用已安装成功，并启动了主活动，所以用鼠标操作手机模拟器，打开被锁住的屏幕，如图 3-16 所示。

在“数值 1”后的文本框中输入 2，在“数值 2”后的文本框中输入 3，然后点击“求和计算”按钮，会发现在手机屏幕的下方显示一个 Toast 提示信息“5”，如图 3-17 所示。

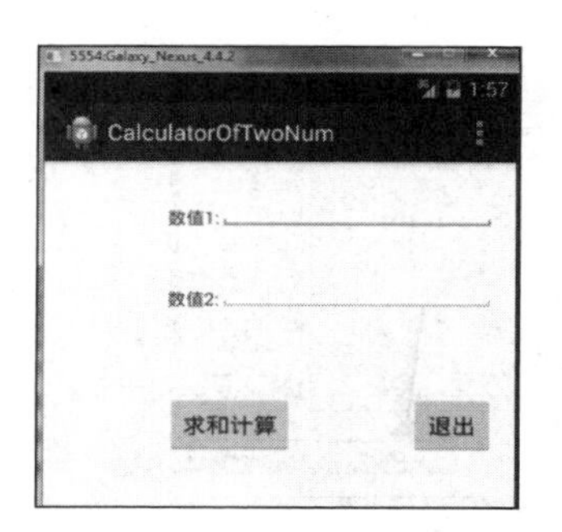

图 3-16　运行后的应用显示界面

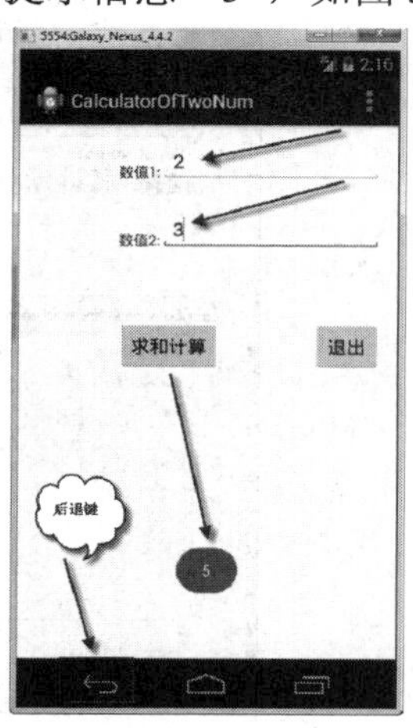

图 3-17　验证应用功能

点击图 3-17 所示的“后退键”或者点击“退出”按钮，则回到模拟器的桌面。在桌面上，能够看到一个名称为“CalculatorOfTwoNum”的应用，它就是样例程序，如图 3-18 所示。

当然，也可以使用物理的手机设备作为调试设备。在应用物理的手机设备时，需要保证手机设备可以被 360 手机助手、腾讯手机助手等工具成功访问，如图 3-19 所示。因为只有手机设备被成功识别了，才说明其相关的一些驱动正确安装了，这也是最简单的一种保证手机设备处于可调试状态的处理方式。

图 3-18　模拟器桌面相关应用

图 3-19　手机设备被正确识别

当使用手机设备作为调试工具时，选中“CalculatorOfTwoNum”项目，点击鼠标右键，从弹出的快捷菜单中选择“Run As > Android Application”菜单项后，将出现如图 3-20 所示界面。

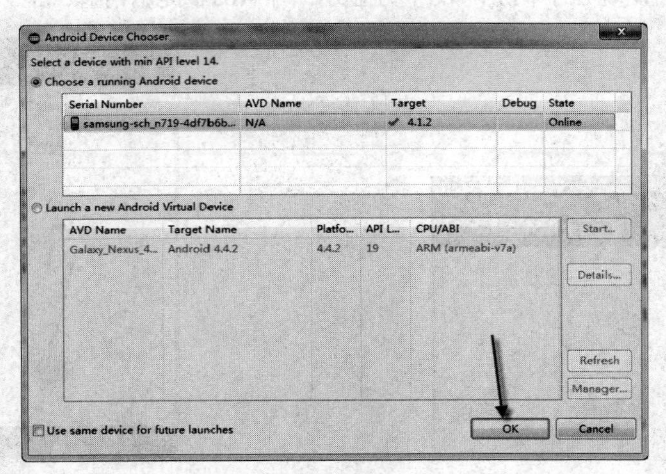

图 3-20 “Android Device Chooser”对话框信息

从运行的 Android 设备列表中选择相应的手机设备，点击“OK”按钮，就会产生和在模拟器上相同的效果，这部分内容不再进行赘述。

这里强调一点，如果在条件允许的情况下请最好还是通过手机设备进行测试用例脚本的编写、调试以及测试工作，一方面物理设备是真实的设备，而模拟器在有些情况下是模拟不了的，与物理设备还是有一定差异；另一方面，物理设备的运行速度也明显优于模拟器，所以在本书无特殊说明的情况下，都是通过物理手机设备进行调试和测试工作。

第四章 移动应用功能测试

移动应用的功能测试与传统桌面软件和 Web 系统的功能测试一样，需要涉及功能测试、用户界面测试、异常测试、易用性测试等。另外，由于移动应用的特殊性，进行用户体验测试是目前手机软件测试中必须采用的测试类型。本章重点讲解一些移动应用常见的测试类型。

4.1 功能测试

功能测试也叫黑盒测试或数据驱动测试，是对软件产品的各功能进行验证，根据功能测试用例逐项执行测试，检查产品是否达到业务需求规格说明书上要求的功能。

功能测试只需考虑需要测试的各个功能，不需要考虑整个软件的内部结构及代码。功能测试一般从软件产品的界面、架构出发，按照需求编写出测试用例，输入数据，在预期结果和实际结果之间进行评测，进而使产品达到用户使用的要求。

功能测试是根据产品特性、操作描述和用户方案，测试一个产品的特性和可操作行为，以确定它们满足设计需求。在测试时，使用适当的平台、浏览器和测试脚本，以保证目标用户的体验足够好，就如应用程序是专门为该市场开发的一样。功能测试是为了确保程序以期望的方式运行而按功能要求对软件进行的测试，通过对一个系统的所有特性和功能都进行测试，确保其符合需求和规范。

功能测试中常用的设计测试用例方法包括等价类划分、边界值分析、错误推测、因果图等。

功能测试试图发现以下类型的错误：

(1) 软件业务功能错误或遗漏。

(2) 软件功能操作上出现问题。

(3) 界面操作上无法操作或操作时出错。

(4) 访问数据库或其他文件时出错。

(5) 与其他外部接口传输数据时出错。

(6) 初始化和终止错误。

(7) 安装、卸载或升级时出错。

对于 APP 每项功能都需要进行测试。在 APP 测试中，功能测试是一个重要方面。刚开始测试时，测试员必须把 APP 视为“黑盒”进行手动测试，查看提供的功能是否正确并正常运作。

APP 的开发模式一般为敏捷开发模式，所以测试也通常采用敏捷测试方法。敏捷测试团队中，更多地考虑把测试过程自动化，减少由于快速迭代给手工测试带来比较大的工作负荷。

4.2　用户界面测试

用户界面测试(User Interface Testing)又称 UI 测试。用户界面(UI)是指软件中的可见外观及其底层与用户交互的部分(菜单、对话框、窗口和其他控件)。用户界面测试是指测试用户界面的风格是否满足客户要求，文字是否正确，页面是否美观，文字、图片组合是否完美，操作是否友好等。用户界面测试的目标是确保用户界面会通过测试对象的功能为用户提供相应的访问或浏览功能，确保用户界面符合公司或行业的标准。用户界面测试包括用户友好性、人性化、易操作性测试。用户界面测试是指测试软件用户界面的设计是否合乎用户期望或要求，包括菜单、对话框及对话框上所有按钮、文字、出错提示、帮助信息(Menu 和 Help Content)等方面的测试。比如，测试 Microsoft Excel 中插入符号功能所用的对话框的大小、所有按钮是否对齐、字符串字体大小、出错信息内容和字体大小、工具栏位置/图标等。

用户界面测试的检查点包括以下几方面：

1) 页面布局检查

(1) 字体、颜色、风格是否符合设计标准。

(2) 页面的排版、格式是否美观一致，是否符合一般操作习惯。

(3) 不同的界面中，显示效果是否符合设计要求。

(4) 不同分辨率下，显示效果是否符合设计要求(如果项目中有分辨率的要求)。

(5) 页面在窗口变化时显示是否正确、美观。

(6) 页面特殊效果显示是否正确，各个页面的链接情况是否准确，页面元素是否存在容错性。

图 4-1 所示为用户界面测试当中最常见的 UI 错位问题，这些问题要在测试过程中及时发现，避免产生不良的用户体验。

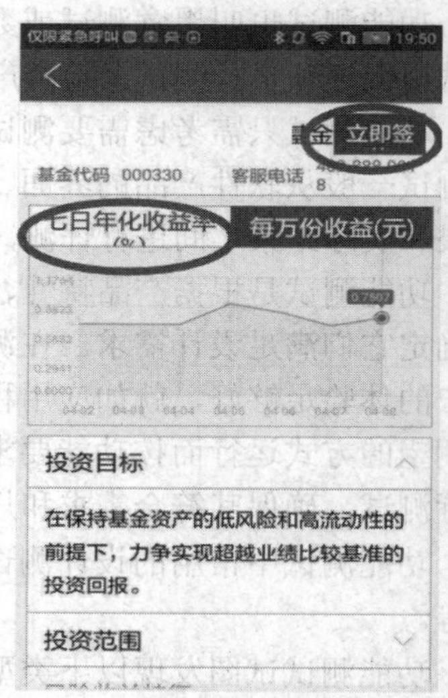

图 4-1　UI 显示错位问题

2) 权限检查

(1) 菜单权限检查：选取有代表性的用户登录后，显示的菜单是否与设计一致。

(2) 功能权限检查：对于不同类型的用户或在不同的阶段，打开同样的页面时，页面提供的功能是否与设计一致。

(3) 数据权限检查：页面显示的数据是否在不同的状态下与设计一致。

(4) 同一用户是否允许同时登录系统(根据具体需求而定)。

3) 链接测试

链接测试即测试所有链接是否通过正确的路径链接到指定的页面上，确保应用到系统中的各个页面没有孤立的页面。

4) 页面元素边界测试及用户体验测试

(1) 页面清单是否完整(是否已经将所需要的页面全部列出)。

(2) 页面特殊效果(特殊字体效果、动画效果)。

(3) 页面菜单项总级数是否超过了三级。

(4) 边界测试注意点：

① 操作项为空、非空、不可编辑；

② 操作项的唯一性；

③ 字符长度、格式；

④ 数字、邮政编码、金额、电话、电子邮件、ID 号、密码；

⑤ 日期、时间；

⑥ 特殊字符(对数据库)、英文单、双引号、&符号。

(5) 页面元素注意点：

① 实现功能需要的按钮、复选框、列表框、超链接、输入框等是否正确；

② 页面元素的文字、图形、签章是否显示正确；

③ 页面元素的按钮、列表框、输入框、超链接等外形和摆放位置是否美观一致；

④ 页面元素的基本功能、文字特效、动画特效、按钮、超链接是否实现。

(6) 翻页功能测试注意点：

① 首页、上一页、下一页、尾页：在存在数据时，控件的显示情况；在无数据时，控件的显示情况；

② 在首页时，首页和上一页是否可单击；

③ 在尾页时，下一页和尾页是否可单击；

④ 在非首页和非尾页时，按钮功能是否正确；

⑤ 翻页后，列表中的记录是否按照指定的排序顺序进行排序；

⑥ 总页数是否等于总的记录数/指定每页显示的条数；

⑦ 当前页数显示是否正确；

⑧ 指定跳转页跳转是否成功；

⑨ 输入非法页数时，是否给出提示信息；

⑩ 是否存在默认每页显示条数；

⑪ 是否允许用户自定义每页显示条数，设定后，显示的条数和页数是否正确。

(7) 页面控件测试注意点：

① 文本框：

a. 必填项验证：如果必填项未输入，是否有标准错误提示，提示信息是否合理；

b. 最小值校验：查看设计文档中有无最小值设定，超过最小值程序是否存在友好提示；

c. 最大值校验：查看设计文档中有无最大值设定，超过最大值程序是否存在友好提示；

d. 正整数校验：输入小数、0、负数、汉字、英文、字符，程序应存在友好提示；

e. 整数校验：输入小数、汉字、英文、字符，程序应存在友好提示；

f. 小数校验：查看设计文档中对小数位数是否有限制；查看设计文档中是四舍五入，还是截取小数点后面几位数(缺省四舍五入)；数字首个字符为 0 时，如输入 01123，文本是否显示为 1123(此处应注意数值和编号的区别)。

② 字符类型：

a. 必填项验证：如果必填项未输入，是否有标准错误提示；必填项输入空格，查看设计文档中是否允许文本值为 null，如不允许是否存在友好提示；

b. 字段唯一验证：查看设计文档，新增时，输入重复的字段，检测程序是否进行了验证，是否存在友好提示；修改时，输入重复的字段，检测程序是否进行了验证，是否存在友好提示；

c. 特殊字符验证：查看设计文档，是否允许输入空格、数字、字符、下划线、单引号等特殊字符集的组合，例如：△▽○◇□☆▷◁♤♡♢♧☺☼☽∽∞∝∮⊙(){ }〈〉；在输入“,”等符号时，页面提示用户不允许用半角输入，只允许输入全角符号信息，查看是否存在友好提示；

d. 最小字符验证：查看设计文档中有无最小字符设定，超过最小字符程序是否存在友好提示；

e. 最大字符验证：查看设计文档中有无最大字符设定，超过最大字符程序是否存在友好提示；

f. 中文字符处理：在可以输入中文的地方输入中文，查看是否允许输入繁体，查看是否出现乱码现象。

③ 特定格式类型：

a. 日期格式验证(如果日期存在编辑功能则需要校验)：日输入最小天数–1，查看程序是否进行了日历验证，是否存在友好提示；日输入最大天数+1，查看程序是否进行了日历验证，是否存在友好提示；月输入最小月份–1，检查程序是否进行了日历验证，是否存在友好提示；月输入最大月份+1，检查程序是否进行了日历验证，是否存在友好提示；查看设计文档，非闰年，月输入“2”、日输入“29”，检查程序是否进行了日历验证，是否存在友好提示；查看设计文档，闰年，月份输入“2”、日输入“30”，检查程序是否进行了日历验证，是否存在友好提示；查看设计文档，输入 2010-05-28、2010/5/28、20100528、2010.05.28、05/28/2010 等，检查日期格式合法性；

b. 时间格式验证(如果时间存在编辑功能则需要校验)：查看设计文档，输入“24”时，检查程序是否进行了时间验证，是否存在友好提示；查看设计文档，输入“60”分，检查程序是否进行了时间验证，是否存在友好提示；查看设计文档，输入“60”秒，检查程序是否进行了时间验证，是否存在友好提示；检查时间格式合法性，不合法格式如 12:30:、1:3:0 等。

④ 按钮控件：

a. 单选按钮(Radio Button)：一组单选按钮只允许选中一个；一组单选按钮在执行同一功能时，在初始状态时必须有默认值，不能为空，如选择男女单选按钮，在页面初始时，必须默认选中一个值；查看设计文档，执行每个单选按钮的功能；

b. 按钮(Button)：点击按钮，查看是否正确响应，查看设计文档，根据文档需求验证，例如：点击按钮弹出窗体，点击取消，窗体关闭；查看设计文档，查看按钮验证事件，例如：文本输入值为 null，验证按钮提示状态；查看设计文档，验证按钮提交状态，例如：点击按钮提交页面数据并关闭页面窗体；

c. 按钮测试基准：对于单选按钮，一组单选按钮只允许有个一被选中；执行同一功能的一组单选按钮，必须有默认值；验证点击按钮正常相应操作；查看对非法输入、对数据进行无法恢复操作是否进行提示；对于按钮，点击查看是否正确响应；查看按钮的验证事件及按钮的提交状态。

⑤ 复选框(Check Box)：

a. 复选框控件验证：查看设计文档需求是否允许选中多个框体，若允许选中多个，则查看控件状态，执行选中复选框的功能；查看设计文档需求，是否允许部分选中，若允许部分选中，则查看控件状态，执行选中复选框的功能；查看设计文档需求，是否只允许单选，若只允许单选，则查看控件状态，执行选中复选框的功能，并尝试选中多个框体，查看程序状态是否报错；

b. 复选框不被选中验证：查看复选框不被选中的状态，如必须选中，则检查程序是否存在友好提示；

c. 复选框被选中后验证：复选框被选中后，查看控件状态，执行选中复选框的功能；

d. 复选框测试基准：验证多个复选框是否可以同时被选中、验证多个复选框是否可以被部分选中、验证多个复选框是否可以都不被选中、逐一执行每个复选框的功能。

⑥ 滚动条控件(Scroll Bar)：

a. 滚动条拖动验证：拖动滚动条时，查看屏幕刷新情况，是否存在乱码；

b. 点击滚动条验证：点击滚动条，查看滚动条的滚动状态；

c. 点击滚动条按钮验证：点击滚动条按钮，查看滚动条状态；

d. 窗体混合使用滚动条验证：窗体中混合使用滚动条，查看滚动条状态；

e. 滚动条测试基准：验证滚动条的长度，根据显示信息的长度或宽度及时变换，了解显示信息的位置和百分比；拖动滚动条，检查屏幕刷新情况，并查看是否有乱码；验证点击滚动条状态；用鼠标滚轮控制滚动条，查看状态；点击滚动条的上下按钮，查看状态。

⑦ 密码框(Password Field)：

a. 密码框长度验证：查看设计文档中密码格式设定，验证密码框显示长度，输入字符超出设定的长度或字符长度不够，查看程序是否存在验证，是否给出友好提示；

b. 密码框输入验证：查看设计文档中密码字符输入设定，验证密码框输入字符格式，输入不符合的字符时，查看程序是否给出友好提示；查看设计文档中密码格式设定，使用 Paste 等尝试输入并查看是否可以提交，如果无法提交，是否给出友好提示；比较新密码和确认密码的值，如不相同，查看程序是否给出友好提示。

c. 密码显示验证：查看设计文档中密码显示设定，查看密码框显示格式是否正确；

d. 密码框测试基准：验证密码框长度；验证密码输入的字符格式(一般情况为字符和数字组成，根据项目需求而定)；验证新密码和确认密码比较值；验证密码的显示格式(根据项目需求)。

4.3 异常测试

异常测试是检测系统对异常情况的处理。异常测试覆盖硬件或软件异常时的处理。测试方应通过人为制造错误情况测试系统对错误操作、错误报文的反应，检查程序中的屏幕或页面是否给出了清晰且充分的提示或约束；一旦出现错误情况，便检查系统是否能正常报告，并检查系统的错误提示是否清晰且充分；测试系统是否处理了用户的异常操作，还是造成死机或处理错误。只有通过异常测试的软件产品，才可以保证软件在正式上线后长时间保持良好的运营状态，给最终用户以信心。异常测试的结果也有助于为进一步优化设计积累经验。

下面以移动 APP 软件测试为例对异常测试进行说明：

(1) 在手机桌面选择一个需要网络登录的 APP(例如 QQ)，点击打开，输入正确的用户名、密码，当 APP 出现登录的进度条时，将网络断开，查看该 APP 是否提示正确的对话，而没有出现其他异常的情况(如 APP 闪退等)。

(2) 在手机中打开一个具备转账功能的 APP(如招商银行)，进入转账界面，输入正确的账户及密码进行转账，在转账过程中手机没电关机(可以拆电池，或者接假电进行控制)，然后充电，重新开机登录 APP 查看转账是否成功，是否有正确的返回数据。

以上为 APP 异常测试的场景案例。测试人员在做测试的过程中，要充分考虑到用户使用过程中的一些极限问题，这样的测试能够保证软件在极端情况下的运行稳定性。

4.4　易用性测试

GB/T 16260—2003(ISO 9126-2001)《软件工程产品质量》提出易用性包含易理解性、易学习性和易操作性等，即易用性是指在指定条件下使用时，软件产品被理解、学习、使用和吸引用户的能力。

易用性测试是检查用户使用软件时是否感觉方便。比如，用户在 APP 查看照片时，滑动两个手指就能够实现照片的放大、缩小，让用户感觉非常方便。易用性和可用性存在一定的区别，可用性是指是否可以使用，而易用性是指是否方便使用。

易用性测试包括针对应用程序的测试，同时还包括对用户手册系统文档的测试。通常采用质量外部模型来评价易用性。易用性测试具体包括易理解性测试、易学习性测试、易操作性测试、吸引性测试、依从性测试。

由于每个公司、每个人对易用性的要求标准不同，所以很难为易用性确定一个明确的预期结果，所以在易用性测试中一般提出建议性缺陷，此类缺陷修复后，会增加软件的易用性，而对于软件功能往往没有影响。

4.5　用户体验测试

产品的用户体验测试评价就是从性能、功能、界面形式、可用性等方面将构成产品的软、硬件系统与某种预定的标准进行比较，对其做出评价。用户体验测试与评价是产品开发设计的一个重要步骤。产品的成功与否需要通过评价以及用户的实践，才能得到最终的判定。

软件或系统正式交付前需进行严格测试，请用户进行评价。严格的测试方法和评价标准可以促进产品设计的优化。

对用户体验的测试和评价的意义如下：

(1) 更加贴近市场，通过市场反馈，进一步了解市场和用户的需求，改进产品的设计。

(2) 降低产品或者系统技术支持的费用，缩短最终用户训练时间。

(3) 减少由于用户界面问题而引起的软件修改和改版问题。

(4) 使产品的可用性增强，用户易于使用。

(5) 更有效地利用计算机系统资源。

(6) 帮助系统设计者更深刻地领会“以用户为核心”的设计原则。

(7) 在界面测试与评价过程中形成的一些评价标准和设计原则对界面设计有直接的指导作用。

在设计早期，用户体验设计师制定一份设计准则是有必要的。为应用开发人员制定一组明确的准则，可保证在整个产品开发周期中的协调。设计准则的制定应考虑以下几方面的问题：

(1) 产品运行前后的一致性。

(2) 产品的界面方式及可选内容。

(3) 系统提示、反馈、出错信息的内容。

(4) 产品界面中各种术语、缩写、图符的内容、样式、对齐方式等的定义。

(5) 色彩、亮度、闪烁、图像等技术的使用。

(6) 各种输入/输出设备的类型和使用。

(7) 产品操作响应时间和显示速率。

(8) 命令语言的语义、语法、序列。

(9) 系统控制的灵活性。

(10) 系统满足适当的功能。

(11) 可编程的功能键的使用。

(12) 产品出错显示和恢复。

(13) 联机帮助和指导。

(14) 培训和参考资料。

建立设计准则的主要目的是提出设计原理，为开发人员提供设计的功能需求。准则文件前后应一致并保持文件的完整。它提供了严格的标准，同时具有一定的灵活性，可以根据用户体验设计的发展以及用户需求的变更增加新的内容。这样，用户体验开发的执行过程就会很快，并减少设计的改变。

4.6 冒烟测试

假设在测试中发现问题，找到了一个 Bug(漏洞)，然后开发人员会来修复这个 Bug。要想知道这次修复是否真的解决了程序的 Bug，或者是否会对其他模块造成影响，就需要针对此问题进行专门测试，这个过程就被称为冒烟测试(Smoke Test)。在很多情况下，做冒烟测试时，开发人员在试图解决一个问题的时候，造成了其他功能模块一系列的连锁反应，原因可能是只集中考虑了一开始的那个问题，而忽略其他的问题，这就可能引起新的 Bug。冒烟测试的优点是节省测试时间，防止版本(Build)失败。其缺点是覆盖率比较低。

1. 冒烟测试应用

冒烟测试的对象是每一个新编译的需要正式测试的软件版本，目的是确认软件基本功能正常，可以进行后续的正式测试工作。冒烟测试的执行者是版本编译人员。在一般软件公司，软件在编写过程中，内部需要编译多个版本，但是只有有限的几个版本需要执行正式测试(根据项目开发计划)。这些需要执行测试的版本在刚刚编译出来后，软件编译人员需要进行基本性能确认测试，例如，是否可以正确安装/卸载，主要功能是否实现，是否存在严重死机或数据严重丢失等 Bug。如果通过了该测试，则可以根据正式测试文档进行正式测试；否则，就需要重新编译版本，再次执行版本可接收确认测试，直到成功。

2. 冒烟测试现状

新版本的基本功能确认检查测试，有的公司称为版本健康检查(Build Sanity Check)。对于编译的本地化软件新版本，除了进行上面提到的各种测试检查之外，还要检查是否在新的本地化版本中包含了应该本地化的全部文件。可以通过采用文件和目录结构比较工具，首先比较源语言版本和本地化版本的文件和目录中的文件数目、文件名称和文件日期等，这个过程称为版本镜像检查(Build Image Check)；其次，分别安装源语言版本和本地化版本，比较安装后的文件和目录结构中的文件数目、文件名称和文件日期等，这个过程称为版本安装检查(Build Installing Check)。

3. 冒烟测试准则

由于冒烟测试特别关注更改过或者新添加的功能，因此测试人员必须与相关开发人员协同工作。

测试人员必须了解以下内容：

(1) 新的版本中进行了什么更改。若要理解该更改，可以要求开发人员提供相关说明。

(2) 更改对功能有何影响。

(3) 更改对各组件的依存关系有何影响。

顾名思义，冒烟测试(Smoke Testing)就是一套最基本、最核心的功能点测试用例，通过快速的测试发现新版软件中影响功能方面的 Bug，以最快的速度反馈给开发人员，进行新版本的 Bug 修复工作，避免有严重问题的版本投入到大量的测试当中，导致浪费大量的测试资源。

4.7 探索性测试

探索性测试(Exploratory Testing)是敏捷世界里的一种重要测试方法，作为一个研究性的工具，它是用户故事测试和自动化回归集的重要补充。它是一种经过深思熟虑的测试方式，没有测试脚本，可以使测试超出各种已经测试过的场景。探索性测试将学习、测试设计和测试执行整合在一起，形成一种测试方法。探索性测试的最大特色是在对测试对象进行测试的同时获得关于测试对象的信息，并基于此设计新的更好的测试。

1．探索性测试的基本过程

探索性测试的基本过程为：识别软件系统的目的；识别软件系统提供的功能；识别软件系统潜在的不稳定的区域；在探索软件系统的过程中记录关于软件的消息和问题；创建一个测试纲要，使用它来执行测试。

值得注意的是，探索性测试的过程是一个循环的过程，并且没有很严格的执行顺序，完全能够先创建测试纲要，执行测试，然后在测试中改进软件系统；也能够先探索软件系统的各个区域，然后再列出需要测试的要点。探索性测试强调创新的测试思维，在测试过程中不断地出现许多关于测试的新想法，因而就像一把叉(如图 4-2 所示)。探索性测试强调测试过程中要有更多的发散思维，这也是与保守测试方式的最大区别。保守测试方式强调设想完善的测试用例，测试人员严格按测试用例执行测试，这在一定程度上限制了测试人员的测试思维，致使测试人员缺乏主观能动性。

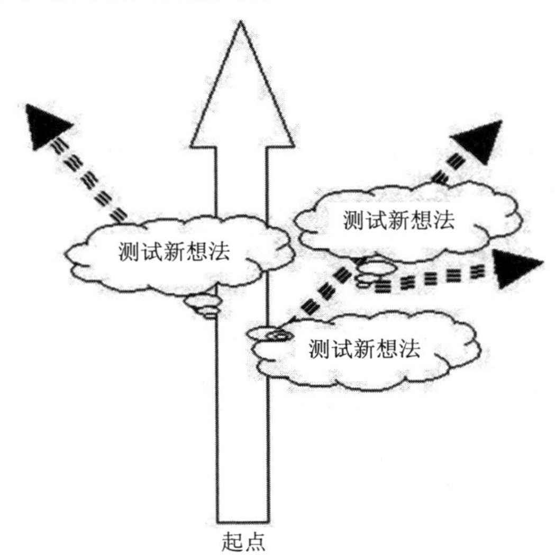

图 4-2　Bug 探索测试的“探索叉”

2．探索性测试的价值

(1) 探索性测试可以用来找到深层次的 Bug。因为探索性测试人员是优秀的观察者，他们观察不正常和不符合期望的结果，并进行认真的思考，这种状态和按部就班的执行用例是不一样的，因此，它更容易发现一些隐藏得很深的问题。

(2) 探索性测试可以加深测试人员对被测系统的了解。探索性测试强调对被测试对象的学习，并且是在测试过程中的学习，在此基础上设计测试，因此，它使测试人员更容易深入地理解被测系统。

3．探索性测试的误区

(1) 不要将探索性测试和随机测试混淆。没有熟练的技能，不会认真思考的“黑盒”测试人员所做的并不是探索性测试，一个合格的探索性测试人员需要认真思考和分析结果，并且在探索测试的过程中做记录。

(2) 不要将探索性测试和回归测试混淆。探索性测试更注重的是思考和学习，不断发现新的问题，而版本的回归测试是为了保证原有的功能，为持续迭代构筑安全网。重复的功能回归测试应该尽量用自动化的方式来完成，这样才有足够的人力来进行探索性测试。

(3) 探索性测试不能用来评估软件质量。尽管探索性测试是一种有效的测试方法，但是它不是一种全面覆盖的测试方法。如果要评估测试是否全面，可能需要其他的手段。

4．探索性测试输出报告

通过探索性测试要输出什么样的报告才能体现测试的价值呢？一般从 Bug 的等级说明、Bug 的等级统计、模块 Bug 统计、必现 Bug 详情等维度来体现 Bug 探索性测试输出报告。下面以 Testin Bug 探索性测试项目为例来说明报告内容模块。

1) Bug 等级说明

首先要在报告中最前面对 Bug 等级进行说明，整个探索性测试就可以根据提前制定好的 Bug 等级进行归类，这样的输出结果方便开发人员对严重 Bug 进行快速定位，具体形式如图 4-3 所示。

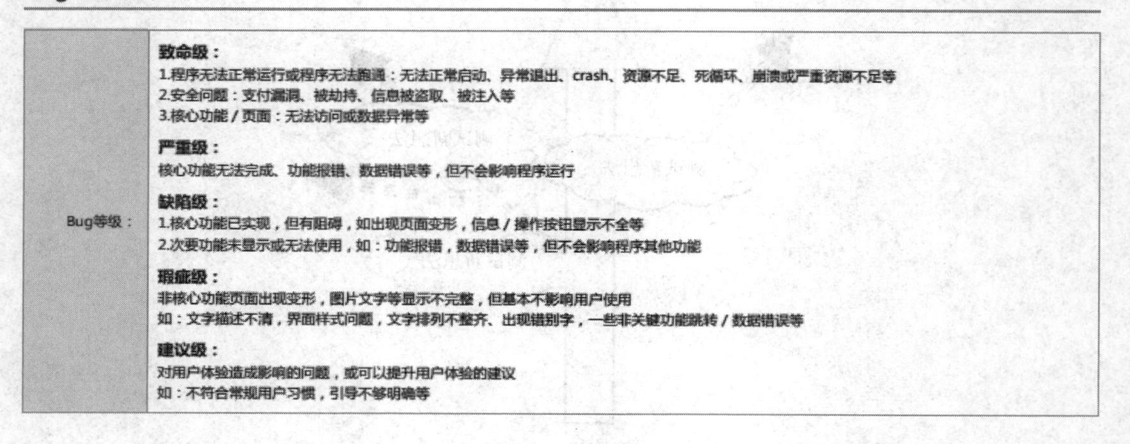

图 4-3　Bug 等级说明

2) Bug 等级统计

在探索性测试结束后，需要按照之前设定的 Bug 等级说明来进行数量统计，这样可以最直观地体现在 Bug 探索中所发现问题的数量及严重程度分类。Bug 等级统计图如图 4-4 所示。

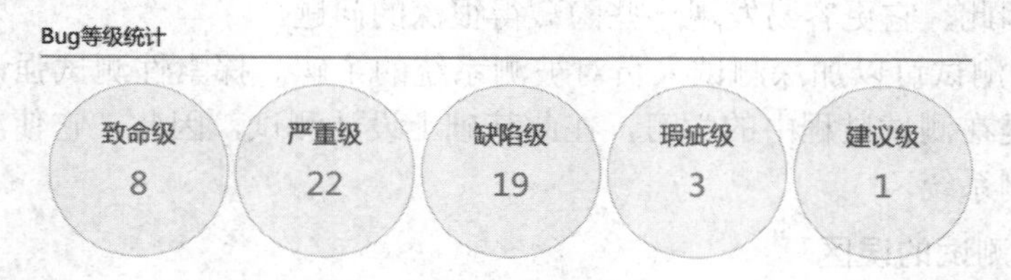

图 4-4　Bug 等级统计图

3) 模块 Bug 统计

测试报告中要详细体现探索测试的测试模块，并且标注清楚该模块的通过情况及所发现的 Bug 数量。这样可以更加直观地体现各个测试模块的结果，如图 4-5 所示。

模块Bug统计

模块名称	是否通过	Bug数量
安装卸载	✕	7
注册登录忘记密码	✕	6
首页	✕	8
分类	✕	13
购物车	✕	9
个人中心	✕	5
其他	✕	5

图 4-5　模块 Bug 统计

4) 必现 Bug 详情

必现 Bug 详情包含一些重要内容，如 Bug 的描述、所使用的测试设备型号等。Bug 描述一般用一句话来说明，同时要标注当前测试的网络环境(是 WiFi 还是 GPRS)、该 Bug 的严重程度定义及该 Bug 的复现概率。另外，对于产生该 Bug 的前提条件，如果有特殊条件因素则需要在 Bug 详情里描述。最为关键的就是测试步骤的描述，要列出清晰的测试步骤以及每个步骤的详细内容，这样方便开发人员更加容易地复现 Bug。报告里还要详细体现测试期望的结果以及测试实际的结果，这样可以让开发人员更加准确地判断 Bug 的有效性。同时，为了进一步完善测试结果，通常可以在报告中为每个 Bug 添加测试过程的截图、录像，甚至测试 Log，这些要根据 Bug 本身的情况来定。Bug 详情报告模板如图 4-6 所示。

2 / 【新建地址】详细地址输入表情符合点击保存会提示未传入Position

测试设备：	vivo X5Max Android5.1.0	网络：	WiFi
严重等级：	严重		
复现概率：	100%		
前提条件：			
测试步骤：	1、在拼团页面，任意点击一种水果，进入商品详情页面 2、点击单独购买 3、点击请添加收货地址--新建地址 4、输入联系人、手机号、城市 5、详细地址输入表情符合，点击保存		
期望结果：	给予合理提示		
实际结果：	提示：未传入Position		
备注：			
提交人数：	1人		
附件：	详细地址输入表情.png 详细地址输入表情.mp4		

图 4-6　必现 Bug 详情

第五章　Android 调试桥

5.1　Android ADB 基础

5.1.1　Android ADB 的概念

ADB 的全称为 Android Debug Bridge，即安卓调试桥。安卓开发者经常使用该工具。借助 ADB，可以管理设备或手机模拟器的状态，还可以进行很多其他操作，如安装软件、卸载软件、系统升级、运行 Shell 命令等。ADB 就是连接 Android 手机与 PC 端的桥梁，可以让用户在电脑上对手机进行全面的操作。

ADB 起到调试桥的作用。通过 ADB 可以在 Eclipse 中使用 DDMS 来调试 Android 程序。ADB 的工作方式比较特殊，采用监听 Socket TCP 5554 等端口的方式让 IDE 和 Qemu 通信，默认情况下 ADB 会监听相关的网络端口，当运行 Eclipse 时，ADB 就会自动运行。ADB 工作原理如图 5-1 所示。

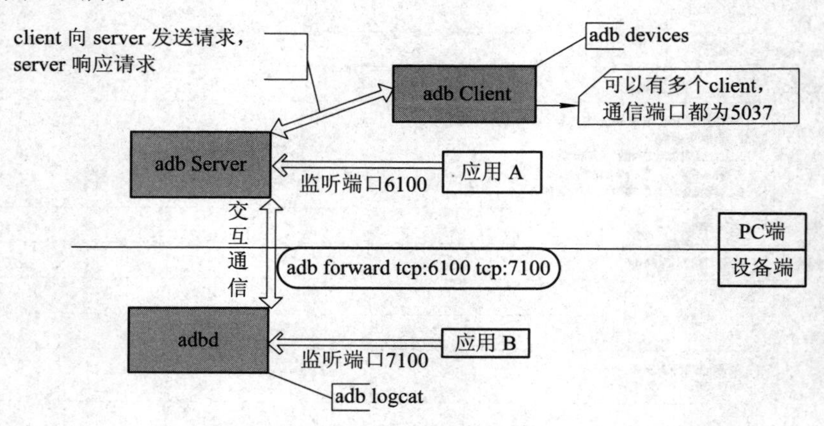

图 5-1　ADB 工作原理图

ADB 是 Android SDK 里的一个工具，用这个工具可以直接操作管理 Android 模拟器或者真实的 Android 设备。

5.1.2　安装 Android ADB

在官方网站下载 SDK Tools，如图 5-2 所示。Windows 系统下载 installer_r24.0.2-windows.exe，苹果系统下载 android-sdk_r24.0.2-macosx.zip，Linux 系统下载 android-sdk_ r24.0.2-linux.tgz。Windows 系统下双击下载的文件 installer_r24.0.2-windows.exe 进行安装，苹果和 Linux 系统下直接解压到文件夹即可。

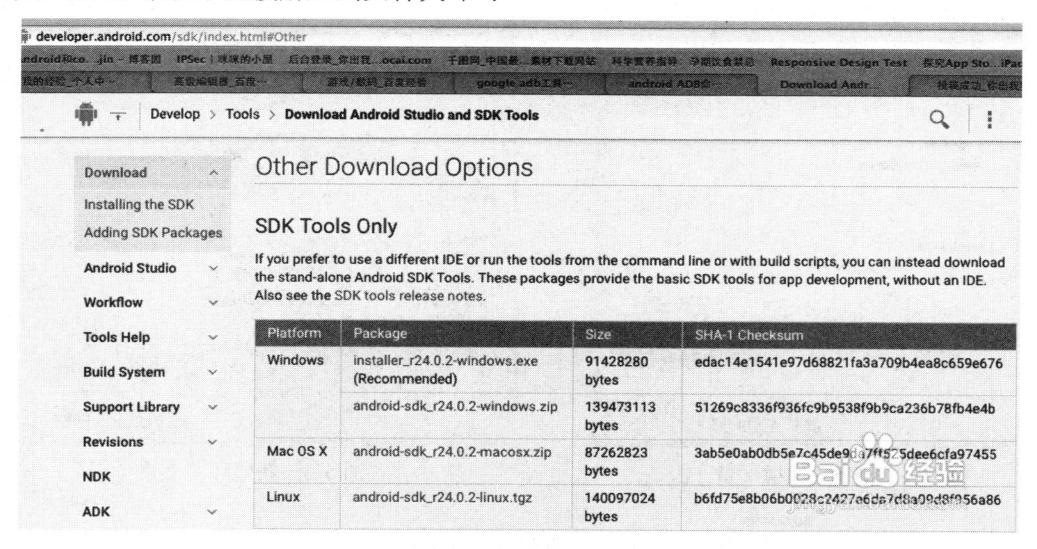

图 5-2　ADB 官网下载界面

5.1.3　配置 ADB 环境变量

第一步，打开“环境变量配置”窗口。右击“此电脑”，选择“属性>高级系统设置>环境变量”，如图 5-3 所示。

点击高级系统设置界面，如图 5-4 所示。

图 5-3　打开配置窗口

图 5-4　高级系统设置

点击“环境变量”按钮，如图 5-5 所示。

第二步，添加 Android 系统环境变量。在系统变量下点击“新建”按钮，输入环境变量名 Android_home，填写 Android 安装的路径，如图 5-6 所示。

在图 5-7 所示界面的变量值里输入图 5-8 所示的路径内容。

第三步，在 Path 中添加环境变量。选择系统变量中的 Path，点击“编辑”按钮，输入已建好的环境变量，方法和配置 Java 类似，要加分号和两个百分号，如图 5-9 所示。

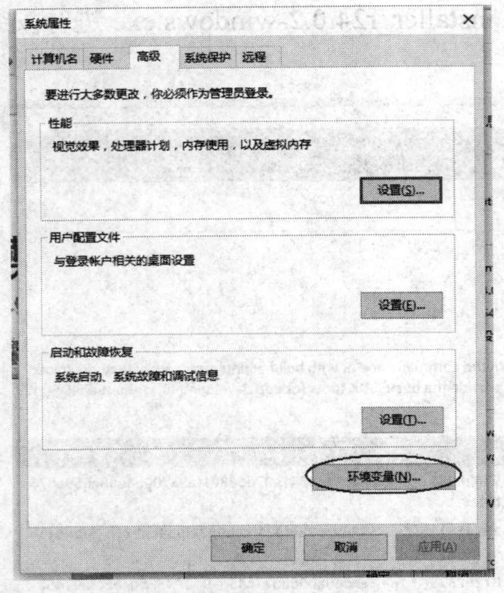

图 5-5　环境变量

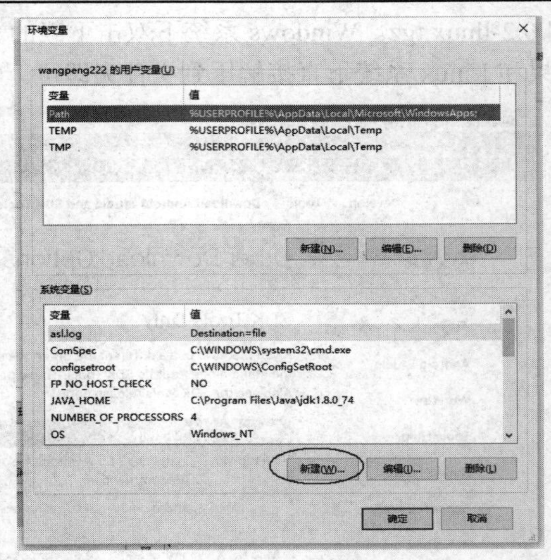

图 5-6　新建环境变量

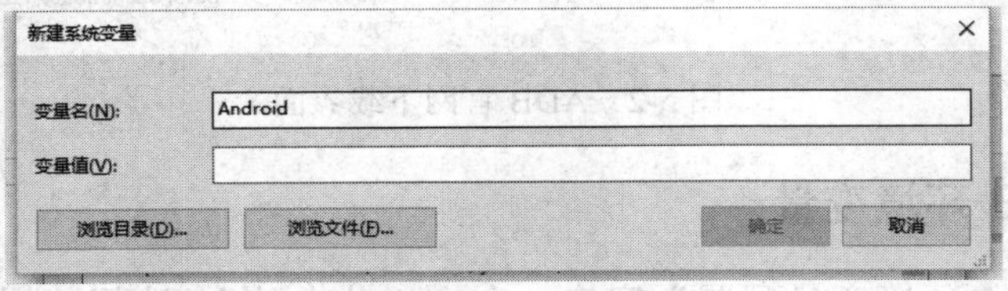

新建系统变量
变量名(N): Android
变量值(V):
浏览目录(D)... 浏览文件(F)... 确定 取消

图 5-7　新建系统变量界面

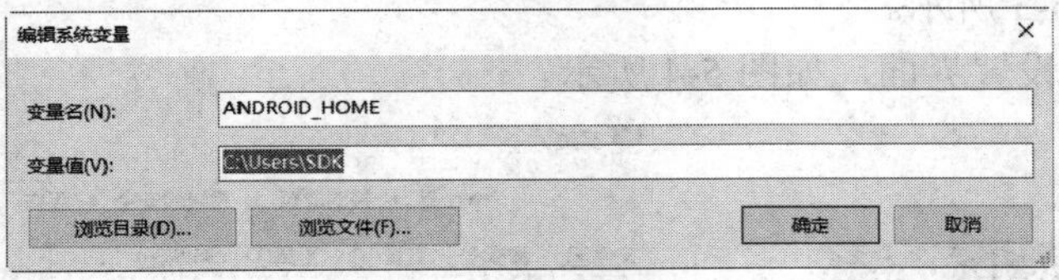

编辑系统变量
变量名(N): ANDROID_HOME
变量值(V): C:\Users\SDK
浏览目录(D)... 浏览文件(F)... 确定 取消

图 5-8　安装路径

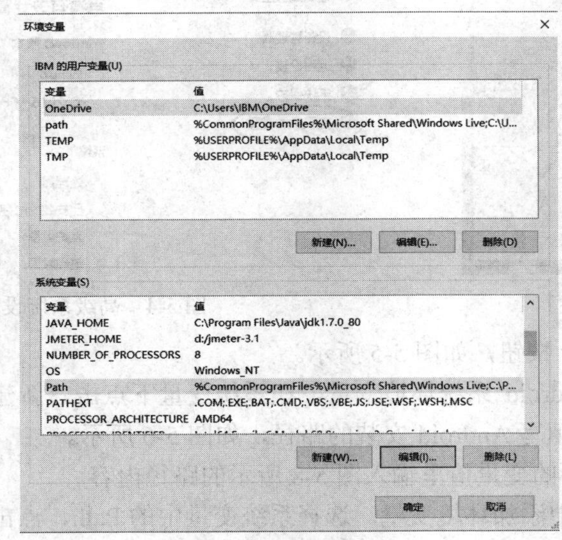

图 5-9　编辑 Path 路径

点击图 5-9 所示的“编辑”菜单，编辑系统变量值(如图 5-10 所示)。

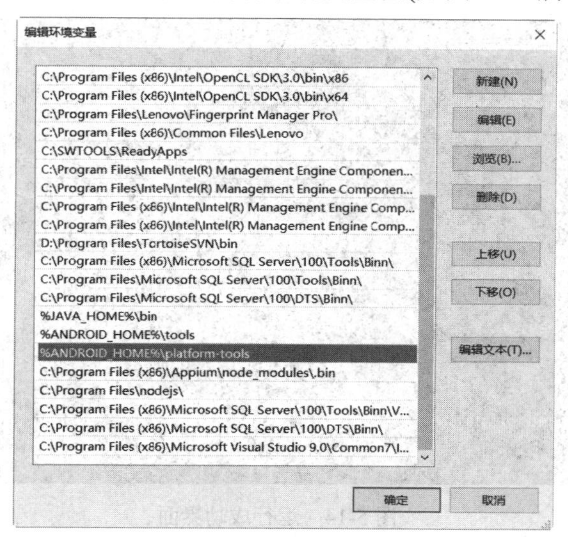

图 5-10 编辑系统变量值

第四步，测试环境变量。首先在开始菜单运行窗口(见图 5-11)输入“cmd”，也可以直接按住“Win+R”快捷键，打开运行输入“cmd”，如图 5-12 所示。

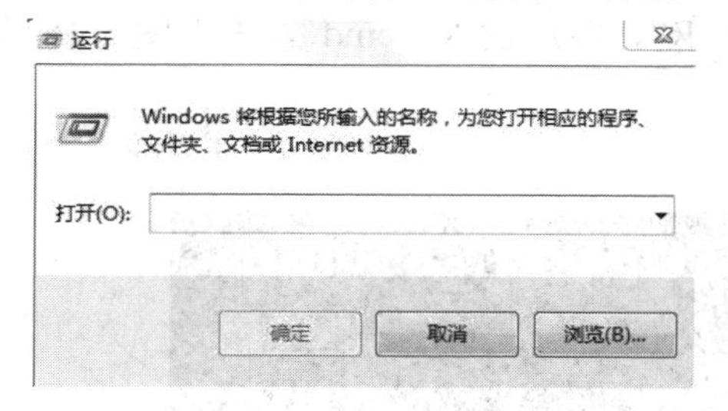

图 5-11 运行界面

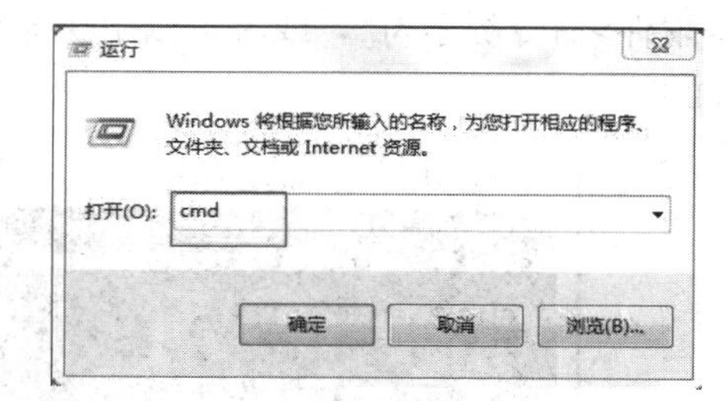

图 5-12 运行界面输入“cmd”

点击“确定”按钮，在打开的 DOS 窗口输入“adb”命令，按回车键，如图 5-13 所示。

图 5-13 输入 ADB 命令

运行出现类似图 5-14 所示界面，表明环境变量配置成功。

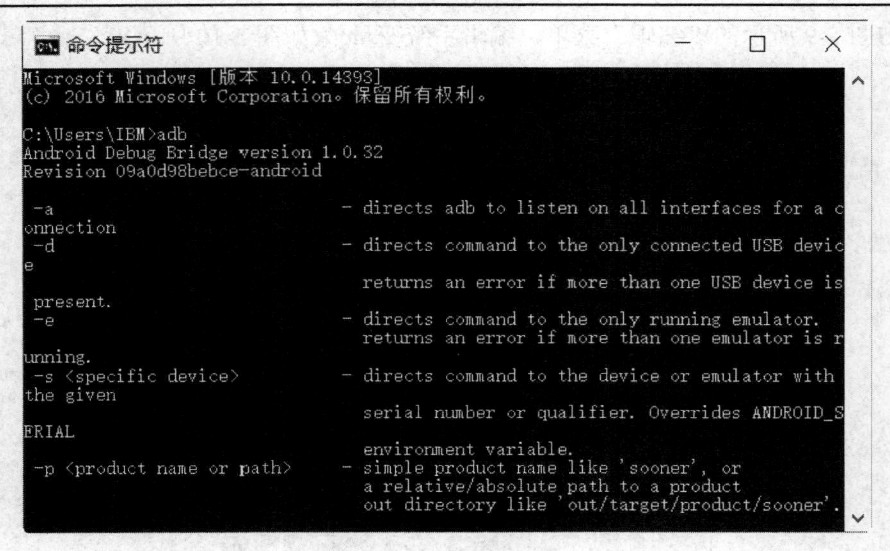

图 5-14　运行成功界面

5.1.4　实现 ADB 对手机的基本操作

下面用一些基本的 ADB 命令来对手机进行一些控制。首先，进入“开始菜单>所有程序>附件>命令提示符”，或者可以用快捷键“Win+R”，然后输入“cmd”，进入图 5-15 所示界面。

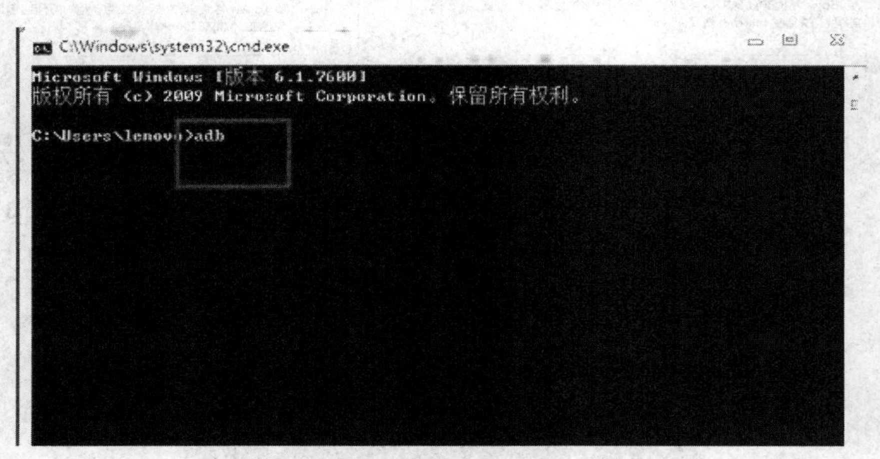

图 5-15　打开命令窗口

首先在操作之前要将测试手机连接入电脑，同时要打开开发者模式，方法如下：

进入手机设置界面，如图 5-16 所示。

点开“关于手机”菜单，出现图 5-17 所示界面。

在图 5-17 所示界面上连续点击“版本号”，直到系统提示开发者模式已打开，当进入到如图 5-18 所示界面进行查看时，已经激活了开发者模式。

当手机系统设置菜单中出现“开发人员选项”条目，这就说明开发者模式已经成功激活，这时需要进入开发人员选项里进行激活，如图 5-19 所示。

图 5-16 手机设置界面

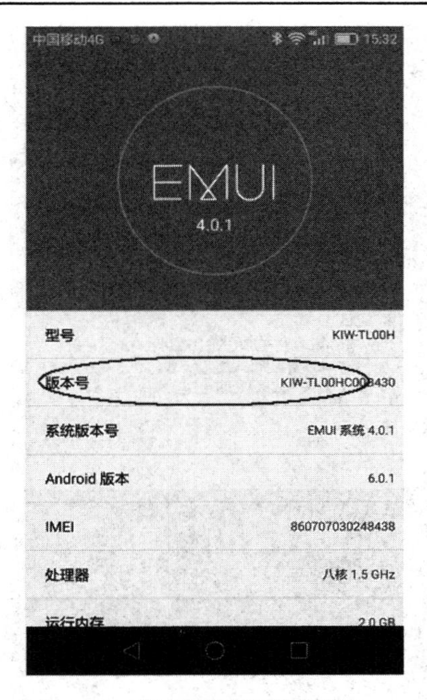

图 5-17 激活开发者模式界面

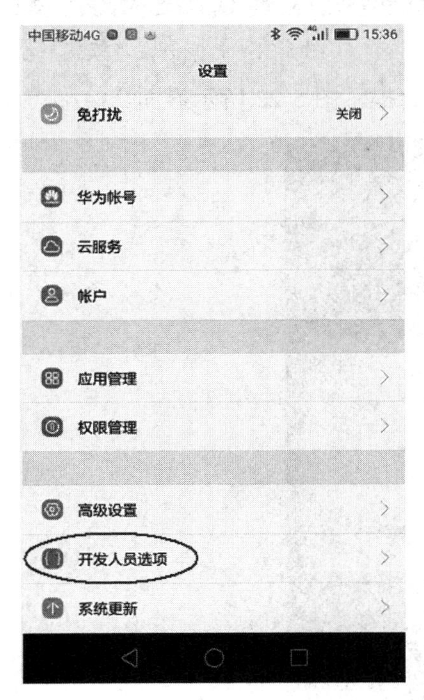

图 5-18 开发者菜单选项

图 5-19 USB 调试界面

打开“USB 调试”按钮，会弹出图 5-20 所示的界面，点击“确定”按钮。打开成功之后会出现图 5-21 所示的界面。

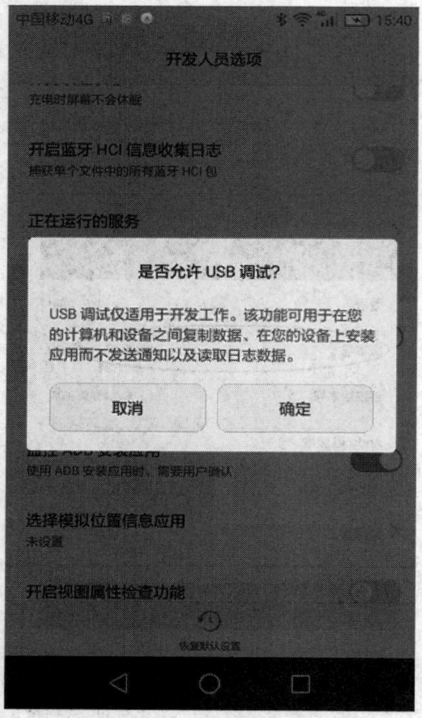

图 5-20　打开 USB 调试选项

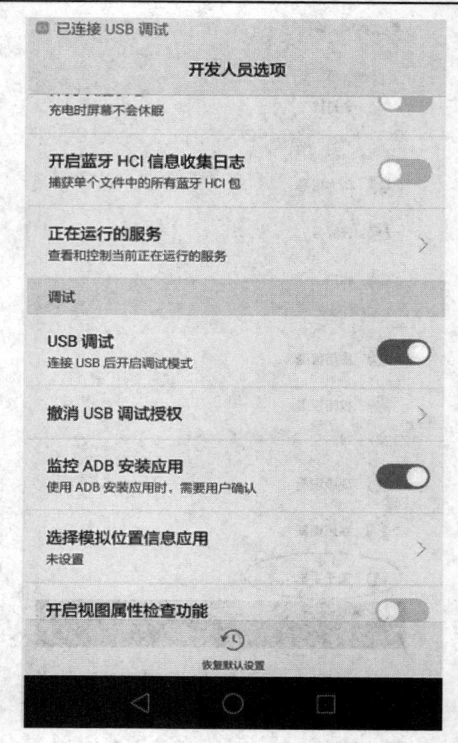

图 5-21　打开开发者模式

这时可以将手机通过 USB 连接入电脑，手机会提示图 5-22 所示界面。

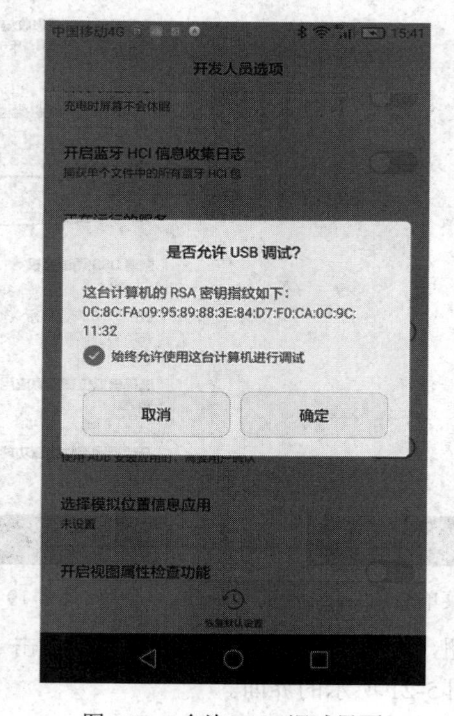

图 5-22　允许 USB 调试界面

首先将“始终允许使用这台计算机进行调试”的选项勾上，然后点击“确定”按钮，检查手机是否正常连接入电脑进行调试。

下面介绍一些操作手机的基本的命令：

(1) 查看设备。

```
adb devices
```

通过上面的命令，查看当前连接的设备，连接到计算机的 Android 设备或者模拟器将会列出显示信息。

(2) 安装软件。

```
adb install
```

通过上面的命令，将指定的 apk 文件安装到设备上。

(3) 卸载软件。

```
adb uninstall <软件名>
adb uninstall -k <软件名>
```

如果加“-k”参数，表示卸载软件但是保留配置和缓存文件。

(4) 进入设备或模拟器的 Shell。

```
adb shell
```

通过上面的命令，可以进入设备或模拟器的 Shell 环境中，在这个 Linux Shell 中，可以执行各种 Linux 的命令，另外，如果只想执行一条 Shell 命令，可以采用以下的方式：

```
adb shell [command]
```

如：通过 adb shell dmesg 命令打印出内核的调试信息。

(5) 发布端口。

```
adb forward tcp:5555 tcp:8000
```

通过上面的命令，可以设置任意的端口号，作为主机向模拟器或设备的请求端口。

(6) 从电脑上发送文件到设备。

```
adb push <本地路径><远程路径>
```

用 push 命令可以把本机电脑上的文件或者文件夹复制到设备(手机)。

(7) 从设备上下载文件到电脑。

```
adb pull <远程路径><本地路径>
```

用 pull 命令可以把设备(手机)上的文件或者文件夹复制到本机电脑。

(8) 查看 Bug 报告。

```
adb bugreport
```

(9) 记录无线通讯日志。

```
adb shell logcat -b radio
```

一般来说，无线通讯的日志非常多，在运行时没必要去记录，但还是可以通过上面的命令，设置记录。

(10) 获取设备的 ID 和序列号。

```
adb get-product
adb get-serialno
adb shell
```

ADB(Android Debug Bridge)是 Android 提供的一个通用的调试工具，借助这个工具，可以很好地调试开发的程序。 adb.exe 在 Android 的 SDK 开发包中 platform-tools 目录下，如图 5-23 所示。

图 5-23　adb.exe 文件位置相关信息

腾讯手机助手、360 手机助手都用到了 ADB 工具，使得 PC 能够和 Android 设备进行通信。它是一个客户端/服务器架构的命令行工具，主要由以下 3 个部分构成：

(1) ADB 客户端，一个在用户用于开发程序的电脑上运行的客户端。可以通过命令行控制台使用 ADB 命令来启动客户端。其他的一些基于 Android 系统的工具，如 ADT 插件和 DDMS 同样可以产生 ADB 客户端。

(2) ADB 服务器，一个用于接收客户端请求的机器上作为后台进程运行的服务器，该服务器负责管理客户端与运行于模拟器或设备上的 ADB 守护程序(Daemon)之间的通信。

(3) ADB 守护进程，一个以后台进程的形式运行于模拟器或物理手机设备上的守护程序。

当用户启动一个 ADB 客户端时，客户端首先确认是否已有一个 ADB 服务进程在运行。如果没有，则启动服务进程。当服务器运行时，ADB 服务器就会绑定本地的 TCP 端口 5037 并监听 ADB 客户端发来的命令，所有的 ADB 客户端都是使用端口 5037 与 ADB 服务器进行对话的。接着，服务器将所有运行中的模拟器或设备实例建立连接。它通过扫描所有 5555 到 5585 范围内的奇数端口来定位所有的模拟器或设备。一旦服务器找到了 ADB 守护程序，它将建立一个到该端口的连接。请注意任何模拟器或设备实例都会取得两个连接的端口，一个偶数端口用来控制与控制台的连接，另一个奇数端口用来控制与 ADB 的连接。

举以下例子进行说明：

Emulator 1, console: 5554

Emulator 1, adb: 5555

Emulator 2, console: 5556

Emulator 2, adb: 5557

……

如上所示，模拟器实例通过 5555 端口连接 ADB，同时使用 5554 端口连接控制台。一旦服务器与所有模拟器实例建立连接，就可以使用 ADB 命令控制这些实例。因为服务器管理模拟器/设备实例的连接，用户可以通过任何客户端(或脚本)来控制任何模拟器或设备实例。

为了使用 ADB 控制、调试 Android 设备，用户需要使用 USB 数据线将 PC 和 Android 手机设备连接到一起。而后，还需要将手机设备的 USB 调试模式开启，对于不同的手机，其名称和在手机系统中的位置可能有所不同，请读者结合自己的手机设备进行相应设置。这里以三星 N719 Note 2 手机设备为例，具体的设置程序如下：

第一步，找到并单击“设定”图标(即系统的设置功能)，如图 5-24 所示。出现设定的相关选项信息后，通过不断地下翻其功能，找到“开发者选项”信息，如图 5-25 所示。点击“开发者选项”菜单项，显示图 5-26 所示内容，选择“USB 调试”复选框。

图 5-24 “设定”相关信息

图 5-25 “开发者选项”相关信息

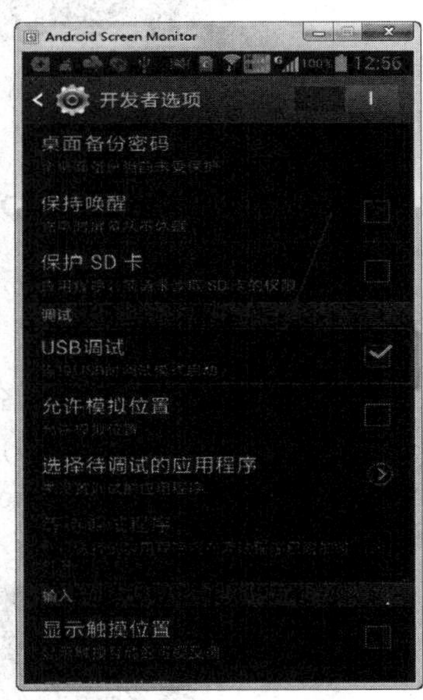

图 5-26 “USB 调试”选项相关信息

第二步，验证 ADB 工具提供的相关命令是否能够成功运行。如果用户没有将 adb.exe 文件所在的路径放到系统的“Path”环境变量中，建议将其添加到“Path”环境变量中，这样使用更加方便。这里，笔者已经将其添加到“Path”环境变量中，如图 5-27 所示。

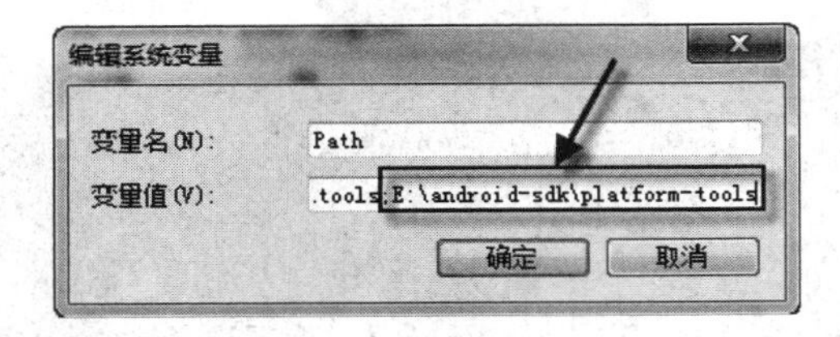

图 5-27 “Path”环境变量相关信息

在命令行控制台输入“adb help”，如果出现“adb”的版本和帮助的相关信息内容，则表示其可以成功执行，如图 5-28 所示。

```
管理员: C:\Windows\system32\cmd.exe

C:\Users\Administrator.USER-20150429SF>adb help
Android Debug Bridge version 1.0.32

 -a                            - directs adb to listen on all interfaces for a c
onnection
 -d                            - directs command to the only connected USB devic
e
                                 returns an error if more than one USB device is
 present.
 -e                            - directs command to the only running emulator.
                                 returns an error if more than one emulator is r
unning.
 -s <specific device>          - directs command to the device or emulator with
the given
                                 serial number or qualifier. Overrides ANDROID_S
ERIAL
                                 environment variable.
 -p <product name or path>     - simple product name like 'sooner', or
                                 a relative/absolute path to a product
                                 out directory like 'out/target/product/sooner'.

                                 If -p is not specified, the ANDROID_PRODUCT_OUT

                                 environment variable is used, which must
```

图 5-28　执行“adb help”后相关显示信息

5.2　ADB 相关指令实例

5.2.1　adb devices 指令

在讲这个指令之前，笔者首先启动了一个名称为“Galaxy_Nexus_4.4.2”的手机模拟器(有时也称之为安卓虚拟设备)，并且通过 USB 数据线将手机设备和 PC 进行了连接，而后应用“Android Screen Monitor”工具捕获到物理手机屏幕信息，运行后的手机模拟器和物理手机屏幕显示如图 5-29 所示。

图 5-29　执行“adb help”后手机相关显示信息

平时人们在进行测试的时候，用得最多的可能就是查看设备的相关信息，那么，用什么指令可以了解到物理测试设备或者模拟器的相关信息呢？它就是“adb devices”指令。通过该指令用户可以了解到目前连接的设备/模拟器状态的相关信息。在命令行控制台输入“adb devices”，其显示信息如图 5-30 所示。

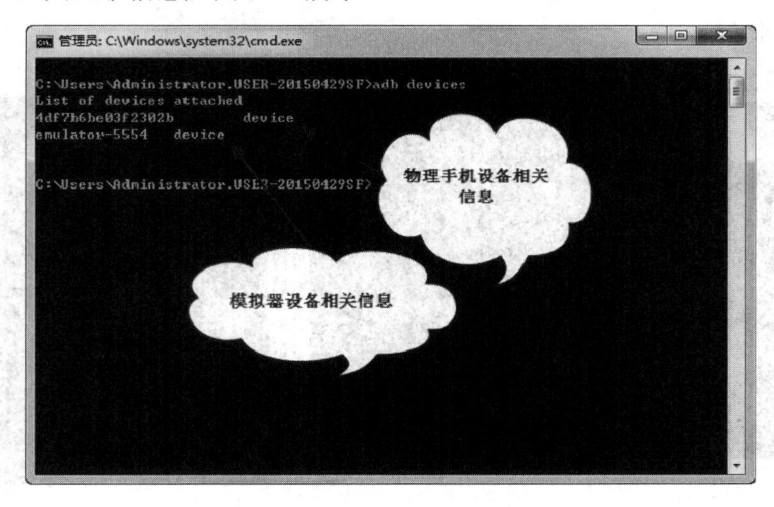

图 5-30　执行“adb devices”后相关显示信息

从图 5-30 中可以看出，其输出信息主要包括两列内容，第一列内容为设备的序列号信息，第二列为设备的状态信息。

设备的序列号是用来表示一个模拟器或者物理设备的一串字符，通常模拟器是以“<设备类型>-<端口号>”的形式为其序列号，图 5-30 所显示的“emulator-5554”表示设备的类型为“Galaxy_Nexus_4.4.2”，正在监听 5554 端口的模拟器实例。而“4df7b6be03f2302b”表示连接到 PC 上的物理手机设备的序列号。

状态信息可能会包含以下 3 种不同状态：

(1) device 状态：这个状态表示设备或者模拟器已经连接到 ADB 服务器上。但是这个状态并不代表物理手机设备或者模拟器已经启动完毕并可以进行操作，因为 Android 系统在启动时会先连接到 ADB 服务器上，但 Android 系统启动完成后，设备或者模拟器通常是这个状态。

(2) offline 状态：这个状态表明设备或者模拟器没有连接到 ADB 服务器或者没有响应。

(3) no device 状态：这个状态表示没有物理设备或者模拟器连接。

5.2.2　adb install 指令

测试人员平时经常要进行的操作就是把被测试的手机应用软件(如豌豆荚、腾讯手机助手、360 手机助手等)安装到指定的手机设备中。用“adb install”指令即可完成将手机应用安装到手机设备或者模拟器中的目的。

现在有这样的一个问题，就是开启了一个物理手机设备和一个模拟器设备，而只想在模拟器设备中安装一个名称为“CalculatorOfTwoNum.apk”的手机应用，也就是在前文中创建的计算两个整数相加的样例程序。但是现在有两个设备，应该怎么做呢？应在“adb”指令中加入一个“-s”参数来指定针对某个设备进行操作。

这里笔者给出完整的在模拟器设备中安装“CalculatorOfTwoNum.apk”包的相关指令信息，即“adb -s emulator-5554 install E:\CalculatorOfTwoNum.apk”。在命令行控制台输入该指令，回车运行后，将出现图 5-31 所示输出信息和手机应用包安装成功后在模拟器中产生的相应图标信息。

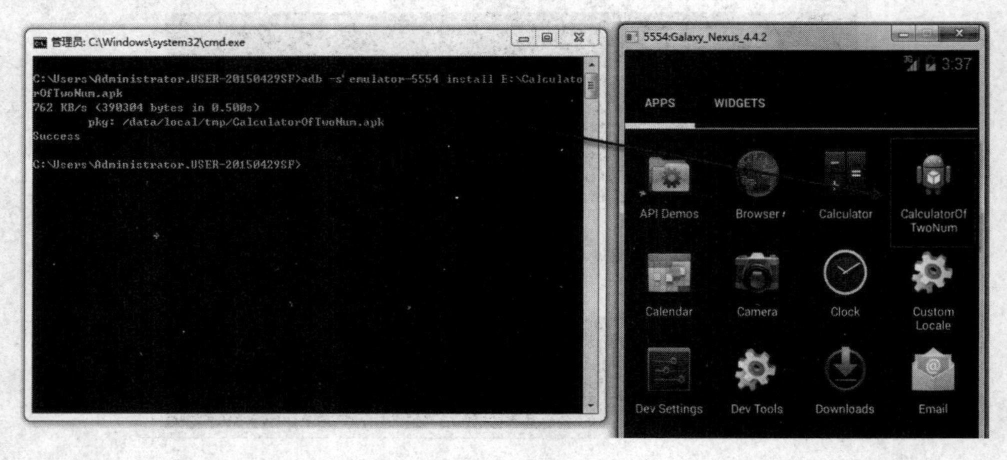

图 5-31　执行安装“CalculatorOfTwoNum.apk”包后相关显示信息和模拟器应用信息

执行 adb install 指令的注意事项：

(1) 用户可以输入“adb -s 物理手机设备序列号/手机模拟器设备序列号 install 安装包路径”，在指定的物理手机设备或者模拟器中安装指定的手机应用。例如，向笔者的物理手机设备中安装“CalculatorOfTwoNum.apk”应用，则可以在命令行控制台输入“adb -s 4df7b6be03f2302b install E:\CalculatorOfTwoNum.apk”。

(2) 如果用户已经安装了该应用，再次运行安装时，将会出现如图 5-32 所示信息。从该显示信息中可以看出该应用已存在，所以给出了安装失败的信息。如果重新安装该包，则需要先将以前的包卸载，再次进行安装。

图 5-32　由于手机应用已存在而引起的安装失败信息

(3) 如果已经安装了该应用，又不想卸载后再安装，还有一个办法就是加入“- r”参数，覆盖原来安装的软件并保留数据(如“adb -s emulator-5554 install -r E:\CalculatorOfTwoNum.apk”在应用已安装的情况下，仍然可以覆盖原来安装的软件并保留数据)，这对于测试人员是非常有用的一条指令。

(4) 如果仅连接了一个物理手机设备或者一个模拟器设备，可以不指定设备的序列号而直接进行安装。假设现在仅连接了一个模拟器设备，且该模拟器设备上没有安装过“CalculatorOfTwoNum.apk”应用，就可以直接输入“adb install E:\CalculatorOfTwoNum.apk”来安装该应用包。

(5) 如果一个模拟器和一个物理手机设备都处于已连接状态，运行“adb install E:\CalculatorOfTwoNum.apk”指令后，将显示图 5-33 所示信息。

```
C:\Users\Administrator.USER-20150429SF>adb install E:\CalculatorOfTwoNum.apk
error: more than one device and emulator
- waiting for device -
```

图 5-33　由于存在多个设备而引起的安装失败信息

5.2.3　adb uninstall 指令

上一节介绍了如何安装一个应用包。如果已经安装过以前版本的应用包，在应用“adb install”指令进行安装的时候，将出现一个安装失败的信息，就需要将其以前安装在物理手机设备或者模拟器设备的对应应用包卸载后，才能进行安装。当然也可以通过加“-r”参数进行覆盖安装的方式解决这个问题。这一节将介绍如何卸载已安装的应用。主要的卸载方法如下：

方法一是通过物理手机设备或者模拟器设备自带的卸载功能进行应用卸载，关于其操作方法，这里以模拟器设备为例进行讲解。点击“Settings”图标，如图 5-34 所示。

进入到设置功能界面后，单击“Apps”菜单项，如图 5-35 所示。

图 5-34　模拟器应用的设置图标

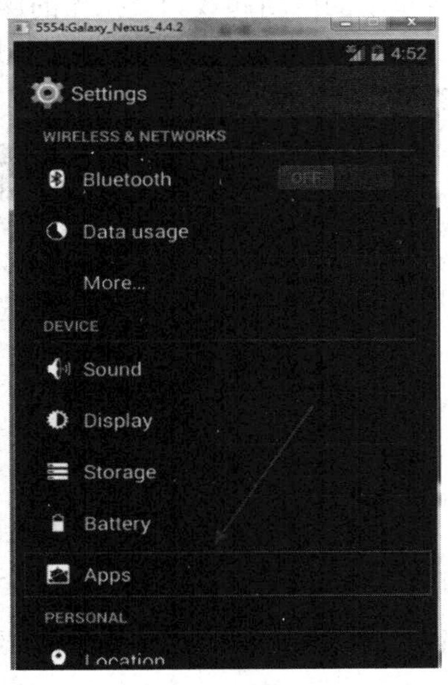

图 5-35　模拟器设置功能相关选项

在弹出的相关应用信息列表中，选择要删除的应用，这里选择“CalculatorOfTwoNum”，如图 5-36 所示。

进入到图 5-37 所示的“CalculatorOfTwoNum”应用程序信息后，点击“Uninstall”，在弹出的图 5-38 所示对话框中单击“OK”按钮对“CalculatorOfTwoNum”应用进行卸载。

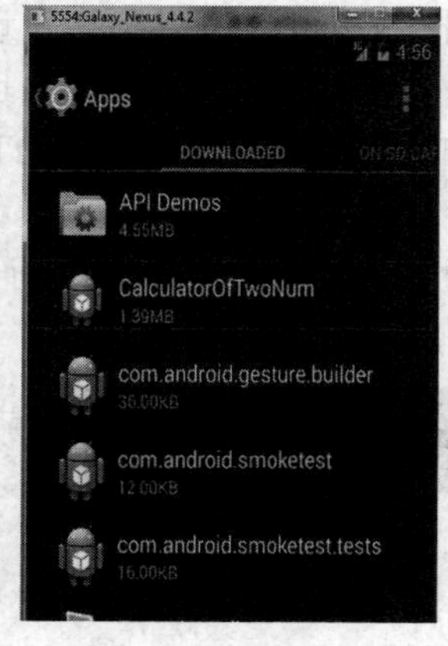

图 5-36　应用列表信息

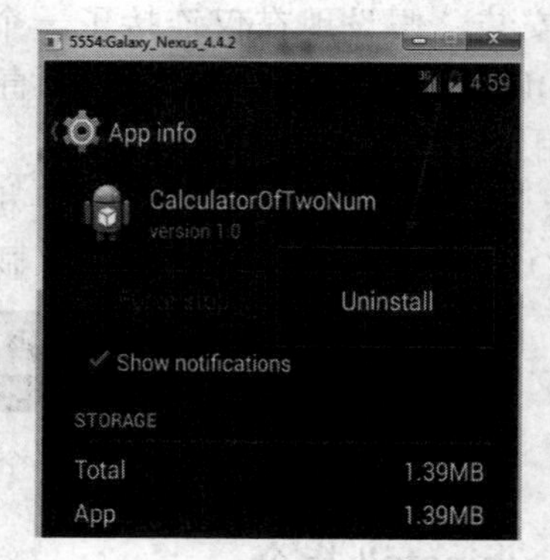

图 5-37　“CalculatorOfTwoNum”应用信息

卸载过程可能会耗费一些时间，显示信息如图 5-39 所示。

卸载完成后，对应的应用信息和应用图标将会从应用列表和手机应用桌面上消失。

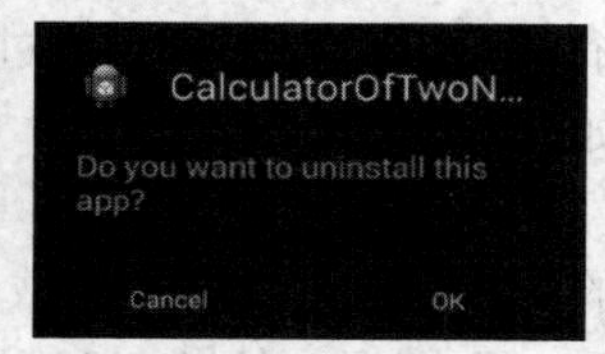

图 5-38　应用卸载对话框

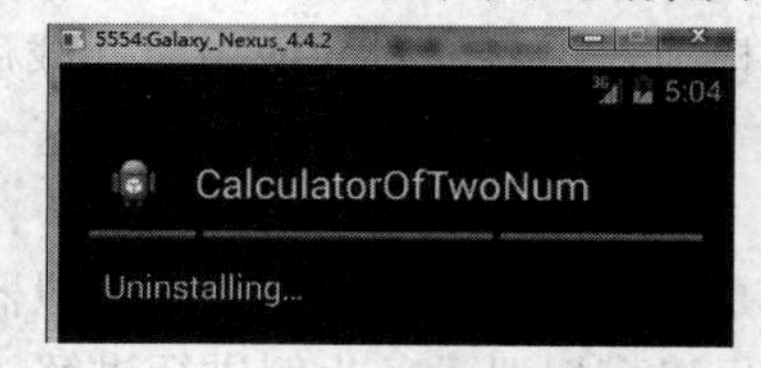

图 5-39　应用卸载过程相关显示

物理手机上的应用卸载和模拟器的操作类似，这里不再赘述。

方法二是应用 PC 上安装的一些手机助手类工具软件来卸载手机应用，工具有很多种，这里以“360 手机助手”为例进行讲解。点击“已装软件”链接，如图 5-40 所示。

图 5-40　360 手机助手相关界面信息

进入到“已装软件”列表中，选择要卸载的应用，而后点击“卸载”按钮即可，如图 5-41 所示。

图 5-41　360 手机助手卸载应用相关界面信息

方法三是应用手机或者模拟器设备上安装的一些工具软件来卸载手机应用，工具有很多种，这里以“猎豹清理大师”为例进行讲解。

首先，进入“猎豹清理大师”应用，点击“软件管理”图标，如图 5-42 所示。

然后，选中要卸载的应用，这里选择“看房”，而后点击“卸载”按钮，对该应用进行卸载，如图 5-43 所示。

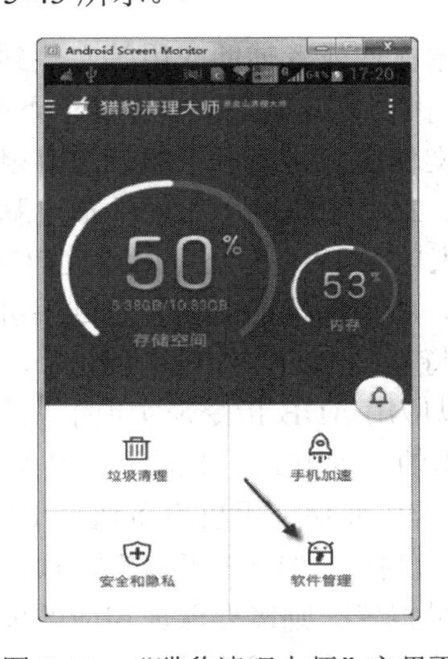

图 5-42　“猎豹清理大师”主界面

图 5-43　卸载“看房”应用界面

方法四是运用“adb uninstall”指令卸载手机应用。读者可以应用“adb -s emulator-5554 uninstall com.yuy.calculatoroftwonum”卸载前面安装的“CalculatorOfTwoNum.apk”，“com.yuy.calculatoroftwonum”为该应用包的名称，其在命令行控制台的执行信息如图 5-44 所示。

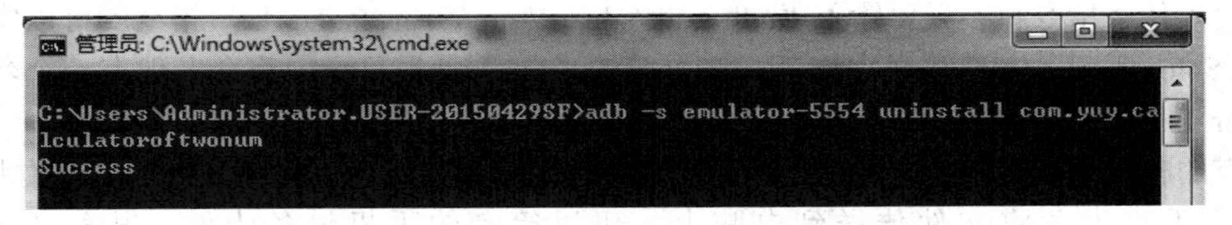

图 5-44　卸载“CalculatorOfTwoNum”应用的相关操作界面信息

从图 5-44 中可以看出其卸载执行成功，在手机的应用界面，“CalculatorOfTwoNum”对应的图标消失。

还可以应用“adb -s emulator-5554 shell pm uninstall -k com.yuy.calculatoroftwonum”指令来卸载“CalculatorOfTwoNum”应用，加入“-k”参数后，卸载“CalculatorOfTwoNum”应用，但保留卸载软件的配置和缓存文件。

执行 adb uninstall 指令的注意事项：

(1) 可以输入“adb -s 物理手机设备序列号/手机模拟器设备序列号 uninstall 已安装的应用包名”来卸载指定的物理手机设备或者模拟器的手机应用，如卸载已安装在笔者的物理手机设备中的“CalculatorOfTwoNum.apk”应用，则可以在命令行控制台输入“adb -s 4df7b6be03f2302 buninstall com.yuy.calculatoroftwonum”。

(2) 如果卸载对应手机应用时，希望保留配置和缓存文件，则可以输入“adb -s 物理手机设备序列号/手机模拟器设备序列号 shell pm uninstall -k 已安装的应用包名”指令，仍以笔者的手机设备为例，可以输入“adb -s 4df7b6be03f2302b shell pm uninstall -k com.yuy.calculatoroftwonum”。

5.2.4 adb pull 指令

在进行测试的时候，有时会上传一些测试脚本文件或者辅助应用等文件到物理手机设备或者手机模拟器。而有的时候，又需要从物理手机设备或者手机模拟器上下载一些日志、截图或者测试结果等文件到电脑上。当然，相关文件的上传或者下载方法有很多，可以通过使用一些基于电脑端的应用，如腾讯手机助手、360 手机助手等软件把电脑上的文件传送到手机设备或者将手机设备上的文件传送到个人电脑(PC)上。还可以通过PC的QQ里“我的设备”中“我的 Android 手机”“我的 iPad”等，将电脑上的文件传送到手机；也可以通过手机端的 QQ 里“我的设备”中“我的电脑”将手机上的文件传送到 PC 端。这类软件有很多，操作也非常简单，这里不再赘述。还可以应用 ADB 指令来实现手机和 PC 端文件的上传和下载操作，笔者认为这种方式也是最简单的一种方式。下面就学习如何应用“adb pull”指令将手机上的文件传送到电脑上。当然，首先要保证手机设备通过 USB 数据线连接到电脑上，手机的驱动正确安装，并且手机设备已打开“USB 调试”选项，后续内容不再对这 3 个基本条件做说明。如果应用的是手机模拟器，则需要保证相应的模拟器正常启动，处于锁屏状态，这也是能正常应用模拟器的基本条件，后续讲解内容在没有特殊说明的情况下，也不再对这一基本条件做说明。

在笔者的手机设备中 SD 卡的“tmp”文件夹下存在一个名称为“error_fs.dat”的文件，如图 5-45 所示。

要把手机的 SD 卡“tmp”目录下的“error_fs.dat”下载到电脑的“D:”盘根目录下，应该输入什么指令呢？只要输入“adb pull /sdcard/tmp/error_fs.dat d:/”指令就可以实现，如图 5-46 所示。文件传送完毕后，在电脑的“D:”盘根目录中将会发现有一个名称为“error_fs.dat”的文件被复制过来。

有的时候可能会有多个手机设备连接到 PC 上，这时候，就需要使用“-s”参数来指定从哪个手机设备将文件传送到电脑上。仍以笔者的手机设备为例，执行“adb -s 4df7b6be03f2302b pull /sdcard/tmp/error_fs.dat d:/”。从手机模拟器传送文件到电脑的操作只需要把手机设备的序列号换成模拟器设备的序列号就可以，这里不再赘述。

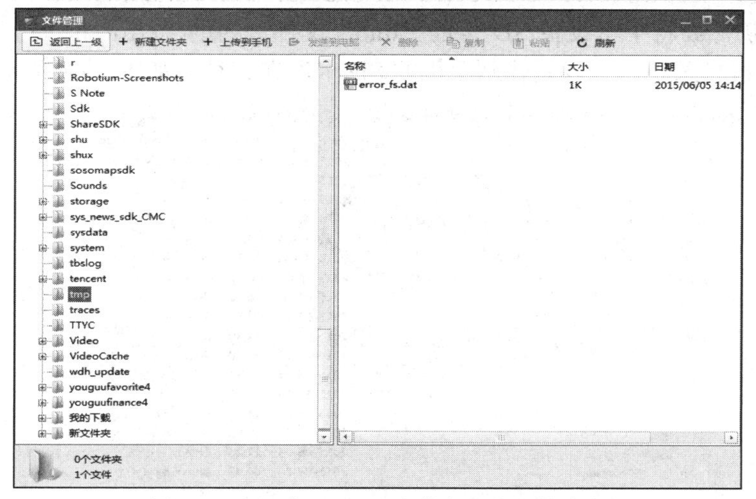

图 5-45　SD 卡“tmp”文件夹下的文件信息

图 5-46　下载手机 SD 卡“tmp”文件夹下的文件到 D 盘的操作信息

还可以在 Eclipse 集成开发环境中实现把手机上的文件传送到电脑的操作，下面对此进行演示。

首先，打开 Eclipse IDE，查看是否有“Devices”和“File Explorer”分页，“File Explorer”分页用于显示相应设备中文件的相关信息，如图 5-47 所示。

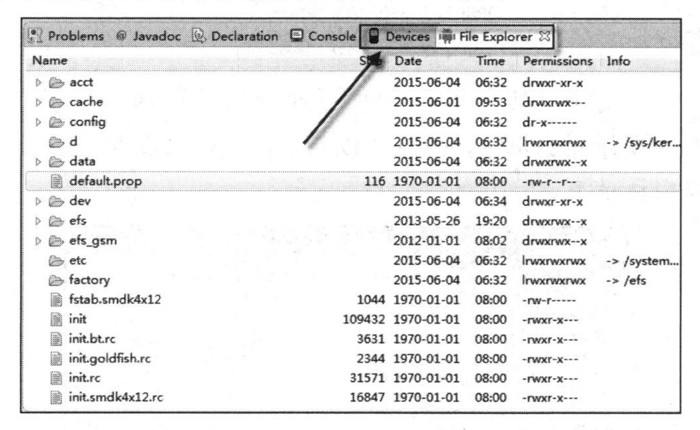

图 5-47　Eclipse 的“File Explorer”分页相关信息

“Devices”分页用于显示设备的相关信息，如图 5-48 所示。

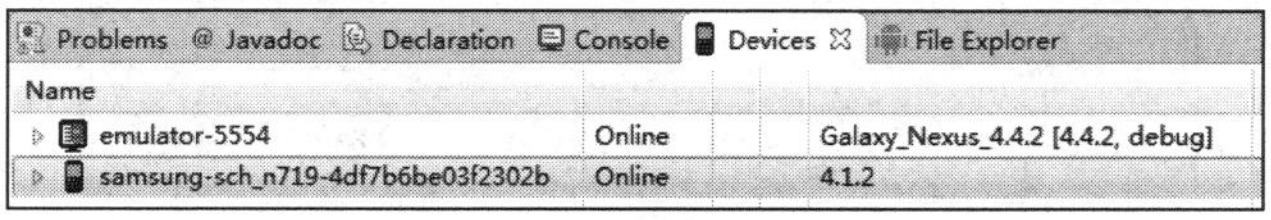

Problems　Javadoc　Declaration　Console　Devices　File Explorer

Name		
emulator-5554	Online	Galaxy_Nexus_4.4.2 [4.4.2, debug]
samsung-sch_n719-4df7b6be03f2302b	Online	4.1.2

图 5-48　Eclipse 的“Devices”分页相关信息

这里假设仍然要将手机设备 SD 卡的“tmp”文件夹内的“error_fs.dat”文件传送到电脑的“D:”盘根目录中，可以先找到手机的 SD 卡所在路径，如图 5-49 所示。

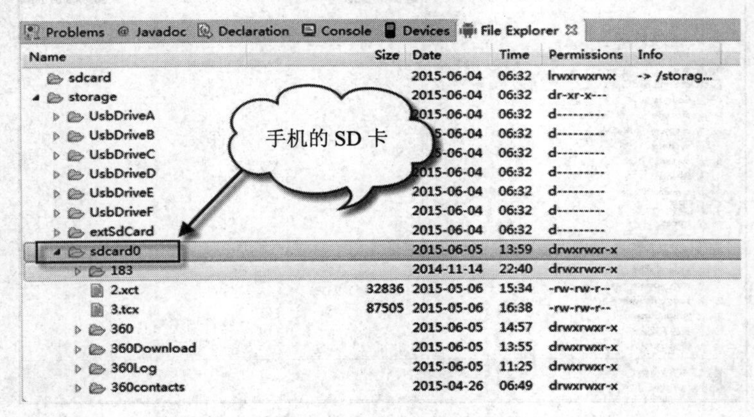

图 5-49　“File Explorer”SD 卡相关路径信息

然后找到“tmp”文件夹，进入该文件夹并选中“error_fs.dat”文件后，点击图 5-50 所示“Pull a file from the device”(即箭头所指按钮)。

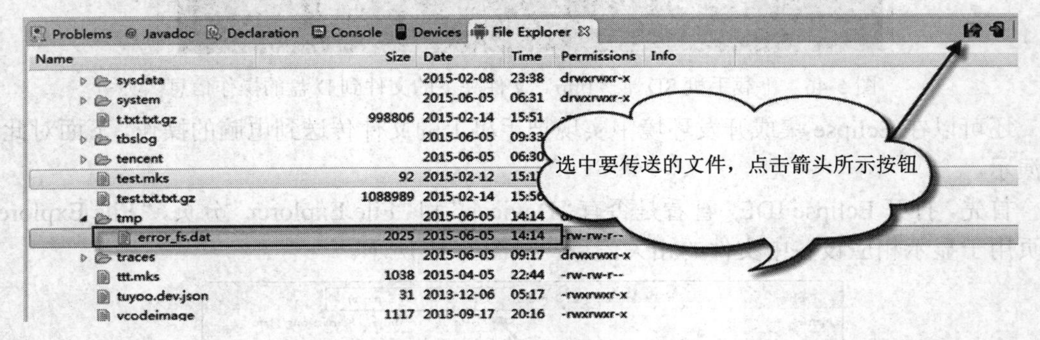

图 5-50“File Explorer”Pull 操作相关信息

在弹出的图 5-51 所示对话框中，选择“D:”盘，点击“保存”按钮，则对应的文件就被复制到“D:”盘根目录下。

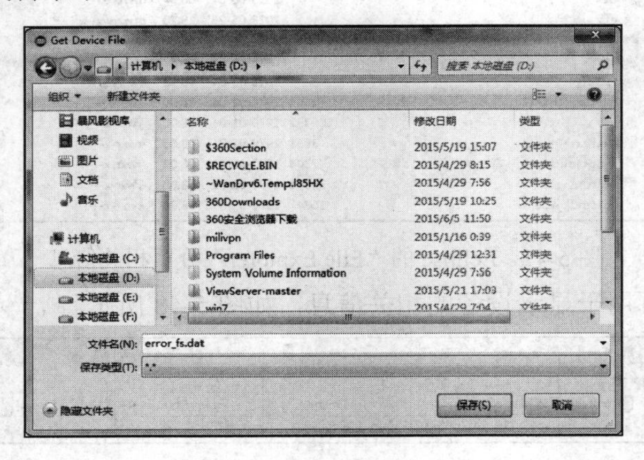

图 5-51　“Get Device File”对话框

5.2.5　adb push 指令

前面已经介绍了如何从手机端将文件下载到电脑上，那么，有没有与之对应的 ADB 命令实现将电脑上的文件传送到物理手机设备或者模拟器上呢？答案是肯定的，可以使用“adb push”指令来实现这个操作。

首先输入“adb -s 4df7b6be03f2302b push c:/robotium.rar /sdcard/”指令，来实现将电脑 C 盘上的“robotium.rar”文件传送到手机的 SD 卡上，如图 5-52 所示。

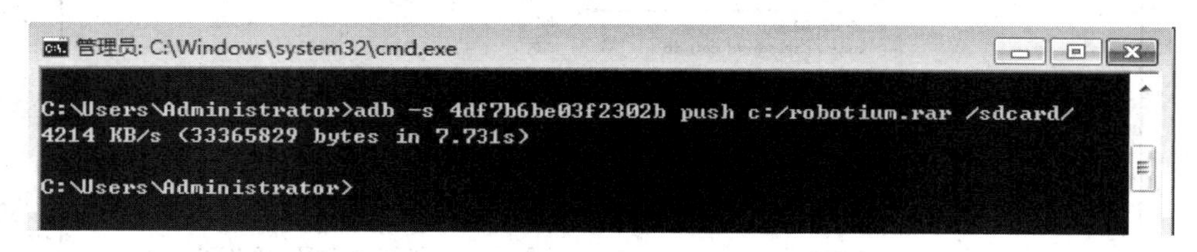

图 5-52　“adb push”指令将“c:\robotium.rar”文件上传到 SD 卡

接下来，如果读者对“adb shell”指令不是很了解，可以借助 360 手机助手来查看一下文件是否被上传到 SD 卡，点击“文件”链接，如图 5-53 所示。

图 5-53　360 手机助手主界面信息

点击“内置 SD 卡”，将显示 SD 卡的相关文件夹及文件信息，如图 5-54 所示。

“adb push”指令不仅能够传送文件，也能够将文件夹传送到手机或者模拟器设备上，在笔者的“F:”盘“pass”文件夹下，存在 3 个文件，如图 5-55 所示。

可以应用“adb -s 4df7b6be03f2302b push f:/pass /sdcard/pass/”将该文件夹下的所有文件放到 SD 卡的“pass”文件夹下，如图 5-56 和图 5-57 所示。

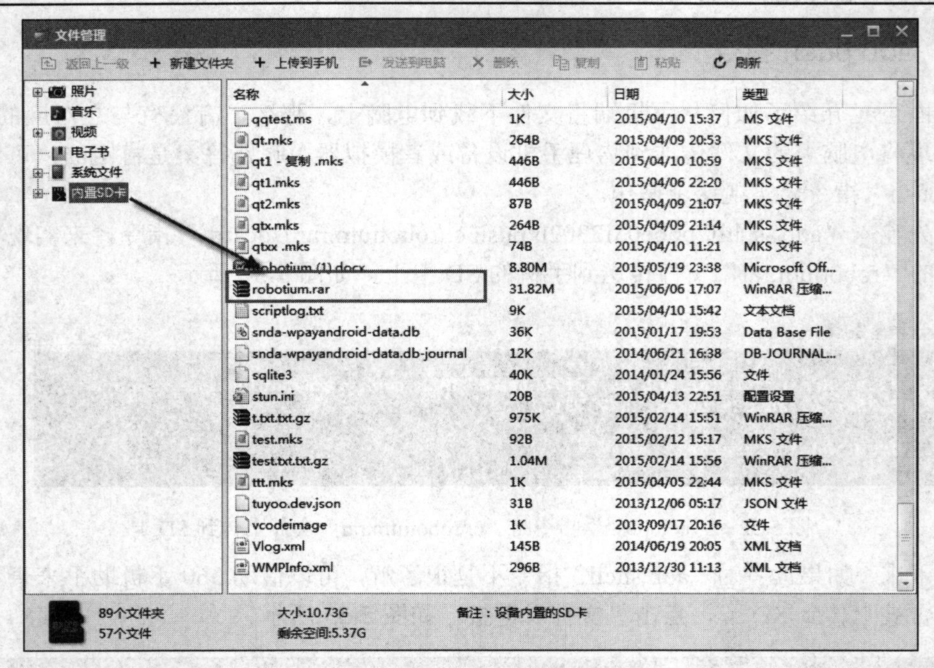

图 5-54　手机 SD 卡文件信息

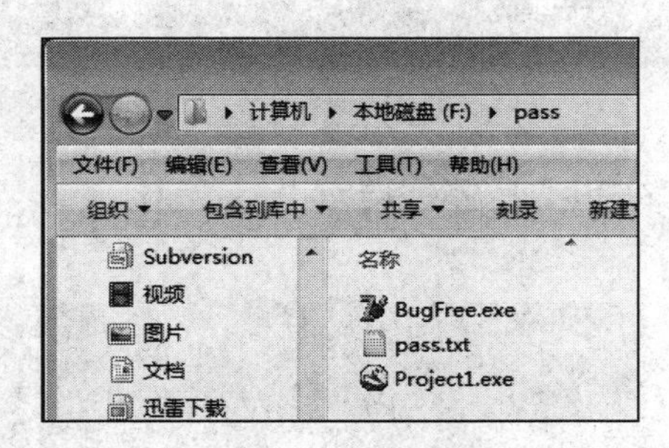

图 5-55　“F:\pass”文件夹下的文件信息

```
管理员: C:\Windows\system32\cmd.exe
C:\Users\Administrator>adb -s 4df7b6be03f2302b push f:/pass /sdcard/pass/
push: f:/pass/Project1.exe -> /sdcard/pass/Project1.exe
push: f:/pass/pass.txt -> /sdcard/pass/pass.txt
push: f:/pass/BugFree.exe -> /sdcard/pass/BugFree.exe
3 files pushed. 0 files skipped.
2859 KB/s (3359233 bytes in 1.147s)

C:\Users\Administrator>_
```

图 5-56　将文件上传到 SD 卡“pass”文件夹的相关指令和输出信息

文件管理

返回上一级　新建文件夹　上传到手机　发送到电脑　删除　复制　粘贴　刷新

nd
pass
perm
Pictures
PimMsgCache

名称	大小	日期	类型
BugFree.exe	1.59M	2015/06/07 21:23	应用程序
pass.txt	1B	2015/06/07 21:23	文本文档
Project1.exe	1.62M	2015/06/07 21:23	应用程序

图 5-57　手机 SD 卡“pass”文件夹下的文件信息

当然，还可以通过使用 Eclipse IDE 的“File Explorer”工具将电脑上的文件上传到手机 SD 卡。需要注意的是，在上传文件时，应先选中 SD 卡的位置，否则将会出现访问权限问题，导致文件传送失败，如图 5-58 所示。

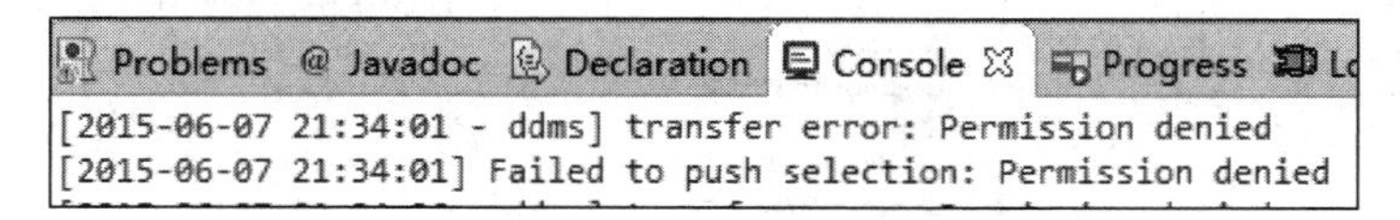

图 5-58　上传文件失败相关提示信息

下面讲解如何选中 SD 卡并将电脑上的文件上传到手机上。

首先，选中“SD”卡，单击“storage”下的“sdcard0”，此即为 SD 卡的根目录，如图 5-59 所示。

Name	Size	Date	Time	Permissions	Info
storage		2015-06-07	21:03	dr-xr-x---	
UsbDriveA		2015-06-07	21:03	d---------	
UsbDriveB		2015-06-07	21:03	d---------	
UsbDriveC		2015-06-07	21:03	d---------	
UsbDriveD		2015-06-07	21:03	d---------	
UsbDriveE		2015-06-07	21:03	d---------	
UsbDriveF		2015-06-07	21:03	d---------	
extSdCard		2015-06-07	21:03	d---------	
sdcard0		2015-06-07	21:33	drwxrwxr-x	
183		2014-11-14	22:40	drwxrwxr-x	
2.xct	32836	2015-05-06	15:34	-rw-rw-r--	
3.tcx	87505	2015-05-06	16:38	-rw-rw-r--	

图 5-59　SD 卡的信息

然后，点击图 5-60 所示按钮，接下来在弹出的图 5-61 所示的对话框中选择或者输入要上传的文件，点击“打开”按钮，就可以将选中的文件上传到手机 SD 卡的根目录。

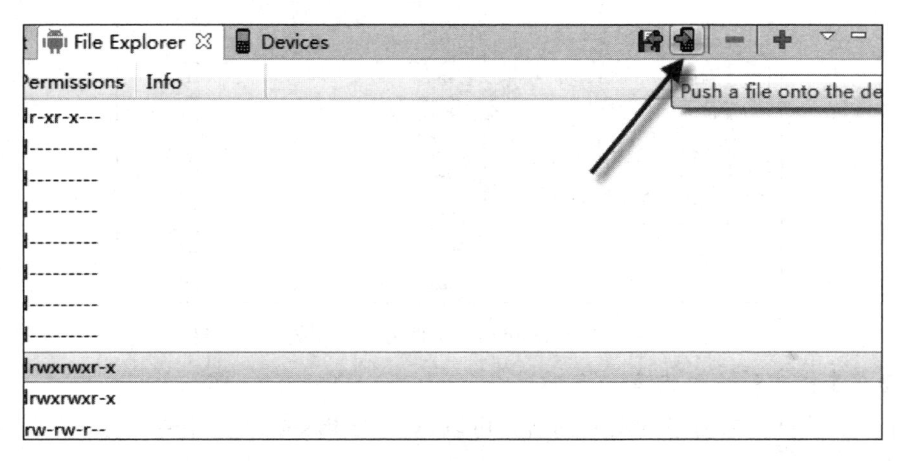

图 5-60　“File Explorer”工具“Push a file onto the device”按钮相关的信息

上述的操作过程同样适用于手机模拟器操作，这里不再赘述，请读者自行练习。

图 5-61　“Put File on Device”对话框信息

5.2.6　adb shell 指令

安卓系统是基于 Linux 系统开发的，支持常见的 Linux 命令，这些命令都保存在手机的“/system/bin”文件夹下，如图 5-62 所示。在该文件夹下能看到一些人们平时在应用 Linux 系统时经常操作的指令，如“ls”“cat”“df”“uptime”“ps”“kill”等。可以通过使用“adb shell”指令后直接加上相关的指令及其参数来执行这些指令。

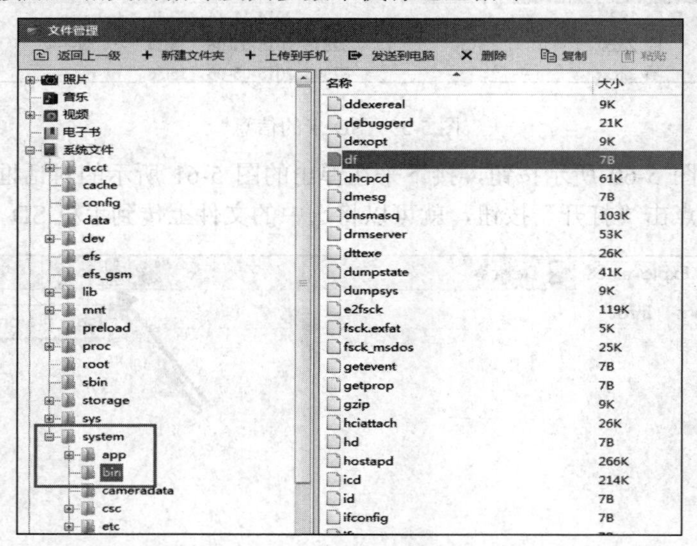

图 5-62　“/system/bin”文件夹下的相关文件信息

1) 查看手机中的文件内容

查看显示手机当前目录的所有内容，可以输入“adb shell ls”指令，相关的输出信息如图 5-63 所示。

也可以在命令行控制台先输入“adb shell”指令，在出现“shell@android:/ $”提示符后，直接输入“ls”命令来查看手机当前目录的所有内容，如图 5-64 所示。

```
管理员: C:\Windows\system32\cmd.exe
C:\Users\Administrator>adb shell ls
acct
cache
config
d
data
default.prop
dev
efs
efs_gsm
etc
factory
fstab.smdk4x12
init
init.bt.rc
init.goldfish.rc
init.rc
init.smdk4x12.rc
init.smdk4x12.usb.rc
init.trace.rc
init.usb.rc
lib
lpm.rc
mnt
preload
proc
root
sbin
sdcard
storage
sys
system
ueventd.goldfish.rc
ueventd.rc
ueventd.smdk4x12.rc
vendor

C:\Users\Administrator>
```

图 5-63　“adb shell ls”指令输出信息

```
管理员: C:\Windows\system32\cmd.exe - adb shell
C:\Users\Administrator>adb shell
shell@android:/ $ ls
ls
acct
cache
config
d
data
default.prop
dev
efs
efs_gsm
etc
factory
fstab.smdk4x12
init
init.bt.rc
init.goldfish.rc
init.rc
init.smdk4x12.rc
init.smdk4x12.usb.rc
init.trace.rc
init.usb.rc
lib
lpm.rc
mnt
preload
proc
root
sbin
sdcard
storage
sys
system
ueventd.goldfish.rc
ueventd.rc
ueventd.smdk4x12.rc
vendor
shell@android:/ $
```

图 5-64　“adb shell”和“ls”指令输出信息

2) 退出 Shell 指令

可以通过输入“exit”退出“adb shell”提示符，回到 Windows 命令行控制台，如图 5-65 所示。

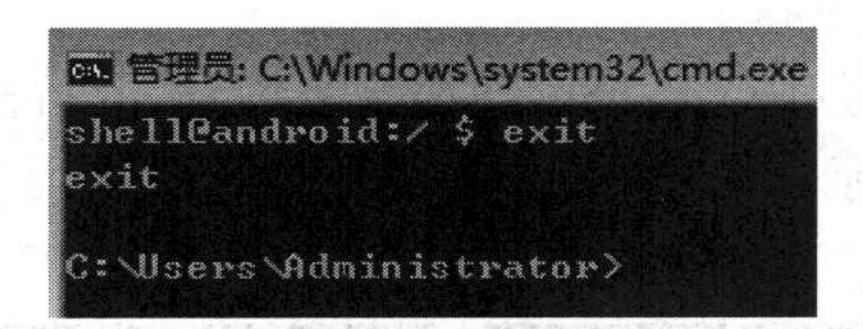

图 5-65　“exit”指令及其输出信息

3) 查看已安装应用

可以使用“adb shell”命令来访问手机系统“/data/data”目录进行查看，该操作需要切换为“root”用户，具体的操作指令如下：

```
adb shell
su root
cd /data
ls
```

具体的操作指令和输出信息如图 5-66 所示。

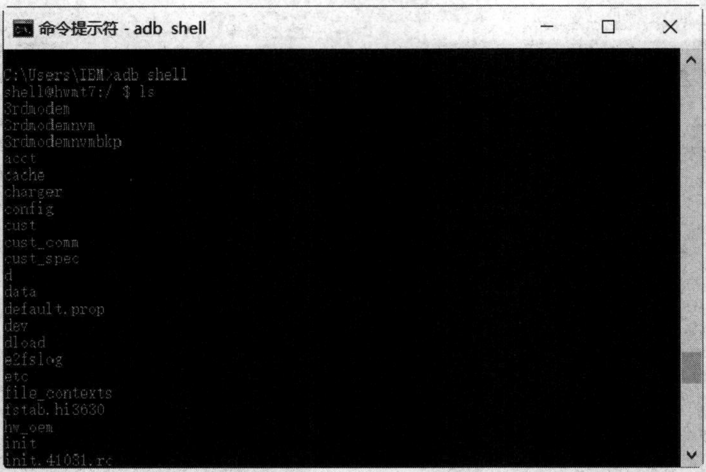

```
命令提示符 - adb shell
C:\Users\IBM>adb shell
shell@hwmt7:/ $ ls
3rdmodem
3rdmodemnvm
3rdmodemnvmbkp
acct
cache
charger
config
cust
cust_comm
cust_spec
d
data
default.prop
dev
dload
e2fslog
etc
file_contexts
fstab.hi3630
hw_oem
init
init.41031.rc
```

图 5-66　查看手机系统已安装的操作指令及其输出信息

如果在操作过程中没有切换为“root”用户，则会出现访问权限问题，如图 5-67 所示。

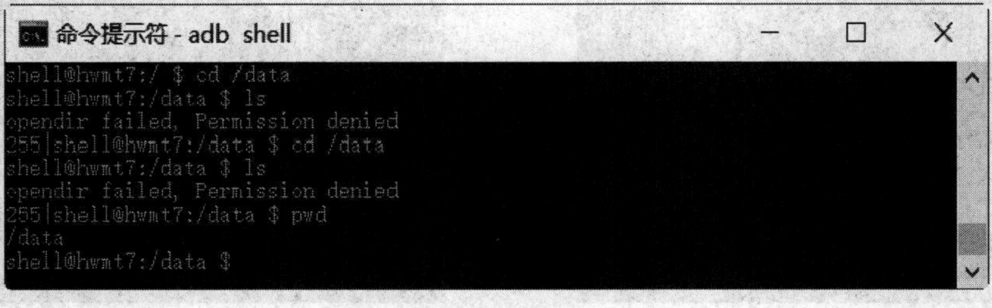

```
命令提示符 - adb shell
shell@hwmt7:/ $ cd /data
shell@hwmt7:/data $ ls
opendir failed, Permission denied
255|shell@hwmt7:/data $ cd /data
shell@hwmt7:/data $ ls
opendir failed, Permission denied
255|shell@hwmt7:/data $ pwd
/data
shell@hwmt7:/data $
```

图 5-67　访问权限相关输出信息

由于很多厂家在手机出厂前，已经关闭了 root 访问权限，如果要获得 root 权限，需要借助 root 工具。但是对手机进行 root 操作以后，其安全性会下降，所以仅对测试用的手机进行 root 操作。

4) 查看 APP CPU 占用率指令

使用命令“top -m 10 -s cpu”(-s 表示按指定行排序， -m 表示显示最大数量)查看 APP CPU 占用率，如图 5-68 所示。

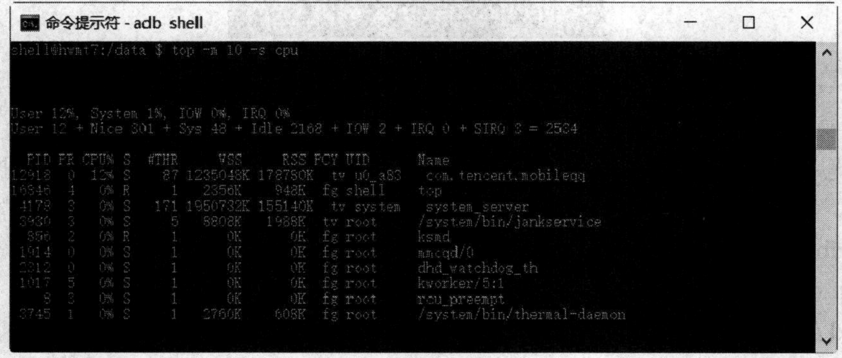

```
命令提示符 - adb shell
shell@hwmt7:/data $ top -m 10 -s cpu



User 12%, System 1%, IOW 0%, IRQ 0%
User 12 + Nice 301 + Sys 48 + Idle 2168 + IOW 2 + IRQ 0 + SIRQ 3 = 2534

  PID PR CPU% S  #THR     VSS     RSS PCY UID      Name
12918  0  12% S    87 1235048K 178780K  tv u0_a83   com.tencent.mobileqq
16846  4   0% R     1   2356K    948K  fg shell    top
 4178  3   0% S   171 1950732K 155140K  tv system   system_server
 3930  3   0% S     5   8808K   1988K  tv root     /system/bin/jankservice
  856  2   0% R     1      0K      0K  fg root     ksmd
 1914  0   0% S     1      0K      0K  fg root     mmcqd/0
 2312  0   0% S     1      0K      0K  fg root     dhd_watchdog_th
 1017  5   0% S     1      0K      0K  fg root     kworker/5:1
    8  3   0% S     1      0K      0K  fg root     rcu_preempt
 3745  1   0% S     1   2760K    608K  fg root     /system/bin/thermal-daemon
```

图 5-68　查看应用的 CPU 使用情况

参数含义：

PID：应用程序 ID。

S：进程的状态(其中 S 表示休眠，R 表示正在运行，Z 表示僵死状态，N 表示该进程优先值是负数)。

#THR：程序当前所用的线程数。

VSS：Virtual Set Size，虚拟耗用内存(包含共享库占用的内存)。

RSS： Resident Set Size，实际使用物理内存(包含共享库占用的内存)。

UID：User Identification，用户身份 ID。

Name：应用程序名称。

在测试过程中，测试人员需要关注相应包的 CPU 占用率，进行多次操作 APP，如果 CPU 占用内存过高且一直无法释放，此时可能存在风险。如果读者想筛选出自己的 APP 应用，则可以使用“top -d 3|grep<package -name>”命令，如图 5-69 所示。

```
命令提示符 - adb shell
C:\Users\IBM>adb shell
shell@hwmt7:/ $ top -d 3|grep com.tencent.mobileqq
16879  1   0% S    88 1225672K 170260K  tv u0_a83   com.tencent.mobileqq
30617  1   0% S    38 1149768K  63808K  tv u0_a83   com.tencent.mobileqq:MSF
16879  1   0% S    88 1225672K 170260K  tv u0_a83   com.tencent.mobileqq
30617  1   0% S    38 1149768K  63808K  tv u0_a83   com.tencent.mobileqq:MSF
16879  1   0% S    88 1225672K 170260K  tv u0_a83   com.tencent.mobileqq
30617  1   0% S    38 1149768K  63808K  tv u0_a83   com.tencent.mobileqq:MSF
16879  1  12% S    88 1225672K 172396K  tv u0_a83   com.tencent.mobileqq
30617  3   0% S    38 1149768K  63808K  tv u0_a83   com.tencent.mobileqq:MSF
16879  1  12% S    89 1226736K 177072K  tv u0_a83   com.tencent.mobileqq
30617  3   0% S    38 1149768K  63808K  tv u0_a83   com.tencent.mobileqq:MSF
^C
130|shell@hwmt7:/ $
```

图 5-69　查看某一 APP 应用的 CPU 占用情况

5) 查看手机内存总体使用情况

使用“dumpsys meminfo <package_name>”或“dumpsys meminfo <package_id>”命令，查看手机内存总体使用情况，如图 5-70 所示。

```
命令提示符 - adb shell
127|shell@hwmt7:/ $ dumpsys meminfo com.tencent.mobileqq
Applications Memory Usage (kB):
Uptime: 66352407 Realtime: 99974287

** MEMINFO in pid 16879 [com.tencent.mobileqq] **
                   Pss  Private  Private  Swapped     Heap     Heap     Heap
                 Total    Dirty    Clean    Dirty     Size    Alloc     Free
                ------   ------   ------   ------   ------   ------   ------
  Native Heap    22337    22040        0      464    37952    33810     4141
  Dalvik Heap    42615    42588        0     9620    54178    45889     8289
 Dalvik Other     3873     3872        0        0
        Stack      752      752        0        0
    Other dev       17        0       16        0
     .so mmap     2880      344     2024     1476
    .apk mmap      854        0      356        0
    .dex mmap    44326       20    43328        0
    .oat mmap     3270        0     1464        4
    .art mmap     1783     1528       16       64
   Other mmap      128        8       56        0
      Unknown      600      600        0       72
        TOTAL   123435    71752    47260    11700    92130    79699    12430

 App Summary
                       Pss(KB)
                        ------
           Java Heap:    44132
         Native Heap:    22040
                Code:    47536
```

图 5-70　查看 CPU 总体使用情况

参数含义：

Naitve Heap Size：从 mallinfo usmblks 获得，代表最大总共分配空间。

Native Heap Alloc：从 mallinfo uorblks 获得，代表总共分配空间。

Native Heap Free：从 mallinfo fordblks 获得，代表总共剩余空间。

Native Heap Size 约等于 Native Heap Alloc + Native Heap Free。

Dalvik Heap Size：从 Runtime totalMemory()获得，代表 Dalvik Heap 总共内存大小。

Dalvik Heap Alloc：从 Runtime totalMemory()−freeMemory()获得，代表 Dalvik Heap 分配的内存大小。

Dalvik Heap Free：从 Runtime freeMemory()获得，代表 Dalvik Heap 剩余内存大小。

Dalvik Heap Size 约等于 Dalvik Heap Alloc + Dalvik Heap Free。

重点关注如下字段：

(1) Native/Dalvik 的 Heap 信息中的 Alloc。它分别给出 JNI 层和 Java 层的内存分配情况，如果发现这些值一直增长，则代表程序可能出现了内存泄漏。

(2) Total 的 Pss 信息。它给出了 Java Heap 和 Native Heap 的大小。

第六章 移动自动化测试工具

本章介绍针对移动应用的自动化测试工具。这些工具大多是开源测试工具，工具本身功能具有一定局限性，需要付出更多的建设成本、学习成本和维护成本。

6.1 测试自动化概述

软件测试的工作量很大，据统计，测试时间会占到总开发时间的 20%～40%，对于一些可靠性要求非常高的软件，测试时间甚至占到总开发时间的 60%。但在整个软件测试过程中，极有可能应用计算机进行自动化测试的工作，原因是测试的许多操作是重复性的、非创造性的、需要高度注意力的工作，而计算机最适合于代替人们去完成这些任务。

测试自动化是通过开发和使用一些工具来自动测试软件系统，特别适合于测试中重复而烦琐的活动，其具有以下优点：

(1) 可以使某些测试任务比手工测试执行的效率高，并可以运行更多、更频繁的测试。

(2) 对于程序的新版本，可以自动运行已有的测试，特别是在频繁地修改许多程序的环境中，可使一系列回归测试的开销达到最小。

(3) 可以执行一些手工测试困难或不可能做的测试。例如，对于 200 个用户的联机系统，用手工进行并发操作的测试几乎是不可能的，但自动测试工具可以模拟来自 200 个用户的输入。客户端用户通过定义可以自动回放的测试，随时都可以运行用户脚本，即使是不了解整个商业应用复杂内容的技术人员也可以胜任。

(4) 可以更好地利用资源。将烦琐的任务自动化，可以提高准确性和测试人员的积极性，节省测试技术人员的时间，以便投入更多精力去设计更好的测试用例。另外，可以利用整夜或周末空闲的机器执行自动测试。

(5) 测试具有一致性和可重复性。对于自动重复的测试，可以重复多次相同的测试，如不同的硬件配置、使用不同的操作系统或数据库等，从而获得测试的一致性，这在手工测试中是很难保证的。

(6) 测试可以重用，而且软件经过自动测试后，人们对其信任度会增加。

(7) 一旦一系列测试已经被自动化，则可以更快地重复执行，从而缩短了测试时间，使软件更快地推向市场。

总之，测试自动化通过较少的开销可以获得更彻底的测试，并提高产品的质量。但是，在实际使用自动化测试的过程中，还存在以下一些普遍的问题：

(1) 人们期望测试工具可以解决目前遇到的所有问题，但无论工具从技术角度实现得多么好，都满足不了这种不现实的期望。

(2) 如果缺乏测试实践经验，测试组织差，文档较少或不一致，测试发现缺陷的能力较差，在这种情况下采用自动测试并不是好办法。

(3) 人们期望自动化测试发现大量的新缺陷。测试执行工具是回归测试工具，用于重复已经运行过的测试，这是一件很有意义的工作，但并不是用来发现大量新的缺陷。

(4) 测试软件没有发现任何缺陷并不意味着软件没有缺陷，这是由于测试不可能全面或测试本身就有缺陷，但人们在使用自动化测试过程中会缺乏这种意识。

(5) 当软件修改后，经常需要对修改部分或全部软件进行测试，以便使软件可以重新正确地运行，对于自动化测试更是如此。测试维护的开销会在一定程度上影响测试自动化的积极性。

(6) 商用测试执行工具是软件产品，由销售商销售，它们往往不具备解决问题的能力和有力的技术支持，因此给用户带来失望，使用户认为测试工具不能很好地测试。

(7) 自动化测试实施起来并不简单，必须有管理支持，必须进行选型、培训和实践，并在组织内普遍使用。

自动化测试是把以人为驱动的测试行为转化为机器执行的一种过程，一般是指软件测试的自动化。软件测试就是在预设条件下运行系统或应用程序，评估运行结果，预设条件应包括正常条件和异常条件。

通常，在设计了测试用例并通过评审之后，由测试人员根据测试用例中描述的规程一步步执行测试，得到实际结果与期望结果的比较。

软件测试自动化的研究领域主要集中于软件测试流程的自动化管理以及动态测试的自动化(如单元测试、功能测试以及性能方面)。在这两个领域，与手工测试相比，测试自动化有着明显的优势。首先，自动化测试可以提高测试效率，使测试人员更加专注于新的测试模块的建立和开发，从而提高测试覆盖率；其次，自动化测试更便于测试资产的数字化管理，使得测试资产在整个测试生命周期内可以得到复用，这个特点在功能测试和回归测试中具有重要意义。

测试自动化具有局限性，不可能取代手工测试。手工测试可以比自动测试发现更多的缺陷。测试自动化并不能改进测试有效性，并对软件开发有一定的制约作用。测试工具缺乏创造性，灵活性也较差。然而，测试自动化可以大大提高软件测试的质量，促进软件测试的产品化。

6.2 MonkeyRunner 测试工具入门

MonkeyRunner 是由 Google 开发、用于 Android 系统的自动化测试工具，由 Android 系统自带，存在于 Android SDK(SDK：Software Development Kit，软件开发工具包)中。MonkeyRunner 提供了一套 API(API：Application Programming Interface，应用程序接口)，用此 API 写出的程序可以在 Android 代码之外控制 Android 设备和模拟器。通过 MonkeyRunner，可以写出一个 Python 程序去安装一个 Android 应用程序，也可以去运行它，向其发送一些模拟按键、滑屏、输入字符、截屏保存图片等操作。

6.2.1　MonkeyRunner 安装部署

如果读者按照本书前面章节正确地安装部署了 Android 环境，那么在 Android SDK 的“tools”目录下将会有一个名称为“monkeyrunner.bat”的批处理文件，如这个文件在笔者的机器中的位置是“E:\android-sdk\tools”目录下。

双击“monkeyrunner.bat”文件，将出现图 6-1 所示界面信息。

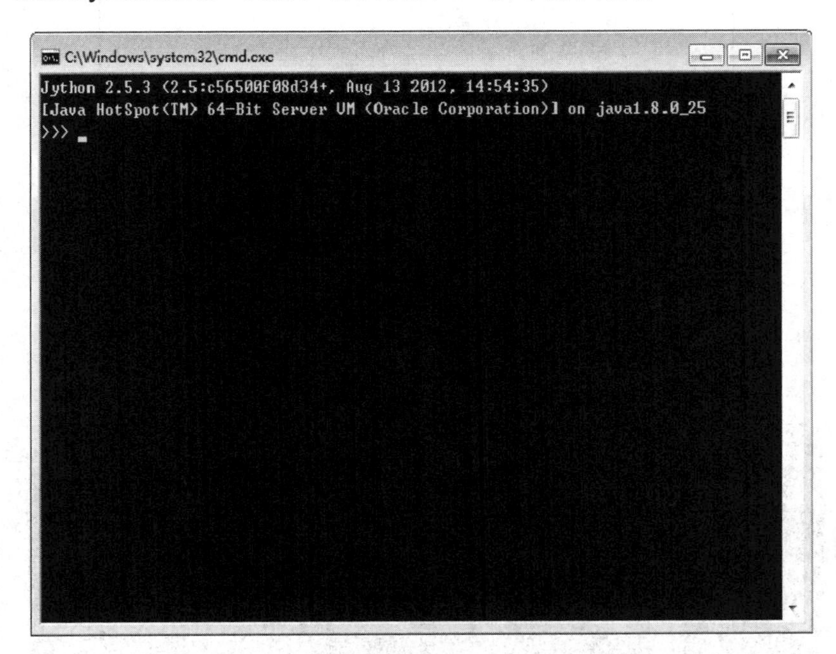

图 6-1　“monkeyrunner.bat”运行后的显示信息

如果没有出现图 6-1 所示的界面，则说明之前的安装配置可能有一些问题，需要检查以下相关内容是否成功部署：

(1) JDK 是否正确安装并设置了对应的环境变量。

(2) Android SDK 是否正确安装部署，并将 Android SDK 的“platform-tools”和“tools”路径添加到了“Path”环境变量中。例如：

```
%ANDROID_HOME%\tools
%ANDROID_HOME%\platform-tools
```

(3) 为了更好地对脚本进行调试，建议读者下载 Python，到“https://www.python.org/downloads/”下载相应的软件版本。这里下载其对应的 Windows 版本，因为本机用的是 64 位的 Windows 10 操作系统，所以下载目前的最新 64 位版本，如图 6-2 所示。下载完成以后进行安装，并将“python.exe”所在路径添加到 Path 环境变量中(安装过程中，最后可以选择自动添加到 Path 环境变量中)，这部分内容比较简单，请读者自行完成。

Python 安装并设置环境变量后，读者可以运行控制台命令，输入“python”后，若出现图 6-3 所示界面，则代表 Python 已经成功安装并设置，可以通过输入“quit()”或者按“Ctrl+Z”键退出 Python，回到命令行提示符。

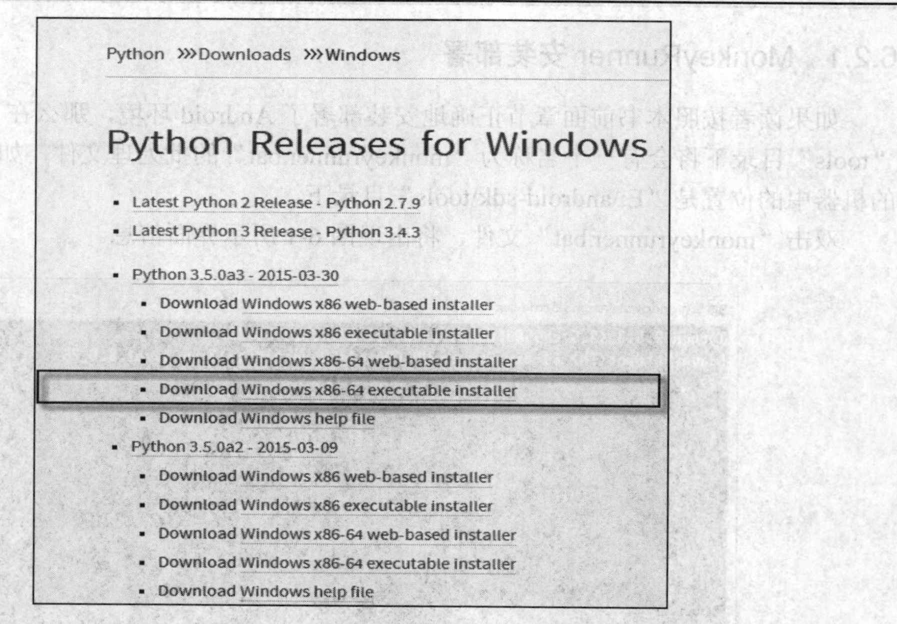

图 6-2　Python Windows 相关版本下载信息

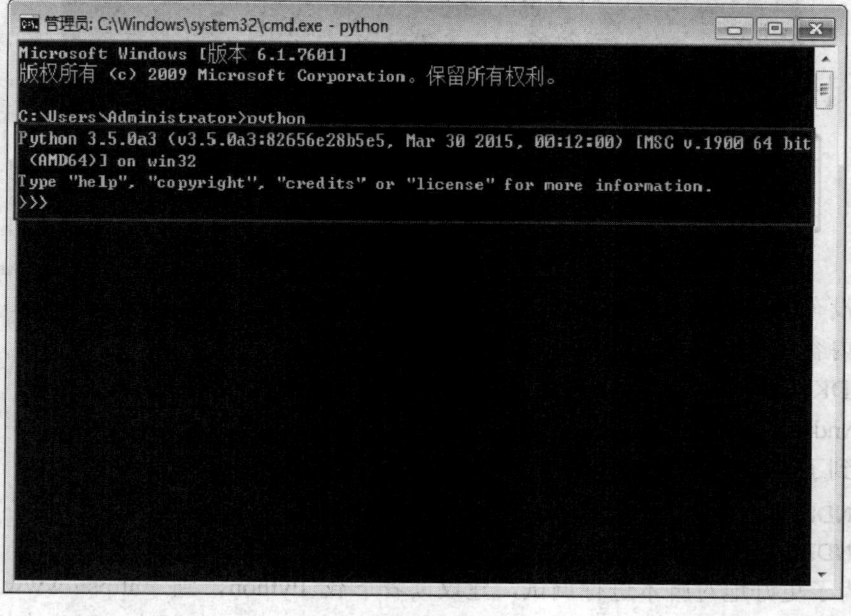

```
管理员: C:\Windows\system32\cmd.exe - python
Microsoft Windows [版本 6.1.7601]
版权所有 (c) 2009 Microsoft Corporation。保留所有权利。

C:\Users\Administrator>python
Python 3.5.0a3 (v3.5.0a3:82656e28b5e5, Mar 30 2015, 00:12:00) [MSC v.1900 64 bit
 (AMD64)] on win32
Type "help", "copyright", "credits" or "license" for more information.
>>>
```

图 6-3　Python 运行的相关显示信息

关于这部分环境部署的内容，已经在前面章节进行了介绍，网上也有大量的相关资料，这里不再赘述。

6.2.2　MonkeyRunner 演示示例

为了能够让读者对 MonkeyRunner 这个工具有一个感性认识，下面介绍该工具对目前非常受欢迎的一款动作类的手机游戏——“全民奇迹”进行测试的示例，如图 6-4 所示。

图 6-4　“全民奇迹”游戏界面信息

以下为对应的 MonkeyRunner 的脚本信息：

```
from com.android.monkeyrunner import MonkeyRunner, MonkeyDevice
device = MonkeyRunner.waitForConnection()
device.installPackage('D:\samples\com.tianmashikong.qmqj.huawei.1508231107.apk')
device.startActivity(component='com.tianmashikong.qmqj.huawei/
                                        .UnityPlayerNativeActivity')
result = device.takeSnapShot
result.writeToFile('game.png','png')
```

上面这段脚本实现了安装“全民奇迹”游戏，启动“全民奇迹”游戏，而后进行截屏并把截屏信息保存到“game.png”文件的操作。

MonkeyRunner 提供了一种脚本录制方式，能够在不编写代码的情况下，完成脚本的开发工作，也就是利用“monkey_recorder.py”进行操作步骤的录制工作。

6.2.3　MonkeyRunner 脚本录制

相关的脚本文件可以从测试者家园的博客下载，地址为“http://www.cnblogs.com/tester2test/p/4420056.html”。

下载后的文件名称为“monkeyrunner_py 脚本.rar”，为了应用方便，建议将这个压缩文件的内容统一解压到 Android SDK 的“tools”文件夹下，解压后其信息如图 6-5 所示。

如图 6-5 所示，在 Android SDK 文件夹下多了方框所示的文件，其中“monkey_recorder.py”就是录制手机操作的 Python 脚本。该脚本可以通过在命令行控制台输入“monkeyrunner monkey_recorder.py”来运行，如图 6-6 所示。

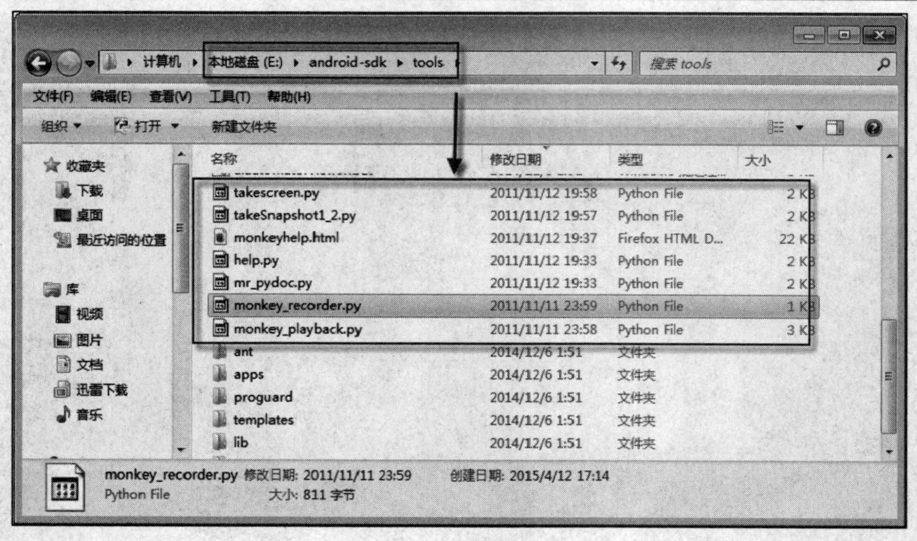

图 6-5　解压后的相关路径和文件信息

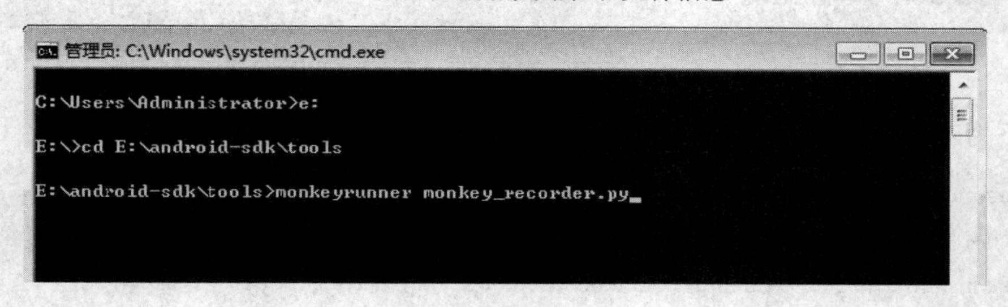

图 6-6　命令行控制台调用“monkey_recorder.py”

在运行“monkey_recorder.py”之前，需要将要调试的手机设备连接到电脑，并保证其相关的驱动正确安装，可以利用“adb devices”命令查看其信息，如图 6-7 所示。

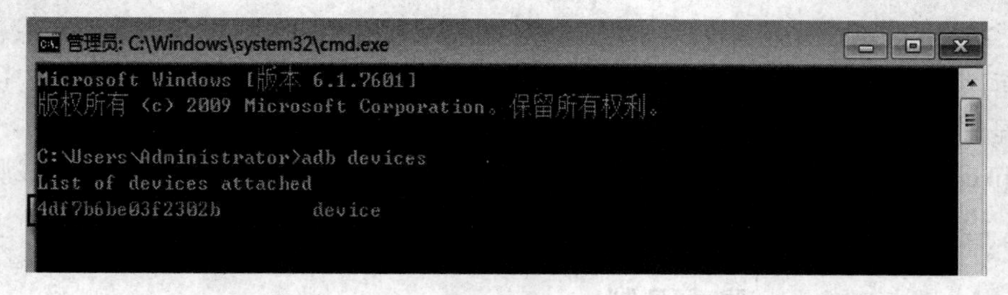

图 6-7　在命令行控制台查看已连接的设备信息

从图 6-7 中可以看到，有一个手机设备已正确连接，运行“monkeyrunner monkey_recorder.py”以后，将出现图 6-8 所示界面信息。

从 MonkeyRecorder 的主界面上可以看到其主要分成了 3 个区域，上面是其支持的一些功能，主体左侧显示手机的屏幕信息，右侧则为对应的脚本代码信息。这里仍以登录“全民奇迹”游戏为例，讲解其操作过程。首先需要滑屏以使手机解锁，那么就需要点击“Fling”，在弹出的“Input”对话框中选择“SOUTH”(也就是向下滑屏)，对于拖曳时长和步长，选择默认值，而后点击“确定”按钮，如图 6-9 所示。

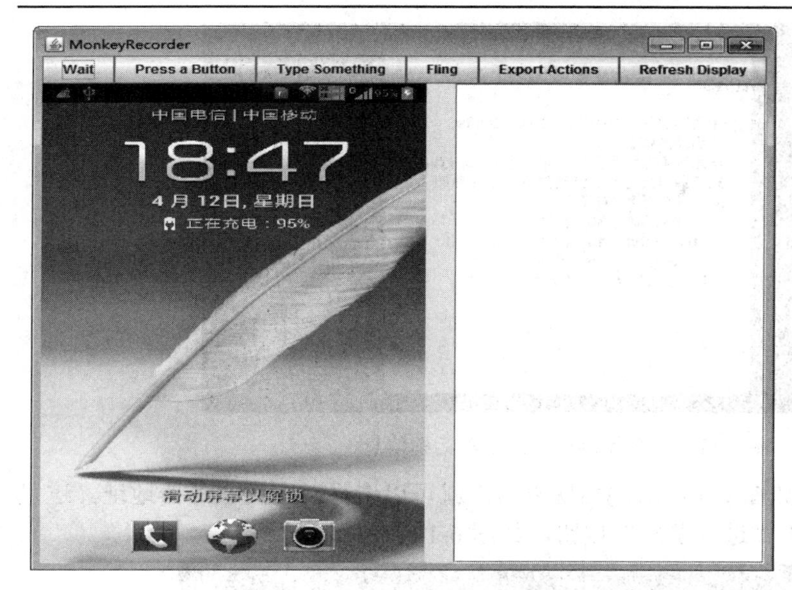

图 6-8　MonkeyRecorder 主界面信息

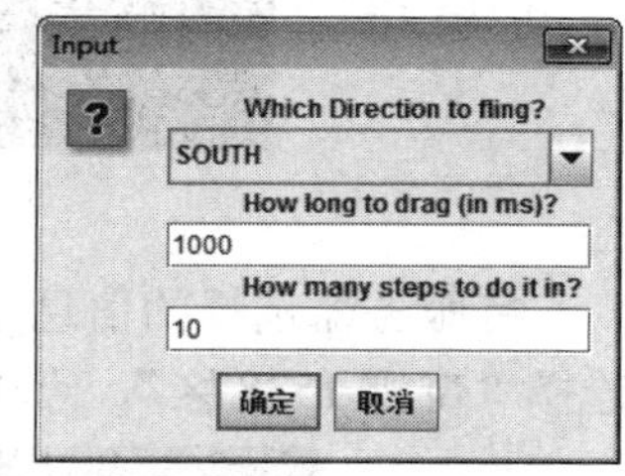

图 6-9　Input 对话框

这样就解锁了屏幕，同时在脚本列表中产生了一条“Fling south”语句，如图 6-10 所示。

解锁屏幕后，显示的应用程序页中存在“全民奇迹”游戏的图标，在左侧显示的手机屏幕信息中点击该图标，如图 6-11 所示。

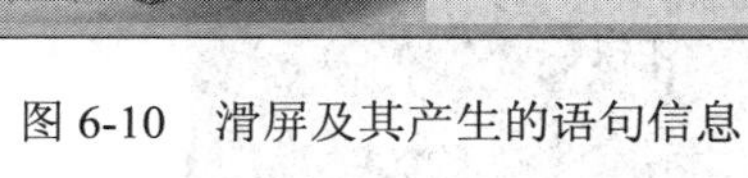

图 6-10　滑屏及其产生的语句信息

图 6-11　包含“全民奇迹”的应用程序页信息

“全民奇迹”游戏启动后，出现了一个公告对话框信息，为了正常地开始游戏，需要点击“关闭”按钮，如图 6-12 所示。

关闭公告信息以后，开始加载游戏，为了使脚本能够正常运行，需要等待一段时间，以保证游戏的资源加载完成，显示游戏的服务器地址相关信息。

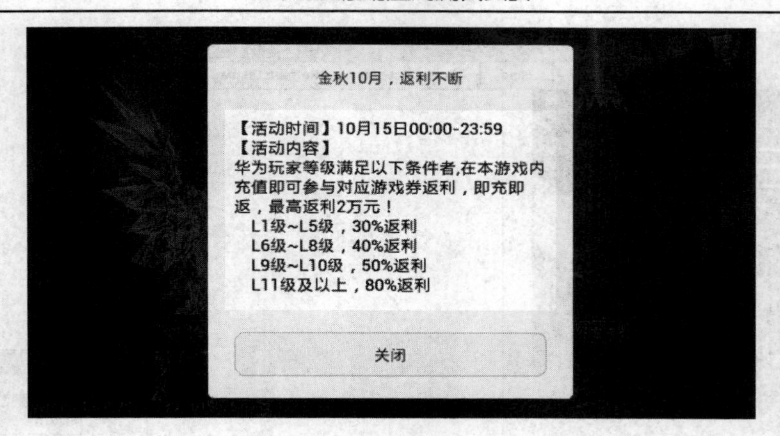

图 6-12　“全民奇迹”公告对话框信息

待服务器选择的信息(如图 6-13 所示)出现以后，就可以选择对应的服务器地址。这里选择“奇迹 1538 区”，点击“进入游戏”按钮，如图 6-14 所示。

图 6-13　“全民奇迹”服务器选择对话框信息

图 6-14　“全民奇迹”游戏角色选择相关信息

进入“全民奇迹”游戏后，将显示一个福利对话框信息界面，如图 6-15 所示。

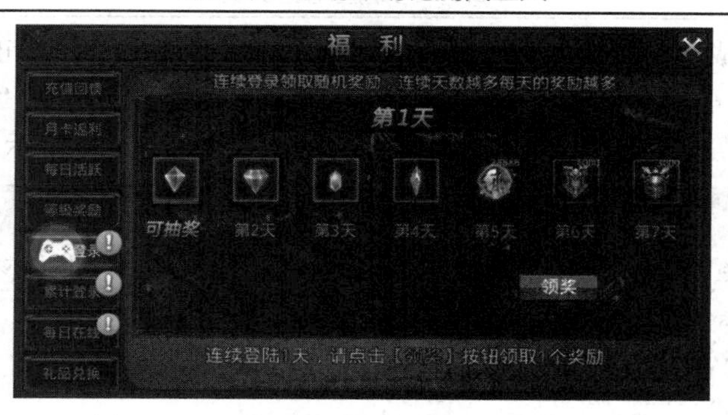

图 6-15　“全民奇迹”福利对话框相关信息

这里，点击“×”关闭该对话框后，将进入游戏，其界面信息如图 6-16 所示。

图 6-16　“全民奇迹”主界面相关信息

需要注意的是，因为每人使用的手机设备型号不同，机器配置不同，自然性能表现也不尽相同，同时，有时游戏要加载一些资源及进行一些业务逻辑处理等操作，需要耗费一些时间，所以需要等待一段时间。

最终，根据上面的操作实现的业务脚本如图 6-17 所示。

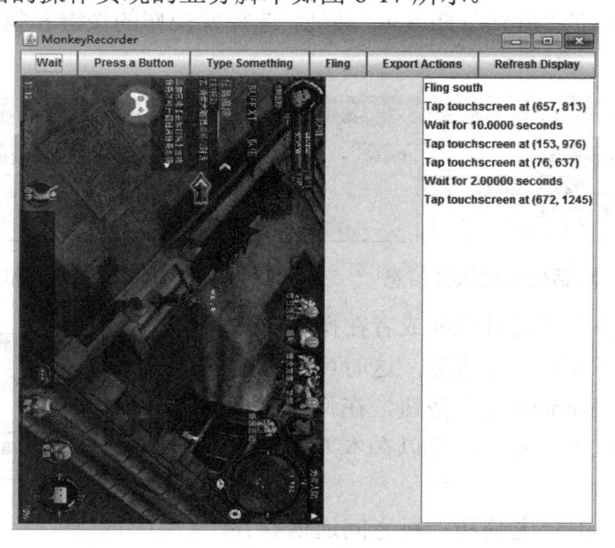

图 6-17　MonkeyRecorder 实现的“全民奇迹”业务脚本相关信息

假设现在要完成从手机解锁屏幕到进入游戏部分的业务，那么就可以直接点击“Export Actions”按钮将图 6-17 右侧的脚本信息导出，再将脚本信息保存到“D:\game”文件。然后，可以用记事本等编辑器打开它，查看其中的内容，如图 6-18 所示。

game - 记事本
文件(F) 编辑(E) 格式(O) 查看(V) 帮助(H)

```
DRAG|{'start':(512,115),'end':(512,576),'duration':1.0,'steps':10,}
TOUCH|{'x':657,'y':813,'type':'downAndUp',}
WAIT|{'seconds':10.0,}
TOUCH|{'x':153,'y':976,'type':'downAndUp',}
TOUCH|{'x':76,'y':637,'type':'downAndUp',}
WAIT|{'seconds':2.0,}
TOUCH|{'x':672,'y':1245,'type':'downAndUp',}
```

图 6-18　从手机解锁到进入“全民奇迹”相关的业务脚本信息

从这段脚本信息的内容来看，不难发现其主要由 3 个脚本命令构成，即“DRAG”“TOUCH”和“WAIT”。“DRAG”是拖曳的意思，“DRAG|{'start':(512,115), 'end':(512,576), 'duration':1.0, 'steps':10,}”的意思就是从(512,115)这个坐标点拖曳到(512,576)这个坐标点，耗时 1 s，步长为 10。从坐标点不难发现，其 *x* 坐标都是 512，而 *y* 坐标不同，那么也就是从 115 这个坐标点一直划动至 576。“TOUCH”是触碰的意思，“TOUCH|{'x':657,'y':813,'type':'downAndUp',}”是一个点击按钮的语句，该语句的意思是在 *x* 坐标点为 657，*y* 坐标点为 813 的位置，执行了一个类型为按下、抬起的操作。在统一坐标点按下、抬起也就是点击事件。这句代码就是点击“全民奇迹”图标按钮的操作。而后的几个 TOUCH 语句与此类似，故不再赘述。“WAIT|{'seconds':10.0,}”则是一个等待语句，从中不难看出，该语句的意思是等待 10 s，等待期间脚本停止继续执行，这样就能保证相关资源能够顺利加载，界面相关元素能够正常显示，以便后续操作能够继续进行。有的时候发现脚本业务逻辑是正确的，可是不知道为什么一旦执行起来结果却是错误的，那么有一种可能就是用户的操作过快，导致界面元素没有完全展示出来就开始了后续操作，从而引发这个问题。

有的时候，可能用户还希望在操作过程中尝试按“HOME”键、“菜单”键等，这时，可以点击图 6-10 所示的“Press a Button”按钮，选择要操作的按键和执行的操作，如图 6-19 和图 6-20 所示。

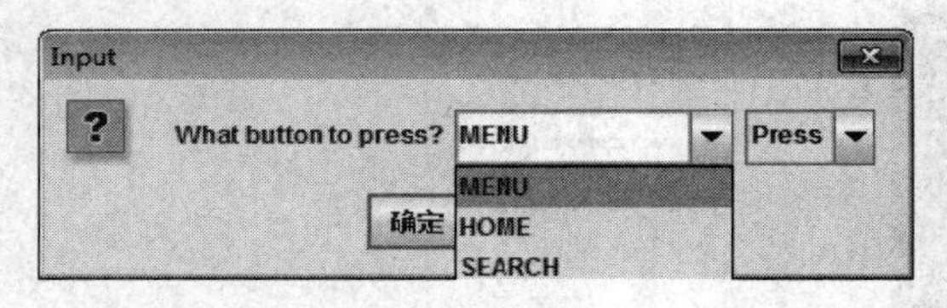

图 6-19　Input 对话框按键选择信息

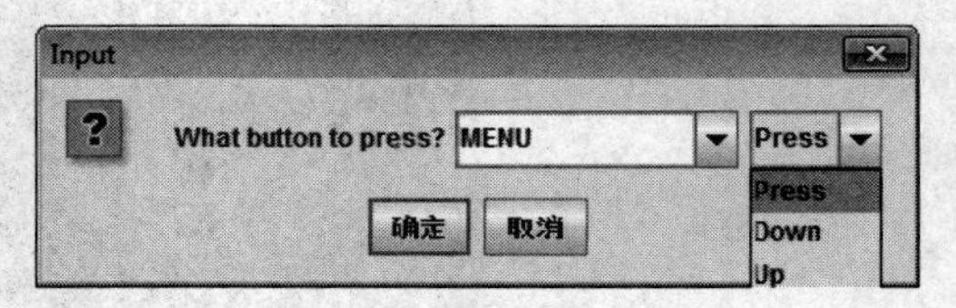

图 6-20　Input 对话框按键操作选择信息

用户可能会在游戏聊天对话框或者在操作一些应用软件的时候输入个人信息等情况，这时可以点击图 6-10 所示的“Type Something”按钮，在弹出的对话框输入信息，如图 6-21 所示，就可以在本人指定的位置输入相关的信息内容。

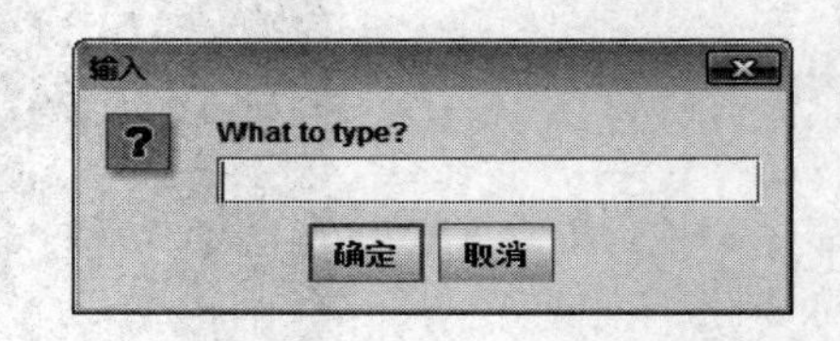

图 6-21　输入对话框信息

需要注意的是，由于电脑和手机之间通信存在一定的延时问题，在 MonkeyRecorder 左侧的界面显示并不会完全同步。当用户发现手机和电脑显示不同步时，点击“Refresh Display”按钮，可使得两者同步显示。

6.2.4　MonkeyRunner 脚本回放

前面讲解了如何利用“monkey_recorder.py”完成脚本的录制工作，那么如何来回放脚本呢？在解压缩的文件中有一个“monkey_playback.py”文件，这个文件用于回放脚本，读者可以通过命令行控制台来执行它，调用方式如图 6-22 所示，也就是“monkeyrunner monkey_playback.py”+“已保存的使用 monkey_recorder.py 录制的脚本文件路径及其名称”。

接下来，手机开始执行已保存的脚本内容。当然，脚本的顺利执行和每人手机的配置、脚本的设计等很多种因素都有关系，因此，更重要的是举一反三，深刻理解工具的原理、方法。

图 6-22　脚本回放的调用方式

6.3　Robotium 自动化测试框架入门

Robotium 是一款国外的 Android 自动化测试框架，主要针对 Android 平台的应用进行黑盒自动化测试，它提供了模拟各种手势操作(点击、长按、滑动等)、查找和断言机制的 API，能够对各种控件进行操作。Robotium 结合 Android 官方提供的测试框架可以对应用程序进行自动化的测试。另外，Robotium 4.0 版本已经支持对 WebView 的操作。Robotium 对 Activity、Dialog、Toast、Menu 也都是支持的。

6.3.1　Robotium 环境搭建

“工欲善其事，必先利其器。”前面内容对 Robotium 工具做了一些介绍，相信读者已经迫不及待地想要了解、掌握它，并将其运用到移动应用的测试当中。要想学习和应用好 Robotium 工具，必须先要搭建 Robotium 的工作环境。请读者自行搭建 Robotium 环境，这里对此不进行详述。

6.3.2　Robotium 运用示例

1. 记事本样例下载

前面介绍了 Robotium 相关的一些运行环境的安装部署，现在通过 Robotium 自带的一个记事本样例程序来介绍它是如何应用的。读者可以通过下面的地址下载有关 Robotium 的接口帮助文档、样例压缩包和其提供的 Jar 包文件，地址为“https://code.google.com/p/robotium/wiki/Downloads?tm=2”。

需要从该页面下载以下 3 个文件：

robotium-solo-5.3.1.jar：robotium jar 包文件

robotium-solo-5.3.1-javadoc.jar：帮助文档

ExampleTestProject_Eclipse_v5.3.zip：样例源代码

2. 将记事本样例项目导入到 Eclipse

先将“ExampleTestProject_Eclipse_v5.3.zip”压缩文件中的“NotePad”和“NotePadTest”(如图 6-23 所示)解压到 Android 项目的工作目录，工作目录为“D:\workspace”，解压完成后，出现如图 6-24 所示信息。

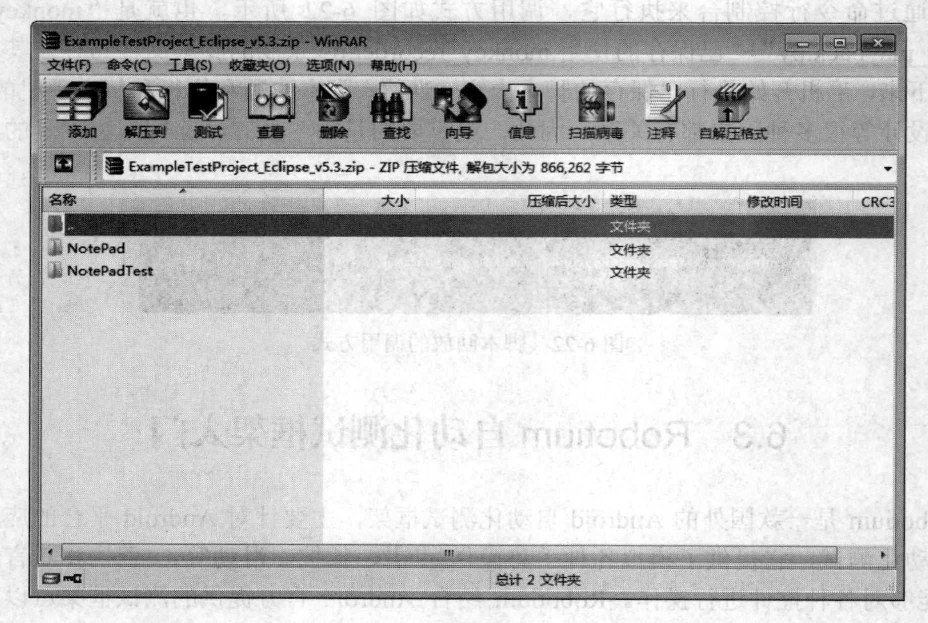

图 6-23 “ExampleTestProject_Eclipse_v5.3.zip”文件内容

图 6-24 文件解压到“D:\workspace”相关信息

接下来，打开 Eclipse 将这两个工程引入，具体的操作方法如下：

步骤 1：打开 Eclipse。

步骤 2：单击“File”>“Import...”菜单项，如图 6-25 所示。

步骤 3：在弹出的“Import”对话框中，选择“Android”下“Existing Android Code Into

Workspace”，然后点击“Next”按钮，如图 6-26 所示。

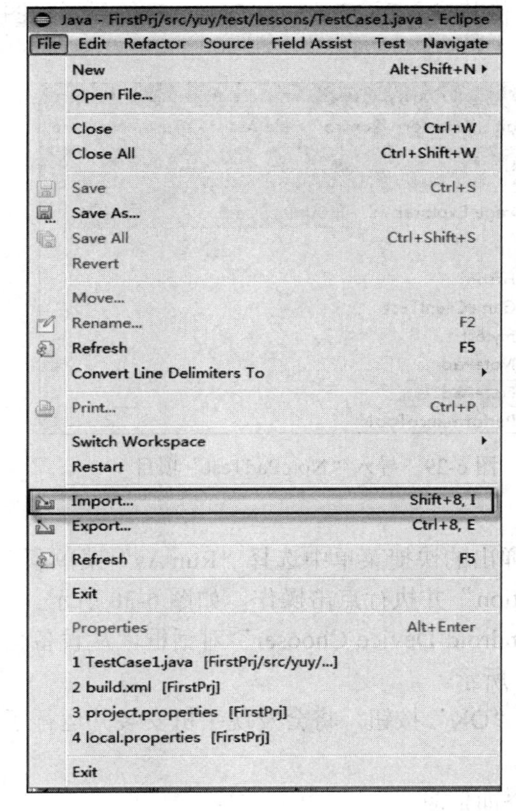

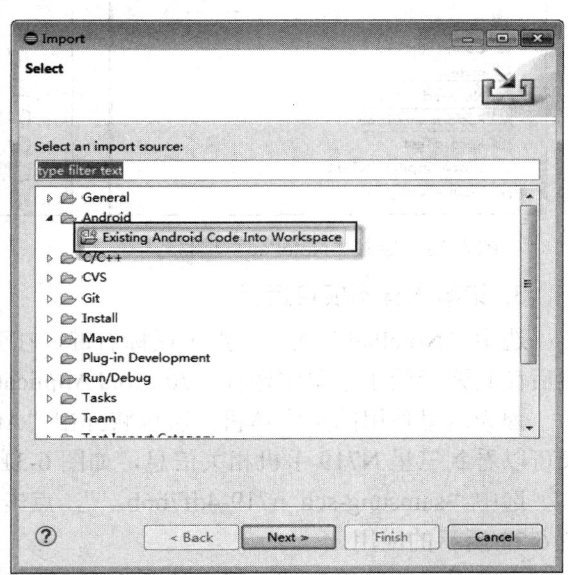

图 6-25　“Eclipse”导入菜单项相关信息　　　　图 6-26　“Import”对话框相关信息

步骤 4：在弹出的导入项目选择对话框中，首先导入“NotePad”项目，如图 6-27 所示。

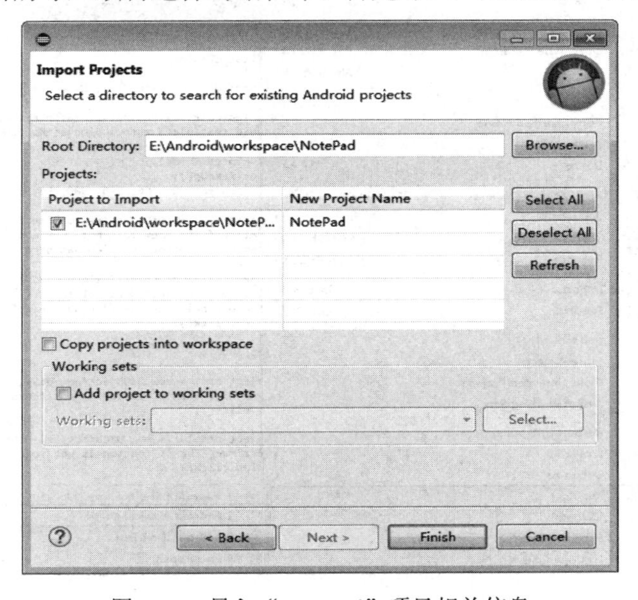

图 6-27　导入“NotePad”项目相关信息

步骤 5：点击“Finish”按钮，将会在图 6-28 中看到“NotePad”项目被导入。

重复上述步骤，导入“NotePadTest”项目，待其导入后，Package Explorer 的显示如图 6-29 所示。

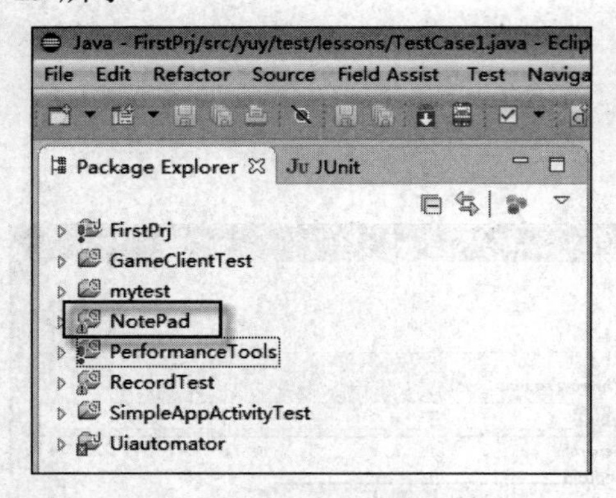

图 6-28　导入“NotePad”项目

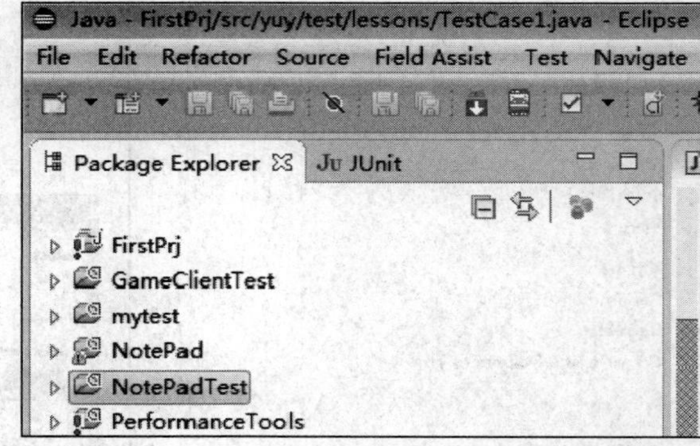

图 6-29　导入“NotePadTest”项目

3. 记事本样例项目运行

选中“NotePad”项目，点击鼠标右键，在弹出的快捷菜单中选择“Run As”菜单项，然后在其弹出的子菜单中选择“Android Application”并执行点击操作，如图 6-30 所示。

因为这里使用的是实体机，所以将弹出“Android Device Chooser”对话框，从设备列表可以看到三星 N719 手机相关信息，如图 6-31 所示。

选中“samsung-sch_n719-4df7b6b…”，点击“OK”按钮，将会发现手机安装并运行了图 6-32 所示的应用。

点击手机的菜单按键，将出现图 6-33 所示界面信息。

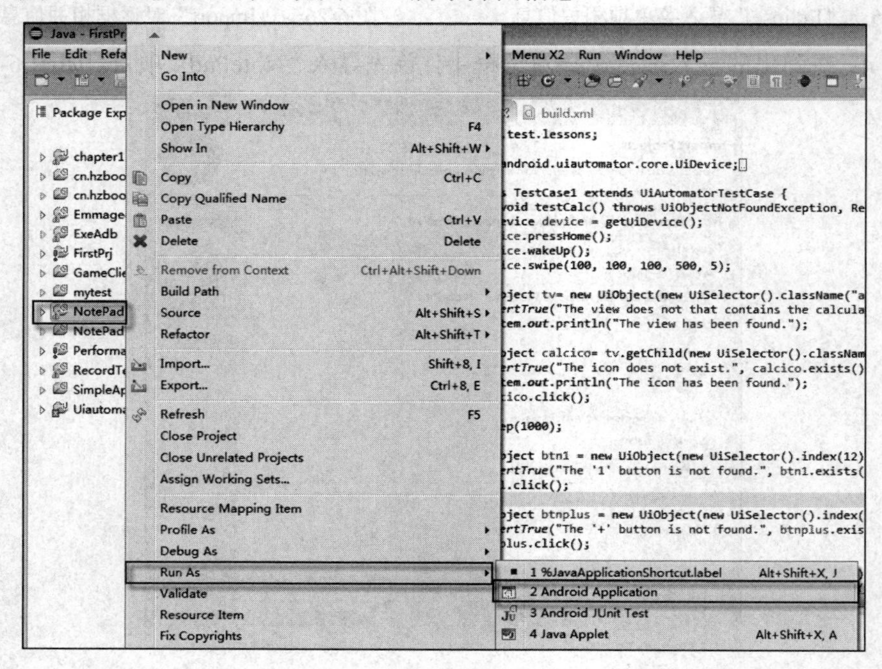

图 6-30　运行“NotePad”项目操作步骤中的菜单项选择

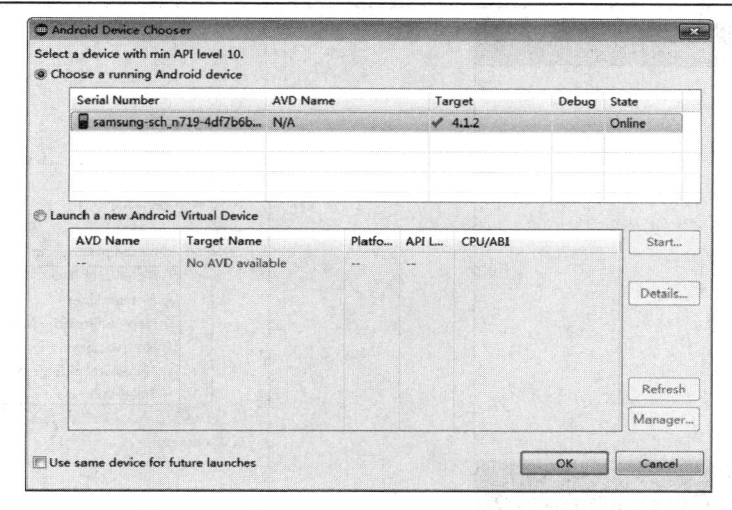

图 6-31　“Android Device Chooser”对话框

图 6-32　“NotePad”应用运行效果

图 6-33　“NotePad”添加便笺功能

4. 记事本样例功能介绍

首先，点击“Add note”，输入一个“test”便笺信息，如图 6-34 所示。

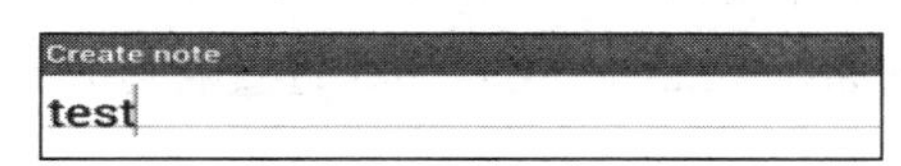

图 6-34　“NotePad”添加“test”便笺信息

然后，点击手机的“菜单”键，将显示图 6-35 所示界面信息，这时点击“Save”按钮对上述信息进行保存。

如果读者比较关心该应用的代码实现内容，请在图 6-36 所示界面的“src”下查看主要的源码文件。

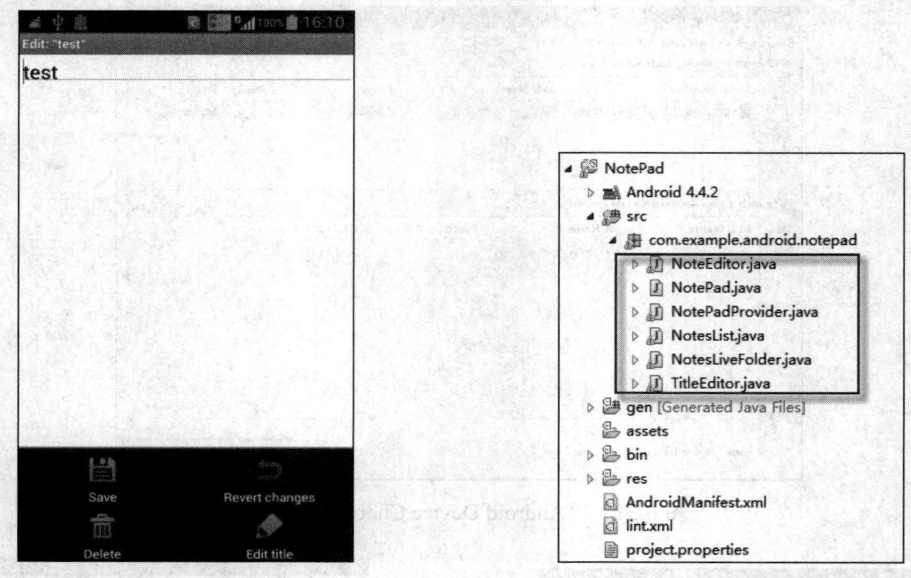

图 6-35 “Edit”对话框　　　　图 6-36 “NotePad”项目目录结构及其相关文件

5. Robotium 测试用例项目目录结构

前面对被测试项目的下载、导入和运行做了详细的介绍，那么 Robotium 如何对被测试的应用进行测试呢？

针对“NotePad”项目设计的 Robotium 测试项目，即“NotePadTest”项目目录结构及相关文件如图 6-37 所示。

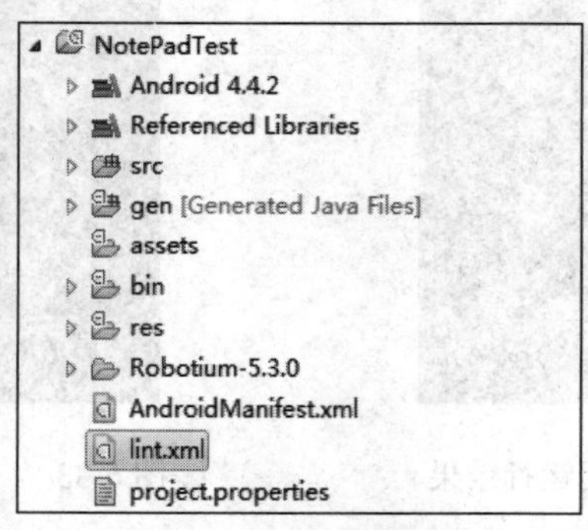

图 6-37 “NotePadTest”项目目录结构及其相关文件

6. Robotium 测试用例实现代码

打开“src”下的“NotePadTest.java”文件，通过查看可知针对“NotePad”应用的测试用例设计源代码如下：

```
/*
 * This is an example test project created in Eclipse to test NotePad which is a sample
 * project located in AndroidSDK/samples/android-11/NotePad
 *
 *
```

```
 * You can run these test cases either on the emulator or on device. Right click
 * the test project and select Run As --> Run As Android JUnit Test
 *
 * @author Renas Reda, renas.reda@robotium.com
 *
 */

package com.robotium.test;

import com.robotium.solo.Solo;
import com.example.android.notepad.NotesList;
import android.test.ActivityInstrumentationTestCase2;


public class NotePadTest extends ActivityInstrumentationTestCase2<NotesList>{

    private Solo solo;

    public NotePadTest() {
        super(NotesList.class);
    }

    @Override
    public void setUp() throws Exception {
        //setUp() is run before a test case is started.
        //This is where the solo object is created.
        solo = new Solo(getInstrumentation(), getActivity());
    }

    @Override
    public void tearDown() throws Exception {
        //tearDown() is run after a test case has finished.
        //finishOpenedActivities() will finish all the activities that have been opened
        //during the test execution.
        solo.finishOpenedActivities();
    }

    public void testAddNote() throws Exception {
        //Unlock the lock screen
```

```
        solo.unlockScreen();
        solo.clickOnMenuItem("Add note");
        //Assert that NoteEditor activity is opened
        solo.assertCurrentActivity("Expected NoteEditor activity", "NoteEditor");
        //In text field 0, enter Note 1
        solo.enterText(0, "Note 1");
        solo.goBack();
        //Clicks on menu item
        solo.clickOnMenuItem("Add note");
        //In text field 0, type Note 2
        solo.typeText(0, "Note 2");
        //Go back to first activity
        solo.goBack();
        //Takes a screenshot and saves it in "/sdcard/Robotium-Screenshots/".
        solo.takeScreenshot();
        boolean notesFound = solo.searchText("Note 1") && solo.searchText("Note 2");
        //Assert that Note 1 & Note 2 are found
        assertTrue("Note 1 and/or Note 2 are not found", notesFound);
    }

    public void testEditNote() throws Exception {
        // Click on the second list line
        solo.clickInList(2);
        //Hides the soft keyboard
        solo.hideSoftKeyboard();
        // Change orientation of activity
        solo.setActivityOrientation(Solo.LANDSCAPE);
        // Change title
        solo.clickOnMenuItem("Edit title");
        //In first text field (0), add test
        solo.enterText(0, " test");
        solo.goBack();
        solo.setActivityOrientation(Solo.PORTRAIT);
        // (Regexp) case insensitive
        boolean noteFound = solo.waitForText("(?i).*?note 1 test");
        //Assert that Note 1 test is found
        assertTrue("Note 1 test is not found", noteFound);
    }

    public void testRemoveNote() throws Exception {
```

```
            //(Regexp) case insensitive/text that contains "test"
            solo.clickOnText("(?i).*?test.*");
            //Delete Note 1 test
            solo.clickOnMenuItem("Delete");
            //Note 1 test should not be found
            boolean noteFound = solo.searchText("Note 1 test");
            //Assert that Note 1 test is not found
            assertFalse("Note 1 test is found", noteFound);
            solo.clickLongOnText("Note 2");
            //Clicks on Delete in the context menu
            solo.clickOnText("Delete");
            //Will wait 100 milliseconds for the text: "Note 2"
            noteFound = solo.waitForText("Note 2", 1, 100);
            //Assert that Note 2 is not found
            assertFalse("Note 2 is found", noteFound);
    }
}
```

7. Robotium 测试用例代码解析

下面分析 Robotium 测试用例的设计代码。

```
/*
 * This is an example test project created in Eclipse to test NotePad which is a sample
 * project located in AndroidSDK/samples/android-11/NotePad
 *
 *
 * You can run these test cases either on the emulator or on device. Right click
 * the test project and select Run As --> Run As Android JUnit Test
 *
 * @author Renas Reda, renas.reda@robotium.com
 *
 */
```

上面的内容是一段注释信息，它包含了这个测试用例项目的背景信息和如何来运行这个测试项目以及作者的姓名、联系方式，在稍后的讲解过程中将介绍如何去运行这个测试项目。

```
package com.robotium.test;


import com.robotium.solo.Solo;
import com.example.android.notepad.NotesList;
```

```
import android.test.ActivityInstrumentationTestCase2;
```

上面这段代码主要引入了运行 Robotium 封装好的“com.robotium.solo.Solo”、被测试的“com.example.android.notepad.NotesList”和“ActivityInstrumentationTestCase2”测试框架。

```
public class NotePadTest extends ActivityInstrumentationTestCase2<NotesList>{

    private Solo solo;

    public NotePadTest() {
        super(NotesList.class);
    }

    @Override
    public void setUp() throws Exception {
        //setUp() is run before a test case is started.
        //This is where the solo object is created.
        solo = new Solo(getInstrumentation(), getActivity());
    }

    @Override
    public void tearDown() throws Exception {
        //tearDown() is run after a test case has finished.
        //finishOpenedActivities() will finish all the activities that have been opened
        //during the test execution.
        solo.finishOpenedActivities();
    }
```

上面的代码首先创建了一个“NotePadTest”类，它继承了“ActivityInstrumentationTestCase2”类，“ActivityInstrumentationTestCase2”泛型类的参数类型是 MainActivity，这就需要指定待测试应用的 MainActivity，这里待测试应用的 MainActivity 就是 NotesList，而且它只有一个构造函数，需要指定一个待测试的 MainActivity 才能创建测试用例；然后定义了一个私有的 Robotium Solo 类型的变量 solo。下面的代码是一个 NotePadTest 构造函数：

```
    public NotePadTest() {
        super(NotesList.class);
    }
```

构造函数需要指定一个待测试的 MainActivity 才能创建测试用例。

```
    public void setUp() throws Exception {
        //setUp() is run before a test case is started.
        //This is where the solo object is created.
```

```
        solo = new Solo(getInstrumentation(), getActivity());
    }

    @Override
    public void tearDown() throws Exception {
        //tearDown() is run after a test case has finished.
        //finishOpenedActivities() will finish all the activities that have been opened
        //during the test execution.
        solo.finishOpenedActivities();
    }
```

上面的代码中，setUp()函数是在运行测试用例之前做一些准备性工作；通常会通过调用 getInstrumentation()和 getActivity()函数来获取当前测试的仪表盘对象和待测应用启动的活动对象，并创建 Robotium 自动化测试机器人 Solo 实例；tearDown()函数是在测试用例运行完之后做的一些收尾性的工作；通过 finishOpenedActivities()能够关闭所有在测试用例执行期间打开的 Activity。

```
    public void testAddNote() throws Exception {
        //Unlock the lock screen
        solo.unlockScreen();
        solo.clickOnMenuItem("Add note");
        //Assert that NoteEditor activity is opened
        solo.assertCurrentActivity("Expected NoteEditor activity", "NoteEditor");
        //In text field 0, enter Note 1
        solo.enterText(0, "Note 1");
        solo.goBack();
        //Clicks on menu item
        solo.clickOnMenuItem("Add note");
        //In text field 0, type Note 2
        solo.typeText(0, "Note 2");
        //Go back to first activity
        solo.goBack();
        //Takes a screenshot and saves it in "/sdcard/Robotium-Screenshots/".
        solo.takeScreenshot();
        boolean notesFound = solo.searchText("Note 1") && solo.searchText("Note 2");
        //Assert that Note 1 & Note 2 are found
        assertTrue("Note 1 and/or Note 2 are not found", notesFound);
    }
```

上面的代码中，从 testAddNote()的函数名可以很清楚地知道，这是测试记事本信息添加的测试用例。下面逐行了解一下这些语句。

```
solo.unlockScreen();
```

“solo.unlockScreen();”是解锁屏幕，这种解锁只支持非安全类锁，也就是类似滑动解锁的操作，对于安全类锁(如支付宝)，这种手势锁则无效，那么如何解开手势锁呢？请参看后续的样例脚本章节内容。

```
solo.clickOnMenuItem("Add note");
```

“solo.clickOnMenuItem("Add note");”是点击菜单键按钮并选择“Add note”菜单项，如图 6-38 所示。

图 6-38　“Notes”Activity 添加便笺菜单

```
solo.assertCurrentActivity("Expected NoteEditor activity", "NoteEditor");
```

上面是一个断言语句，它的作用是判断点击了“Add note”菜单项以后，当前的 Activity 是否为“NoteEditor”。

```
solo.enterText(0, "Note 1");
        solo.goBack();
```

当点击“Add note”菜单项以后，将弹出一个文本输入框，如图 6-39 所示。“solo.enterText(0, "Note 1");”语句意思是在编辑框中输入“Note 1”。然后，点击返回键，这样，输入的“Note 1”就自动保存，并返回到“Notes”Activity，效果如图 6-40 所示。

```
//Clicks on menu item
solo.clickOnMenuItem("Add note");
//In text field 0, type Note 2
solo.typeText(0, "Note 2");
//Go back to first activity
solo.goBack();
```

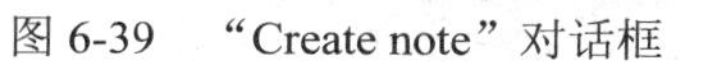
图 6-39 “Create note”对话框

图 6-40 输入“Note 1”便笺后的显示信息

上面代码实现了添加“Note 2”便笺并返回到“Notes”Activity 的目的。

```
//Takes a screenshot and saves it in "/sdcard/Robotium-Screenshots/".
solo.takeScreenshot();
boolean notesFound = solo.searchText("Note 1") && solo.searchText("Note 2");
//Assert that Note 1 & Note 2 are found
assertTrue("Note 1 and/or Note 2 are not found", notesFound);
```

上面的代码是截取当前屏幕，截屏后图片保存在“/sdcard/Robotium-Screenshots/”路径下，打开图片后，其显示信息如图 6-41 所示。因为文件中有一条“test”便笺，所以显示了 3 条便笺信息，否则应该仅有“Note 1”和“Note 2”便笺信息，然后判断在当前界面是否包含“Note 1”和“Note 2”并将这个结果交给布尔类型的“notesFound”变量，随后有一条断言语句。

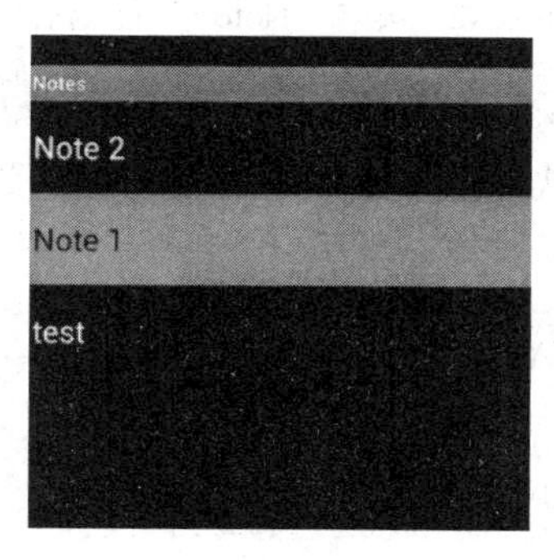

图 6-41 添加了“Note 1”和“Note 2”便笺后的显示信息

```
public void testEditNote() throws Exception {
    // Click on the second list line
```

```
            solo.clickInList(2);
            //Hides the soft keyboard
            solo.hideSoftKeyboard();
            // Change orientation of activity
            solo.setActivityOrientation(Solo.LANDSCAPE);
            // Change title
            solo.clickOnMenuItem("Edit title");
            //In first text field (0), add test
            solo.enterText(0, " test");
            solo.goBack();
            solo.setActivityOrientation(Solo.PORTRAIT);
            // (Regexp) case insensitive
            boolean noteFound = solo.waitForText("(?i).*?note 1 test");
            //Assert that Note 1 test is found
            assertTrue("Note 1 test is not found", noteFound);
    }
```

上面的代码中，testEditNote()函数是针对记事本的编辑功能而设计的测试用例。

```
            solo.clickInList(2);
```

上面的这条语句是用于点击列表的第 2 条信息，从图 6-42 中可以看出，应该点击的是“Note 1”，点击该条信息以后，将出现一个新的界面。

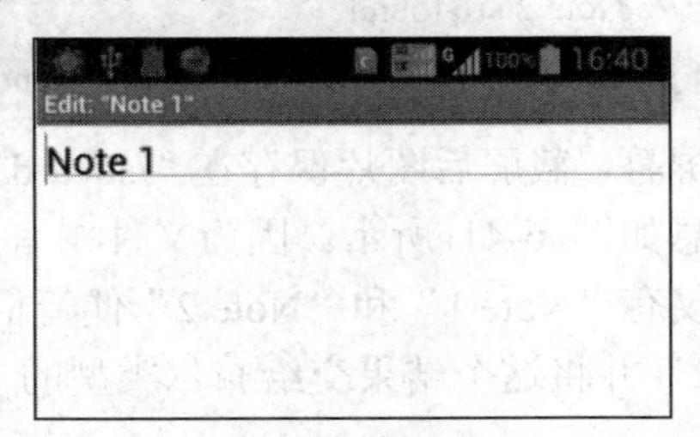

图 6-42 编辑“Note 1”便笺信息

```
    solo.hideSoftKeyboard();
```

上面的这条语句用于隐藏软键盘，隐藏软键盘的目的是防止由于输入法等原因导致输入内容与预期输入不一致的情况发生。

```
    solo.setActivityOrientation(Solo.LANDSCAPE);
```

上面的这条语句用于设置手机屏幕横向显示。

```
    solo.clickOnMenuItem("Edit title");
```

上面的这条语句用于点击菜单键按钮并选择“Edit title”菜单项。经过上面语句的应用，手机屏幕的显示如图 6-43 所示。

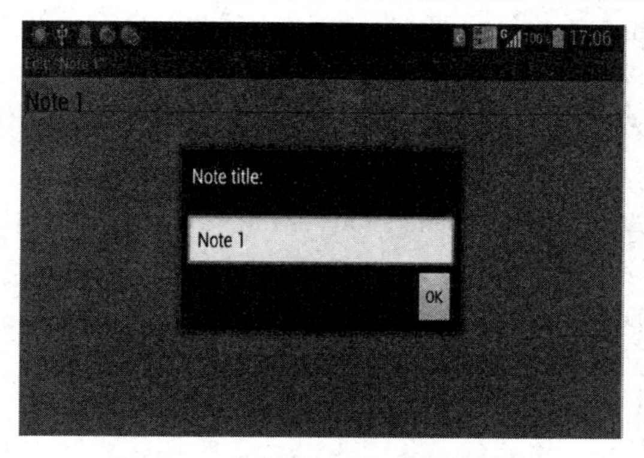

图 6-43　编辑“Note 1”便笺信息

```
solo.enterText(0, " test");
```

上面的语句是在弹出的修改便笺标题对话框的文本框输入“ test”，这样，文本框的便笺标题就变成了“Note 1 test”。

```
solo.goBack();
```

上面的语句是点击返回按键以后，返回到“Notes” Activity，“Note 1”标题变成“Note 1 test”，如图 6-44 所示。

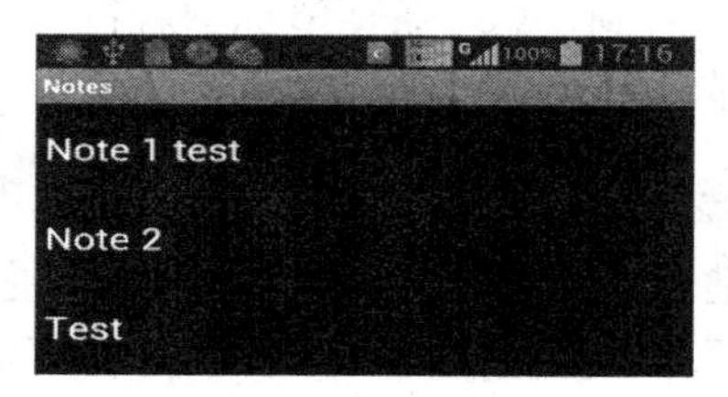

图 6-44　编辑“Note 1”完成后的显示信息

```
solo.setActivityOrientation(Solo.PORTRAIT);
```

上面的这条语句用于设置手机屏幕纵向显示。

```
boolean noteFound = solo.waitForText("(?i).*?note 1 test");
```

上面的语句是等待并查看当前的界面是否有匹配的文字，solo.waitForText()函数内是一个正则表达式，表示忽略大小写，查看便笺标题是否有匹配的“note 1 test”文字。从图 6-44 可以看到能够匹配到“Note 1 test”这个条目，所以 noteFound 的值为真(True)。

```
assertTrue("Note 1 test is not found", noteFound);
```

上面的语句为断言语句，因为“noteFound”为真，所以将不显示“Note 1 test is not found”信息。

```
public void testRemoveNote() throws Exception {
    //(Regexp) case insensitive/text that contains "test"
    solo.clickOnText("(?i).*?test.*");
    //Delete Note 1 test
```

```
        solo.clickOnMenuItem("Delete");
        //Note 1 test should not be found
        boolean noteFound = solo.searchText("Note 1 test");
        //Assert that Note 1 test is not found
        assertFalse("Note 1 test is found", noteFound);
        solo.clickLongOnText("Note 2");
        //Clicks on Delete in the context menu
        solo.clickOnText("Delete");
        //Will wait 100 milliseconds for the text: "Note 2"
        noteFound = solo.waitForText("Note 2", 1, 100);
        //Assert that Note 2 is not found
        assertFalse("Note 2 is found", noteFound);
    }
```

上面的代码中，testRemoveNote()函数是一个测试删除便笺的测试用例。

```
solo.clickOnText("(?i).*?test.*");
```

上面的语句是通过正则表达式来查找便笺标题中包含“test”文本的内容，“(?i)”表示忽略大小写。从图 6-44 中可以看到，第一条便笺标题就符合这个查找规则，所以找到该内容后执行点击文本操作，将显示图 6-45 所示信息。

```
solo.clickOnMenuItem("Delete");
```

上面的语句用于按菜单键，并从弹出的菜单中点击“Delete”菜单项，如图 6-46 所示。

删除标题为“Note 1 test”的便笺后，“Notes”Activity 的界面信息如图 6-47 所示。从便笺的列表中可以看到，只有“Note 2”和“Test”为标题的两条便笺。

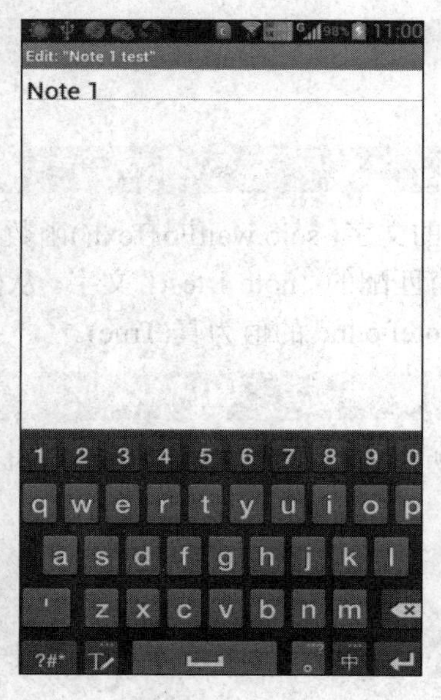

图 6-45　编辑“Note 1 test”便笺

图 6-46　编辑便笺时显示的相关信息

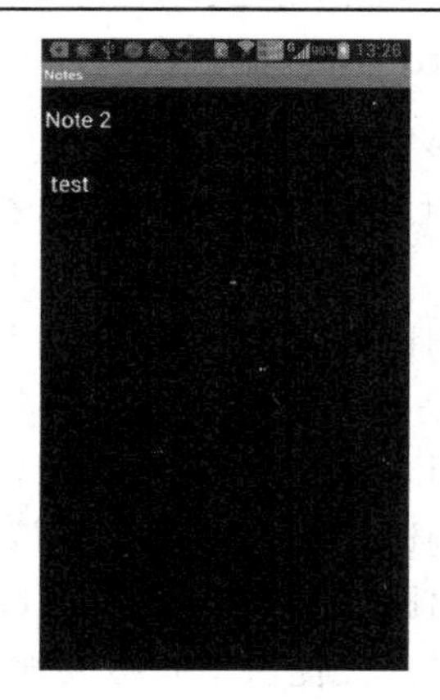

图 6-47　“Notes”Activity 相关界面信息

```
boolean noteFound = solo.searchText("Note 1 test");
assertFalse("Note 1 test is found", noteFound);
```

上面的两条语句用于查看以“Note 1 test”为标题的便笺是否真的被删除，因为“Note 1 test”已经被删除，所以找不到该内容，noteFound 为假(False)，所以 assertFalse()语句的“Note 1 test is found”信息将不被显示。

```
solo.clickLongOnText("Note 2");
```

上面这条语句是从当前界面上找到“Note 2”内容，并点击长按，记事本应用就会弹出一个快捷菜单，如图 6-48 所示。

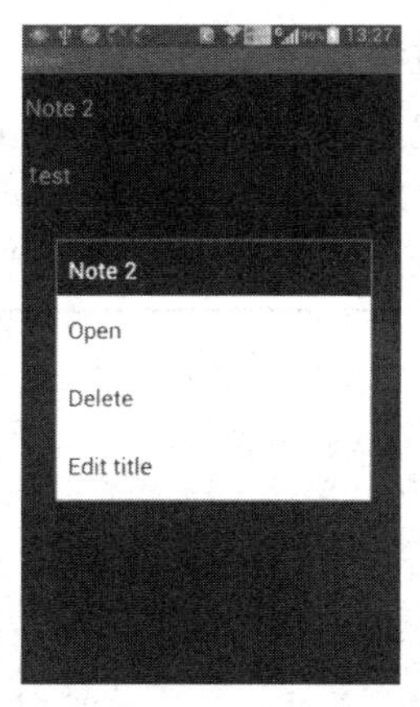

图 6-48　长按标题为“Notes 2”便笺弹出的快捷菜单信息

```
solo.clickOnText("Delete");
```

上面这条语句是在当前界面上包含有“Delete”文本内容的地方执行点击操作。

```
noteFound = solo.waitForText("Note 2", 1, 100);
assertFalse("Note 2 is found", noteFound);
```

上面的两条语句用于检查“Note 2”便笺是否真的被删除，因为“Note 2”这条便笺已经被删除，所以在界面上找不到，因此 noteFound 为假(False)，其后面的断言语句因为

noteFound 为假，而使用的是 assertFalse( )函数，所以“Note 2 is found”信息将不被显示。

8. 测试用例设计思路分析

前面对 Robotium 测试用例实现的源代码进行了分析。这个测试用例的设计值得借鉴和学习，这主要基于以下几点内容：

(1) 这个基于记事本应用的测试用例设计覆盖了记事本便笺信息添加、记事本便笺信息修改和记事本便笺删除的主要功能。测试人员平时在做功能测试时肯定也需要覆盖这些测试内容，所以这是测试用例设计的一个优点。

(2) 这个基于记事本应用的测试用例设计覆盖了基于不同用户的操作习惯而产生的基于相同功能的不同操作场景，如删除便笺，我们可以发现其既提供了按菜单键后点击“Delete”菜单项进行删除的方式，又提供了长按要删除的便笺，在弹出的快捷菜单选择“Delete”菜单项进行删除的方式，这也是该测试用例设计的一个优点。

(3) 这个基于记事本应用的测试用例设计能够保持手机的初始环境或原始环境，这对于测试来说很重要。如果每次操作都产生了一些遗留的测试数据，每次执行的环境都不一样，那么就无法保证测试结果的准确性。在该测试用例设计中，其操作是按照便笺添加、便笺编辑和便笺删除的操作顺序执行的，在执行测试用例之前在该便笺中添加了一个标题为“test”的便笺，尽管执行过程中同样涉及便笺的添加、修改和删除操作，但是都没有对该数据造成任何影响。用例执行完成后，除了“test”便笺以外，没有产生任何遗留测试数据，这样也就保持了原始的测试环境，所以这是一个很好的测试用例设计。

(4) 这个基于记事本应用的测试用例设计的代码注释也编写得很好，对于其他测试人员阅读、理解该测试用例设计大有裨益。

9. Robotium 测试用例执行过程

下面介绍如何调试或者运行已经编写完成的 Robotium 测试用例。

如果要调试或者运行当前的“NotePadTest.java”，可以选中该文件点击鼠标右键，在弹出的快捷菜单中点击“Run AS”>“Android JUnit Test”选项，如图 6-49 所示。

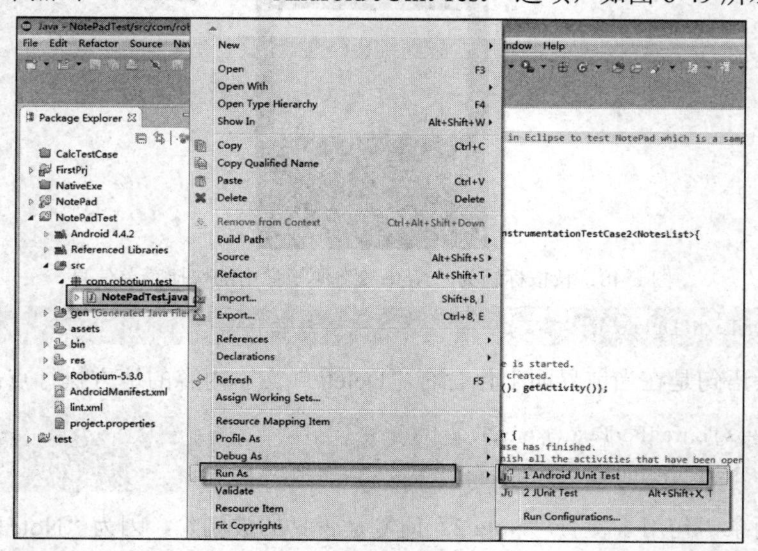

图 6-49　运行“NotePadTest.java”Robotium 测试用例设计源文件

在弹出的图 6-50 所示的“Android Device Chooser”对话框中，选择该测试用例运行的设备或者模拟器。在这里可以看到上方列出的是物理设备列表，而下方的列表是我们创建的所有的手机模拟器。

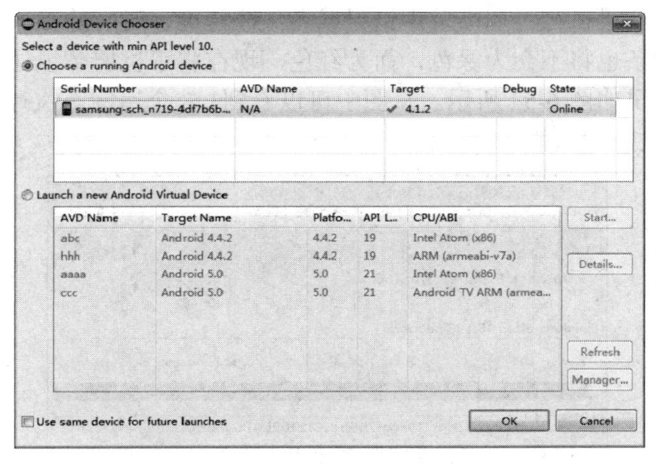

图 6-50　“Android Device Chooser”对话框

因为所有的延时都是基于手机设计，所以选中“samsung-sch_n719-4df7b6b...”，然后点击“OK”按钮。此后，发现 Eclipse 将会通过 JUnit 测试框架调用测试用例，测试用例按照“NotePadTest.java”里源代码的设计先后顺序执行，在设计用例的时候是按照先添加，再修改，最后删除的顺序来设计的，所以在 JUnit 里也是先执行 testAddNote，再执行 testEditNote，最后执行 testRemoveNote，如图 6-51 所示。测试执行过程中将会看到在 JUnit 中实时显示当前执行哪个测试用例(蓝色的三角所指示的用例，即为目前正在运行的用例)。当然，这个时候还会发现手机设备自动执行用例设计的内容。如果“NotePadTest.java”文件中所有设计的测试用例执行过程中没有发生任何异常，则用例执行全部通过，如图 6-51 所示。

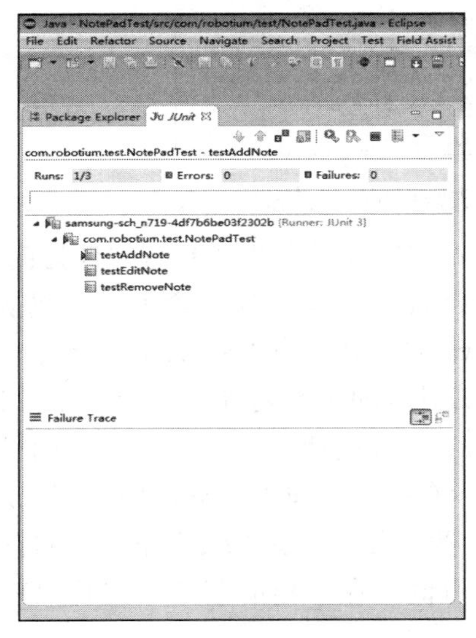

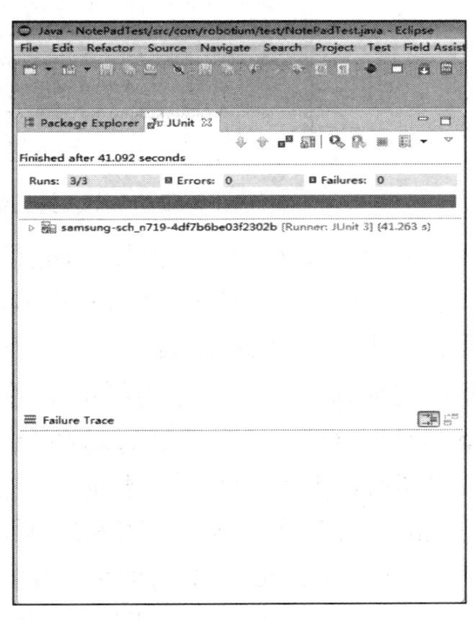

图 6-51　JUnit 测试用例执行相关信息

从图 6-51 可以看出，在手机设备上执行 3 个测试用例执行所耗费的时间是 41.263 s，添加、修该、删除便笺用例都已正确执行，所以界面显示“Runs：3/3”(也就表示执行了 3 个用例，因为失败和错误的值均为 0，所以也就说明 3 个用例都执行成功)，且其下方的执行条以绿色标示。如果执行过程中发生错误或者失败情况，对应的 Errors 和 Failures 将会有对应数值，执行条也将不会为绿色，而为红色。现在将手机屏幕锁住，造成 3 个用例执行失败，其执行结果如图 6-52 所示。从图中可以看到，3 个用例都执行失败了，在 Failure Trace 中显示执行失败的相关调试信息。

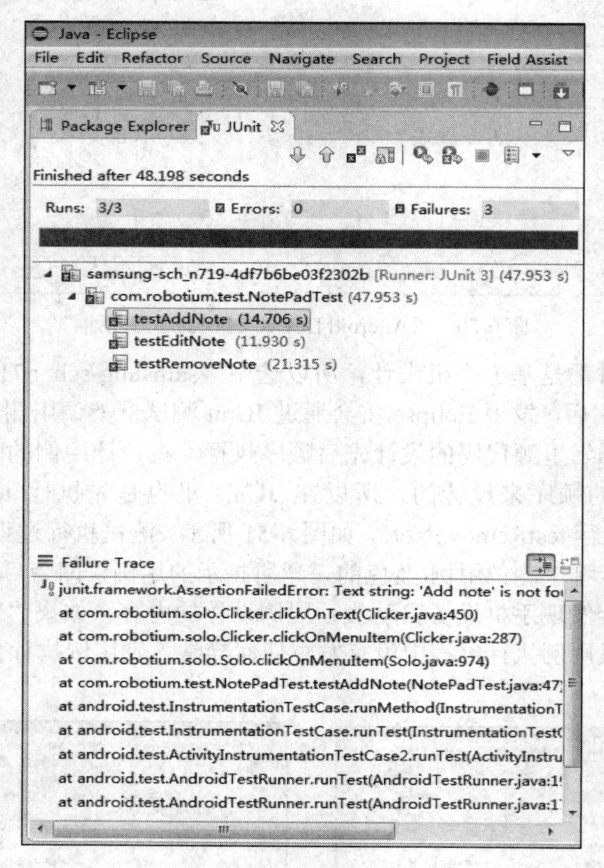

图 6-52　测试用例执行失败时的相关信息

如果有多个 Java 文件，如何批量运行它们呢？这里仅以有两个 Java 文件为例(如图 6-53 所示)，第一个 Java 文件名称为“NotePadAddTest.java”，该文件包含了添加便笺的测试用例，其函数名称为“testAddNote()”，第二个 Java 文件名称为“NotePadTest.java”，该文件包含了便笺标题编辑和便笺删除的测试用例，其对应的函数名称分别为“testEditNote()”和“testRemoveNote()”。如果要运行这两个 Java 文件的所有测试用例，有两种方式。第一种是选中“NotePadTest”项目，然后点击鼠标右键，在弹出的菜单中选择“Run AS”>“Android JUnit Test”菜单项，如图 6-54 所示。第二种是选中“src”下对应的包名(在本例中包名为“com.robotium.test”)，然后点击鼠标右键，在弹出的菜单中选择“Run AS”>“Android JUnit Test”菜单项，如图 6-55 所示。

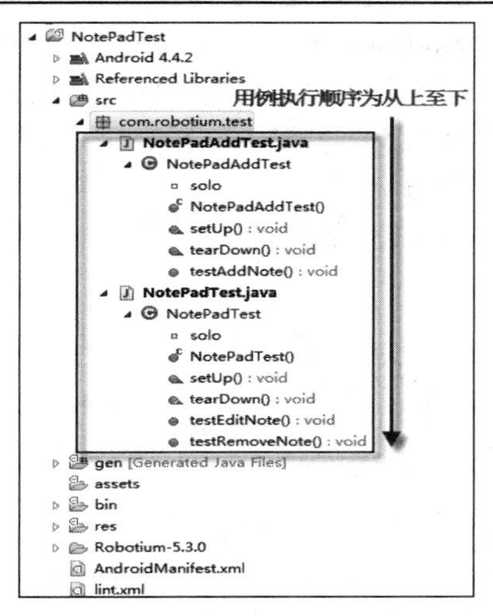

图 6-53　多个 Java 测试用例文件相关信息

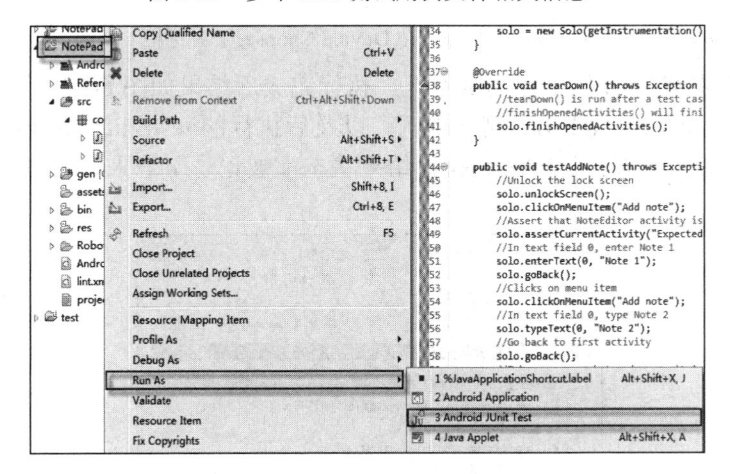

图 6-54　执行“NotePadTest”项目的所有测试用例(方式一)

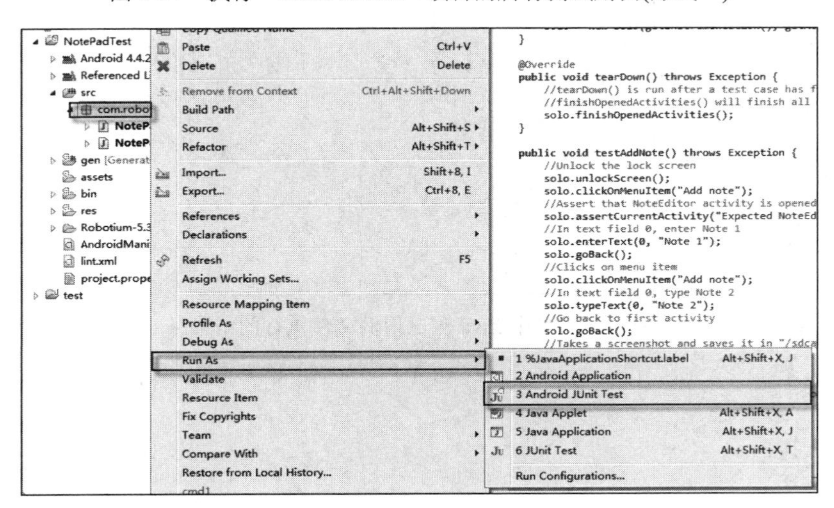

图 6-55　执行“NotePadTest”项目的所有测试用例(方式二)

在弹出的图 6-56 所示的“Android Device Chooser”对话框中，选择该测试用例运行的设备或者模拟器。在这里可以看到上面列出的是物理设备列表，也就是所使用的手机。

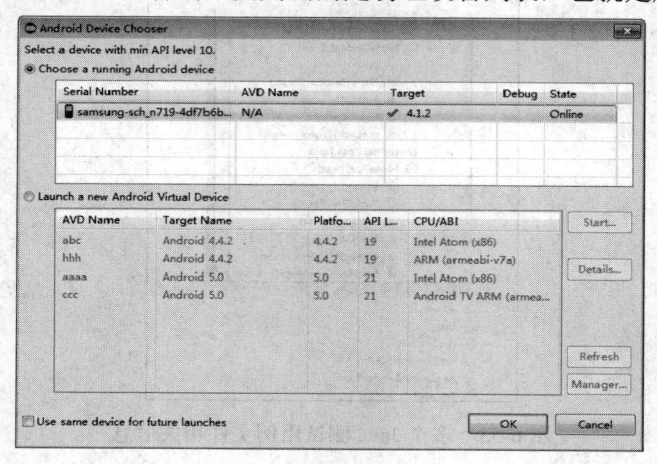

图 6-56 “Android Device Chooser”对话框

点击“OK”按钮，开始执行测试用例，执行完成后结果如图 6-57 所示。从图 6-57 中能清楚看到先执行的 testAddNote 测试用例，以及后执行的 testEditNote 和 testRemoveNote 测试用例，同时每个用例执行时间和执行结果状态都被记录了下来，这里 3 个测试用例的执行都是正确的。

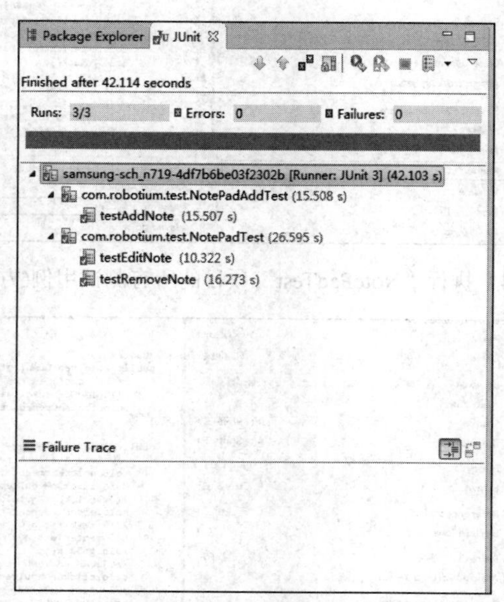

图 6-57 多个 Java 测试用例文件执行的结果

第七章　云测自动化测试平台

前面章节比较详细地介绍了移动端的一些自动化测试工具，如 MonkeyRunner、Robotium。除了这两款自动化测试工具以外，还有一些其他测试工具，如 UIAutomator，另外，还有跨 iOS 和 Android 的自动化测试工具 Appium 等，这里不再赘述。然而，前面所提到的移动端的自动化测试工具操作都比较烦琐，有没有更加简单易用的工具呢？这里推荐云测的 iTestin Pro 自动化工具。

7.1　云测试的概念

云测试(Cloud Testing)是基于云计算的一种新型测试方案。服务商提供多种浏览器的平台，一般用户在本地把自动化测试脚本编写好，然后上传到云测试网站，就可以在云平台上进行测试的执行。

目前 APP 测试遇到以下几个难点：

(1) 手机市场机型众多，测试能覆盖的机型极少。

(2) 手机分辨率从原来的 320 × 240 到 1920 × 1080，已经有多种不同的分辨率，而测试时需要想办法构造这些场景。

(3) 不同的 Android 版本可能存在差别，而测试时所用手机数量有限，模拟器也无法模拟那么多的版本。

(4) 对于软件占用手机资源的情况，没有一个比较好用的工具来进行统计。

(5) 软件用户体验的相关数据比较难以收集与评判。

(6) 对于软件代码级别的安全性漏洞，测试人员没有专业的检测工具，难以入手。

云测试将是未来移动测试的发展趋势。云测试目前可以说是移动云测试。服务提供商提供一个整合多种主流手机型号、分辨率及手机版本的平台，以这些内容为基础，通过一些自动化的工具(包括自主研发或修改的工具)对上传软件的各方面指标进行测试，并给出测试报告及详细错误信息作为分析依据。云测试作为一个资源平台，它所拥有的资源会逐渐增多，所以在测试方面的扩展性和完善性也会越来越高。

云测试同时也提供一整套测试环境，测试人员利用虚拟桌面等手段登录到该测试环境，就可以立即展开测试。这就将软硬件安装、环境配置、环境维护的代价转移给云测试提供者(公有云的经营者或私有云的维护团队)。利用现在的虚拟化技术，在测试人员指定硬件配置、软件栈(操作系统、中间件、工具软件)、网络拓扑后，创建一套新的测试环境只需几个小时。如果测试人员可以接受已创建的标准测试环境，那么他就可以立即登录使用，这样大大提高了测试人员的测试效率，为某些测试特定环节节省了大量时间。

目前云测试行业比较知名的企业是云测(Testin)。该云测平台为移动 APP 测试行业提供了公有云及私有云测试服务，涵盖了从 APP 研发初期到上线的几乎所有测试类型。云测服务将在未来几年成为云测试市场的标杆。

7.2　云测平台介绍

云测(Testin)成立于 2011 年，是全球首家推出基于真机测试实验室及自动化技术的“云测试(Cloud Testing)”服务。Testin 专注于面向全球范围内的移动互联网应用企业，提供“一站式测试服务”，服务内容从移动应用内测到功能测试、性能测试、兼容测试等质量服务，以及移动应用发布后的持续质量监控。Testin 主要提供私有云和公有云云测试服务。

7.2.1　云测私有云平台

私有云是指企业自己使用的云，它所有的服务不是供别人使用，而是供内部人员或分支机构使用。私有云的部署比较适合于有众多分支机构的大型企业或政府部门。随着这些大型企业数据中心的集中化，私有云将会成为他们部署 IT 系统的主流模式。

TestinPro 自动化测试私有云系统 V6.0 是一款由北京云测信息技术有限公司自主研发的、对 APP 进行自动化真机测试的私有云平台，可实现自动化功能测试、远程真机调测等多种客户专属云服务，并提供一个功能强大的脚本编写工具 iTestin Pro。TestinPro 自动化测试私有云系统 V6.0 通过方便、快捷的大规模任务分发，解决企业测试成本高、效率低等问题，为用户提供专业、易用、易维护的自动化测试系统。

7.2.2　TestinPro 私有云系统网络架构

TestinPro 自动化测试私有云系统 V6.0 分为集中式与分布式两种形式，具体如图 7-1 所示。

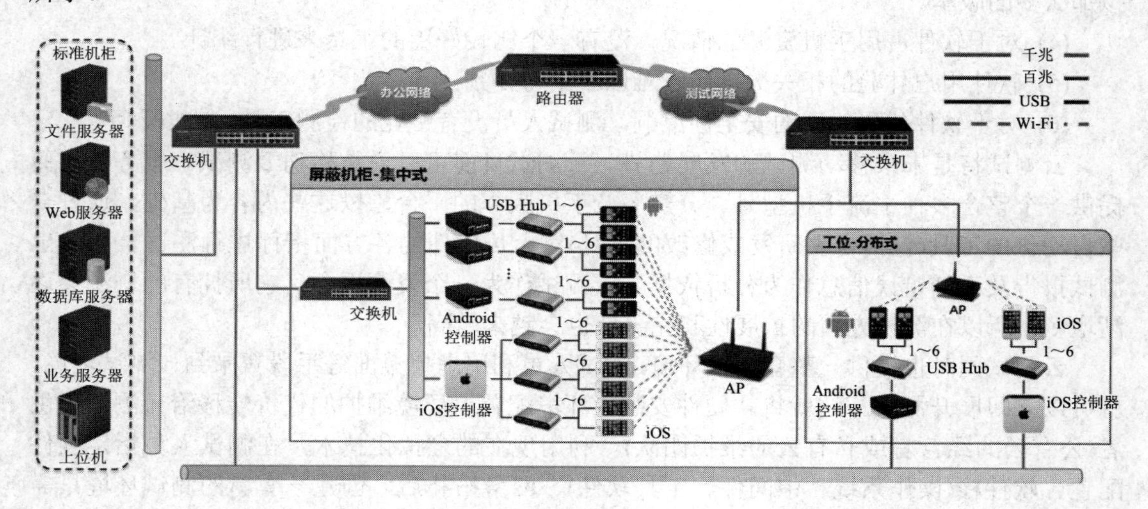

图 7-1　TestinPro 私有云系统网络架构

集中式是将移动端设备放置在屏蔽机柜中集中管理，用户可以通过 PC 端的私有云入口进行远程访问和测试，如图 7-2 所示。

图 7-2　Testin Pro 私有云系统集中式部署

分布式是将待测设备及相关测试环境设备放置在测试人员工位上实施测试工作，便于测试人员灵活执行，监控测试执行情况。

各个硬件设备的作用说明如下：

(1) 核心交换机：24 个端口及以上，千兆交换机，支持万兆或可进行端口捆绑，用于移动设备网络控制。

(2) 上位机接入交换机：24 个端口全千兆线速交换，上位机网络控制。

(3) AP：支持大量设备稳定接入。

(4) 上位机服务器：负责任务调度。

(5) iOS 控制器：控制 iOS 移动设备。

(6) Android 控制器：控制 Android 移动设备。

(7) 各类数据服务器：私有云的核心服务部署地。

7.2.3　TestinPro 私有云系统业务架构

TestinPro 自动化测试私有云系统 V6.0 由三种不同的管理权限组成：普通用户、管理员、超级管理员。其中普通用户由“私有云入口”进入，管理员及超级管理员由“私有云管理平台入口”进入，如图 7-3 所示。

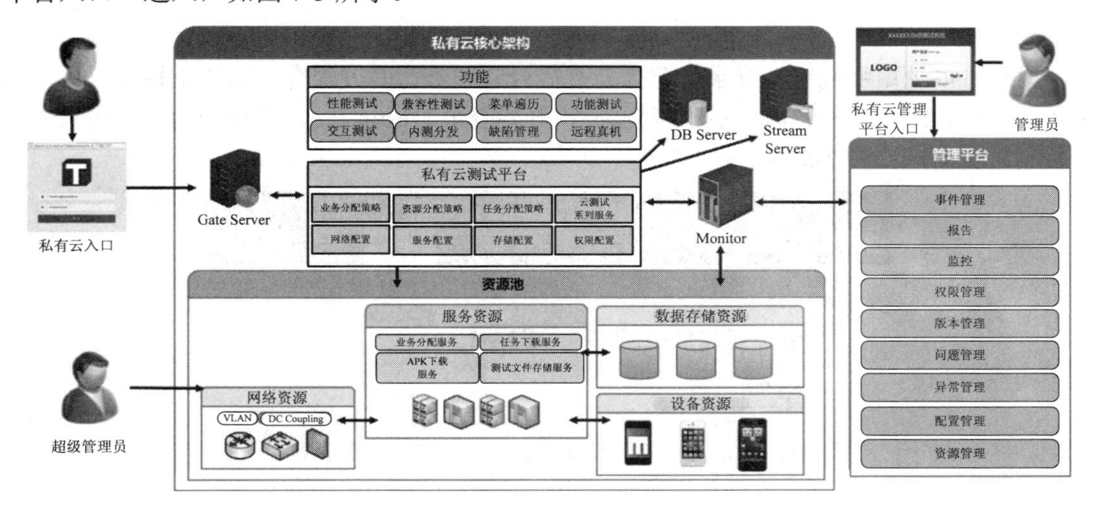

图 7-3　TestinPro 私有云系统业务架构

7.3　iTestin Pro 自动化脚本录制工具

iTestin Pro 是私有云测的客户端，是私有云测的重要组成部分，包括录制脚本、回放脚本和上传脚本至云端等功能。其具有如下一些特点：

(1) 强大的跨平台能力。录制好的脚本可以在不同分辨率、不同版本的安卓或苹果设备上执行。

(2) 支持控件识别、图像识别和坐标识别三种方式，可以满足不同的应用场景。

(3) 既适用于普通应用，又适用于游戏应用。

(4) 支持 Mac 版本和 Windows 版本。

7.3.1　iTestin Pro 登录设置

成功安装 iTestin Pro 后，启动 iTestin Pro 时，进入登录界面，如图 7-4 所示。

图 7-4　iTestin Pro 登录界面

用户可以使用账号密码登录，前提是有后台管理员为其分配客户端登录权限。用户需在登录页面输入账号和密码，点击“登录”，开始登录 iTestin Pro。登录成功后，进入“脚本录制”页面，如图 7-5 所示。

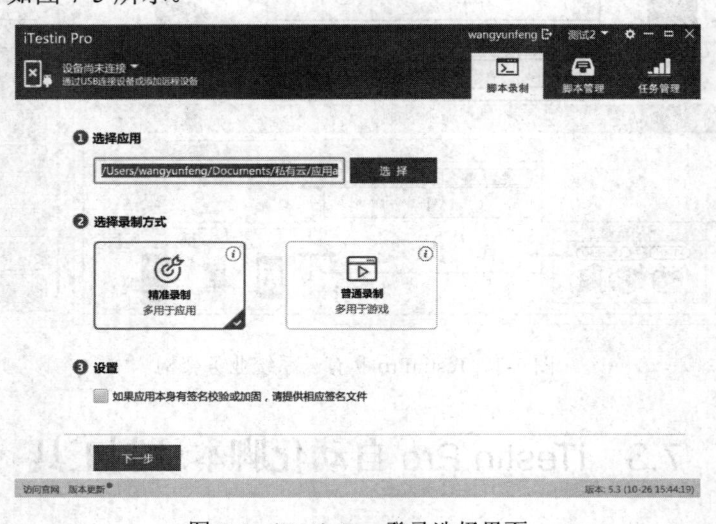

图 7-5　iTestin Pro 登录选择界面

用户权限按项目组划分，不同项目组下的应用以及脚本可能会有所不同，项目双击可切换，如图 7-6 所示。

用户除了登录账号外，还必须连接移动设备，才能使用录制功能。移动设备可以是本地设备或远程设备。

本地设备连接方法：手机上需要打开“开发人员选项”中的“USB 调试”，手机和 PC 之间用 USB 线连接(4.2.2 以上的手机，第一次连接 PC 时，会弹出提示“允许 USB 调试”，请选中“始终允许该 PC”然后点确定)，如图 7-7 所示。

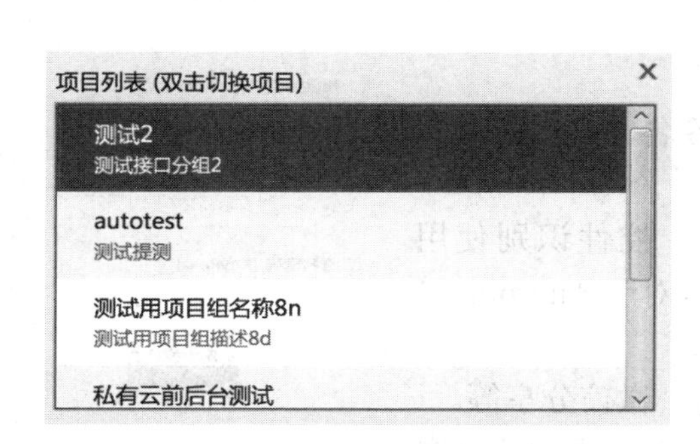

图 7-6　项目组选择界面

图 7-7　手机 USB 调试界面

远程设备连接方法：点击首页左上角设备区域，点击“远程连接”，输入远程设备的地址和端口，点击“连接”，连接过程中由于网络原因可能需要等待时间，连接成功后，界面右侧会出现绿色圆点。如果不需要设备也可以断开，该设备便从设备列表中消失。用户可以在弹框界面中查看手机连接状态，红色圆点表示手机未连接成功，绿色圆点表示手机连接成功。

7.3.2　录制脚本

1. 脚本录制前准备

用户登录客户端，连接设备后，还需做以下准备工作：

(1) 上传被测的应用程序(被测程序是指本地电脑上以扩展名 .apk 结尾的安卓和以/.ipa 结尾的 iOS 的应用程序包文件，而不是手机上已经安装好的应用程序)。

(2) 选择精准录制或普通录制。

精准录制是提供基于 Robotium 和 UIAutomator 的控件识别(支持 WebView 中的 Web 控件识别)、图像识别和坐标轨迹三种录制模式。

① 控件识别是指客户端自动识别出用户操作应用过程中用到的控件，并自动生成对应的脚本步骤，如点击按钮，向文本框中输入内容等操作。

② 图像识别是指当某个界面元素无法用控件识别出来时，客户端可以通过取元素的样图，并记录用户的操作类型的方式来实现步骤的录制；在回放时使用样图和当前设备的屏幕截图进行对比分析，识别出操作元素所在位置，并执行相应的操作。

③ 坐标轨迹是指客户端通过相对坐标的形式录制用户在屏幕上的操作，可保留操作的快慢和精准的轨迹，并做回放。

精准录制的特点如下：

① 控件识别率比普通录制更高，多用于应用的录制。Android 应用的控件识别使用 Robotium 框架，iOS 应用的控件识别使用 UIAutomation 框架。

② 需要被测应用与测试包签名一致。如果用户未提供签名文件，客户端会使用默认签名文件对被测应用进行重新签名。建议最好提供自己的签名文件，因为如果应用是在签名加固的情况下，使用默认签名对应用进行重新签名可能会导致应用的功能异常。

③ 支持跨应用的录制，如可以通过微博、微信分享等。

普通录制是提供基于 UIAutomator 的控件识别、图像识别和坐标轨迹三种录制模式。

普通录制的特点如下：

① 普通录制过程中不对应用进行重新签名，多用于游戏的录制。

② 控件识别率比精准录制时小一些。控件识别使用 UIAutomator 框架，支持 Android 4.1 以上设备，对于 Android 4.1 以下设备，图像识别与坐标轨迹依然可使用。

③ 支持跨应用的录制，如可以通过微博、微信分享等。

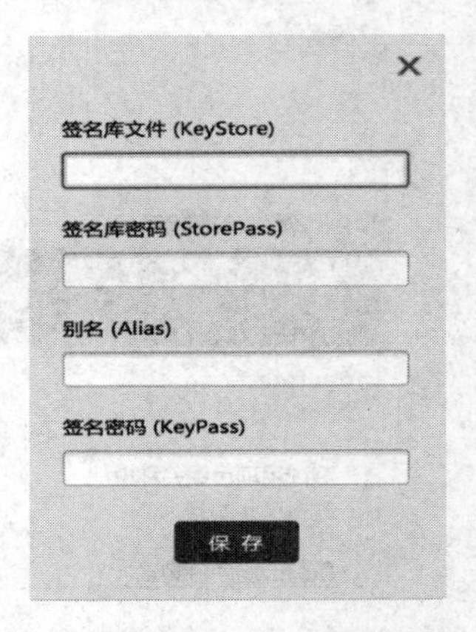

图 7-8 签名文件添加界面

(3) 如果应用需要提供签名信息，应在设置中添加签名文件等信息(如图 7-8)所示。

(4) 点击“保存”，进入到录制主页面，同时意味着录制前的准备工作完毕。

2. 脚本录制主页面介绍

脚本录制主页面的结构与按钮如图 7-9 所示。

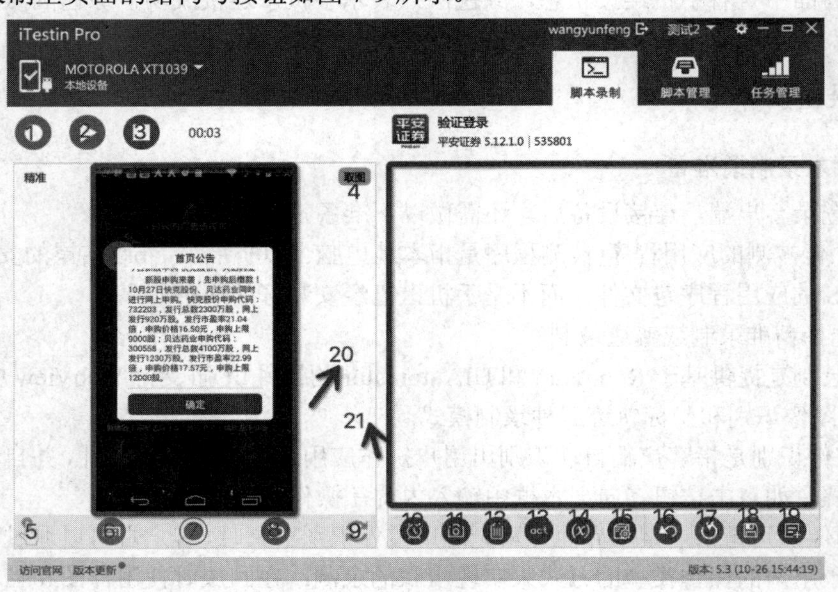

图 7-9 iTestin Pro 说明界面

脚本录制主页面按钮和结构的功能如下：

1—启用录制；

2—回放脚本；

3—停止录制；

4—取图(使用图像识别之前，需先用取图的方式框出被识别的区域)；

5—手机端录制的开关(关闭时，操作手机界面不会生成脚本步骤，最新版本中此功能是默认关闭的)；

6—模拟手机的菜单键；

7—模拟手机的 Home 键；

8—模拟手机的返回键；

9—精准模式下自动获取控件的开关(默认是自动模式；在一些特殊场景，如带 WebView 的界面，有时需要使用手动模式；录制过程中可以在两种控件获取模式间切换；自动模式下，映射屏会时时更新界面；切换成手动模式时，需要点击空格才会取图)；

10—向脚本中插入等待时间；

11—向脚本中插入截屏；

12—删除脚本步骤(支持选中批量删除、Shift 连选删除和 Command 非连选批量删除)；

13—插入某一个控件的点击、双击、if 循环逻辑等(如果用户在录制过程中忘记添加某一控件的动作，这个功能是最佳的补救方式，见图 7-10)；

14—自定义全局变量；

15—控件管理；

16—撤销；

17—恢复；

18—保存(只有在编辑了步骤之后，此按钮才可用)；

19—新建脚本(不重启应用的情况下，新建脚本)；

20—映射屏(可直接用鼠标在上面操作，效果比直接操作手机界面好，映射屏外面为绿色表示当前界面映射完毕，黄色表示还在加载中)；

21—脚本步骤区域(配合鼠标右键和脚本步骤区域下方的按钮，可随时编辑)。

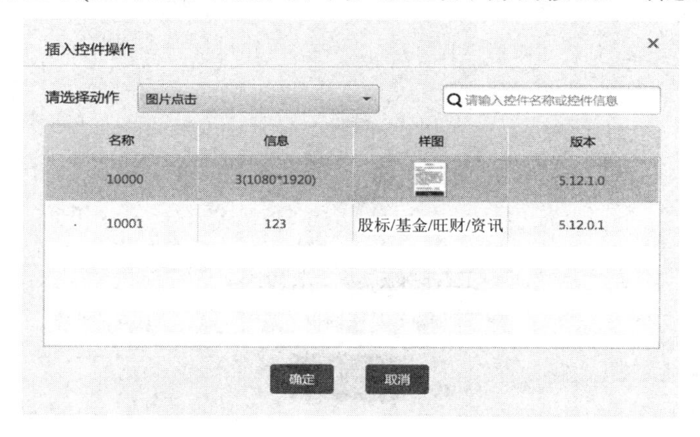

图 7-10 插入控件界面

3．录制第一条自动化脚本

点击启用录制按钮之后，弹出输入脚本描述与标签的对话框，以及是否“清除数据”“自动截屏”和“安装卸载应用”。脚本描述、标签等说明如图 7-11 所示。全部填写和选择完毕后，点击“确定”按钮，开始录制脚本，如果不想填写，则选择“取消”，如图 7-12 所示。

脚本描述：必填项，建议填写有代表性且(或)与脚本内容相符的描述，便于以后脚本管理。

标签：非必填项，可从已有标签列表中双击选择，也可点击添加。

清除数据：在开始录制前，会清除此应用的所有数据，确保一个干净的测试环境。

自动截屏：在每次进行操作后自动截屏，记录当时场景。

安装卸载应用：不勾选，手机里没有安装应用的情况下，会自动安装，如果已经安装，则直接使用；勾选，会将手机里现有的应用卸载，再重新安装。录制结束后，会卸载该应用。

图 7-11　脚本录制前准备

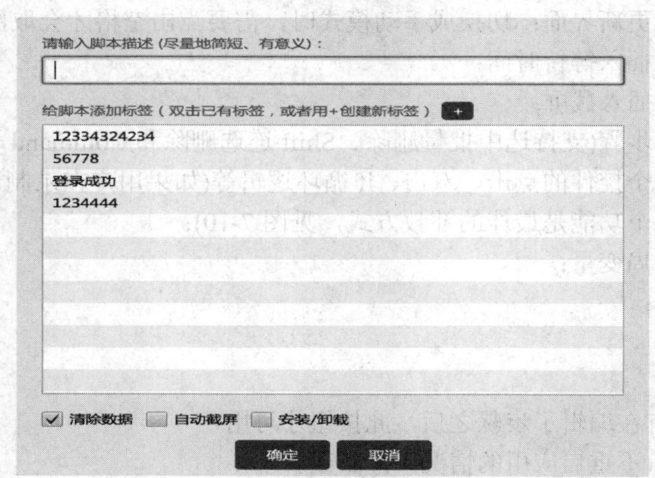

图 7-12　脚本名称输入界面

点击“确定”后，iTestin 会将应用程序进行重新签名，然后安装到手机上。另外，会准备一个录制框架程序包，也一并安装到手机上，如图 7-13 所示。

图 7-13　安装脚本集界面

安装完成后，录制过程就真正开始了，计时器开始计时，可以在脚本录制界面左侧映射屏直接操作应用，相应的操作步骤会被记录到右边的步骤列表中。

控件识别的录制方式是通过界面上左边的映射屏进行录制。鼠标在模拟器上移动，可以看到有一些实线红框出现，在选中的控件上右击鼠标，会出现适用于当前选中控件的操作菜单。操作步骤会被记录到右边的步骤列表中。

录制可以随时停止。点击停止按钮“■”即可，脚本会被自动保存。这样，第一条自动化脚本就录制完成了，可以点击回放按钮进行回放查看。

4．精准录制的命令介绍

1) 组件右键命令

在映射屏上，鼠标右键的指令如下：

(1) 点击：对所选中的控件执行单击操作(也可使用鼠标左键直接单击)。

(2) 双击：对所选中的控件执行双击操作(也可使用鼠标左键直接双击)。

(3) 长按：对所选中的控件执行长按操作(也可使用鼠标左键完成，默认是长按 2 s，时间可修改)。

(4) 上滑：对所选中的控件执行向上滚动操作(一般用于整个页面)。

(5) 下滑：对所选中的控件执行向下滚动操作(一般用于整个页面)。

(6) 左滑：对所选中的控件执行向左滑屏操作(一般用于整个页面)。

(7) 右滑：对所选中的控件执行向右滑屏操作(一般用于整个页面)。

(8) 勾选/取消勾选：针对复选框类型控件的操作(对于非复选框类型控件，指令是置灰状态)。

(9) 文本：针对输入框类型控件的操作，在映射屏上高亮输入控件(一定不要点击输入框)，点击鼠标右键，选择文本类型，会弹出相应窗口，用于输入想要的内容(对于非输入框类型控件，指令是置灰状态)。支持多行输入(比如测试发送建议)；支持是否清除输入框的内容，如图 7-14 所示。

(10) 账号：操作同文本，但是需要注意两点。第一，如果想要支持多用户登录(本地任务可以参数化)的话，必须选择这个指令；第二，工具本身不会自动判断输入框的作用，所以如果确定要输入账号，就必须自己选择该指令，而不能是文本，如图 7-15 所示。

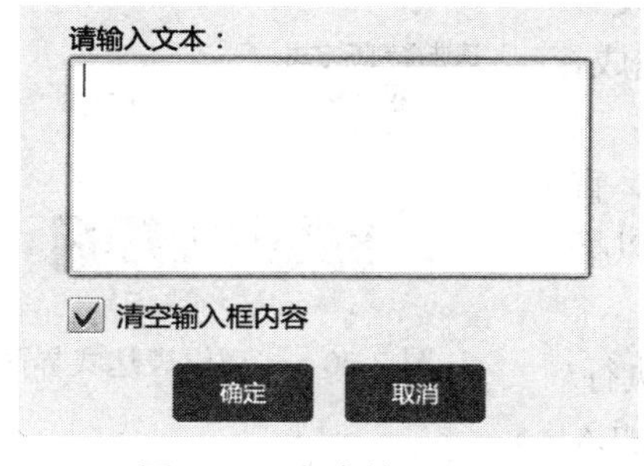

图 7-14　文本输入界面

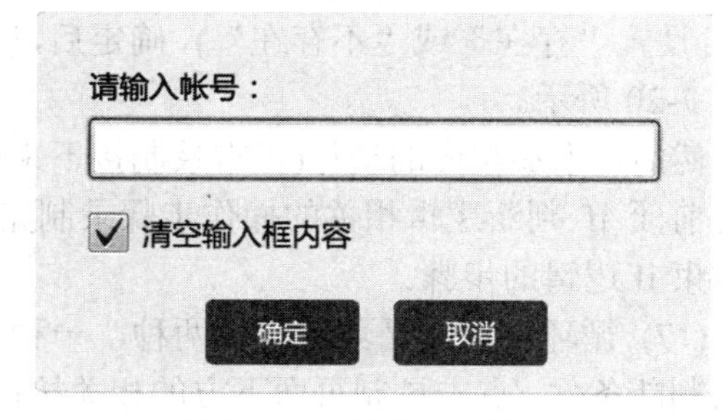

图 7-15　账号输入界面

(11) 密码：操作同文本、账号，如图 7-16 所示。

(12) 随机文本：由工具自动随机输入内容，用户可以自定义内容的长度，如图 7-17 所示。

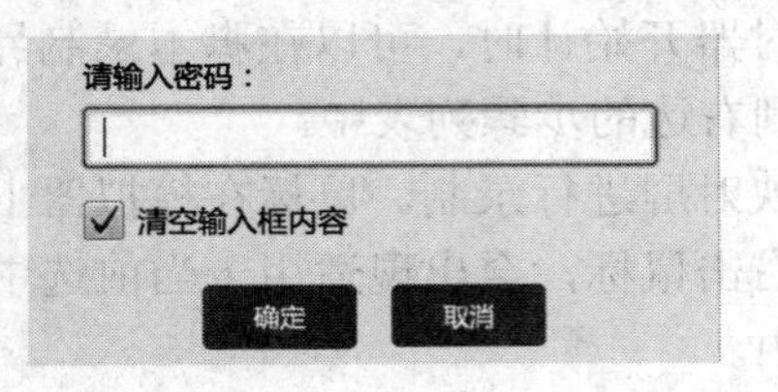

图 7-16　密码输入界面

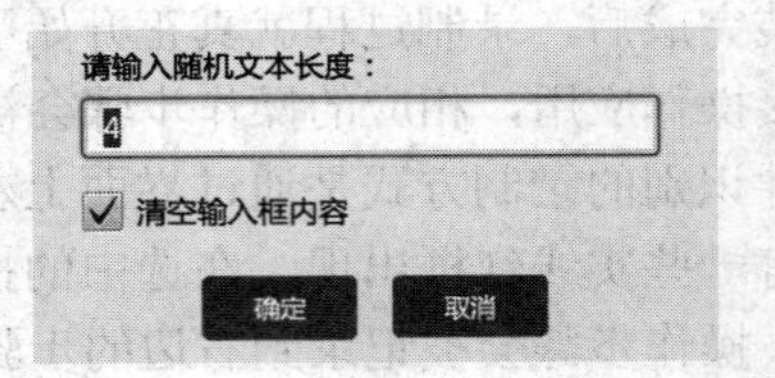

图 7-17　随机文本长度界面

(13) 随机数字：由工具自动随机输入只包含数字的内容，用户可以自定义内容的长度，如图 7-18 所示。

(14) 打字：此指令比较特殊，其输入的方式是一个一个输入(就像打字一样)，而不是一下全部输入。录制过程中发现如果用“文本”方式输入时，程序界面看起来已经完成了输入，但实际上值并没有被带到下一个操作中。如果有这种情况的话，可以考虑用打字方式试试。有些银行客户端存在此类问题。打字方式支持多行输入(比如测试发送建议)，如图 7-19 所示。

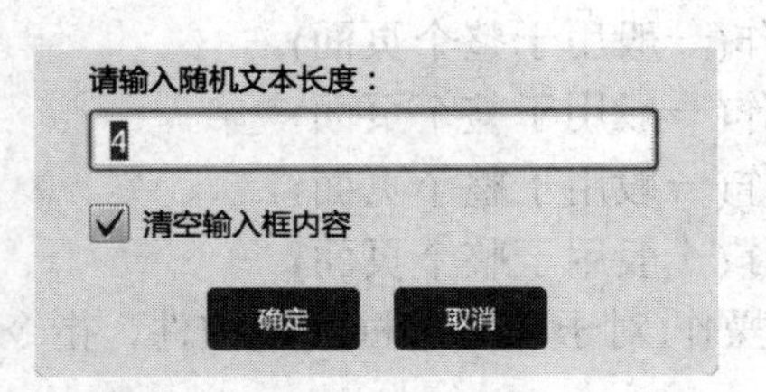

图 7-18　随机数字长度界面

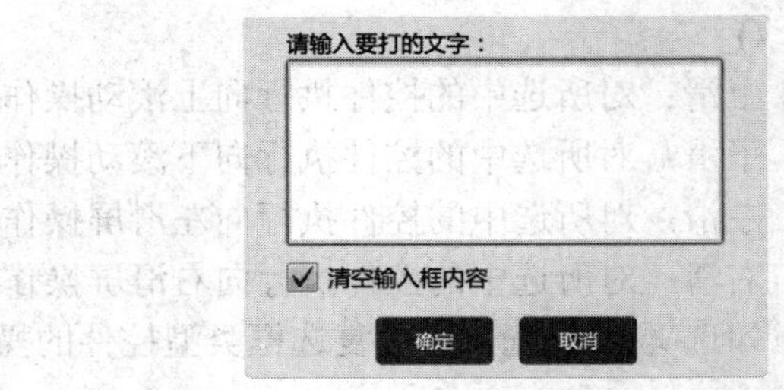

图 7-19　文字输入界面

(15) 断言：通过高亮控件来断言，会有两种效果，即直接断言控件里面的文字，或者是控件本身(这取决于工具本身获取到的值)。断言的含义是“存在”，断言了“进入应用”，程序会在当前页面寻找“进入应用”。如果找到了，脚本就会往下执行；如果没找到，脚本就失败了。

(16) if 逻辑：if 逻辑与代码中 if 逻辑一样，即在符合某种条件的情况下，执行一段代码。

高亮需要执行 if 逻辑的控件，点击后，弹出 if 设置框(可设置“存在”或“不存在”)，确定后，if 设置完成，如图 7-20 所示。

图 7-20　if 逻辑表达式界面

然后，添加相应的动作(正常录制接下来的操作)，直到与前面 if 判断逻辑相关的操作步骤录制完成，可以插入结束 if 逻辑的步骤。

(17) 循环逻辑：循环逻辑分两种，一种是不带执行/结束判断条件，点击录制页面下方的相关按钮，中间加入想要的操作，最后加上结束命令。另外一种是带执行/结束判断条件，先高亮控件，鼠标右键指令列表的最下方。该功能不支持嵌套使用。

(18) 变量赋值：新建变量的方式之一，典型使用场景：转账过程中的余额。

(19) 变量：将某一变量的值输入到输入框中。

(20) 输入短信验证码：如注册时，需要填写短信验证码，则需要应用这个功能。短信验证码设置需要填写图 7-21 所示信息。

根据接收到的短信如“验证码 123456 此验证码当日有效”，输入开始字符“验证码”、结束字符“此验证码”、短信的发送人号码及超时时间。

(21) 键盘：如果测试的是电视盒子，这个功能则非常有用，相当于遥控器，如图 7-22 所示。

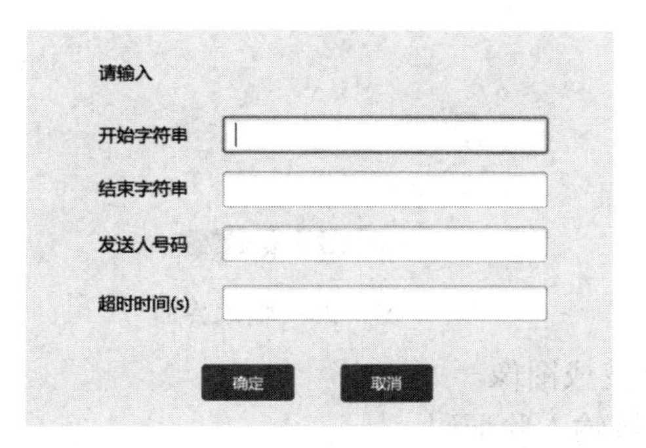

图 7-21　短信验证码设置界面

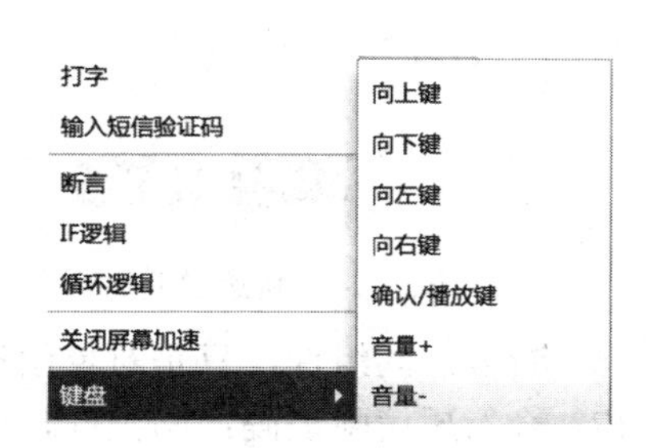

图 7-22　键盘列表

2) 图像右键命令

若要使用此类命令，则先点击映射屏右上角的“取图”或者是按住键盘 Ctrl 键，同时操作鼠标左键，框住要点击的区域(会显示一个红色的框)，区域选好后就可以放开 Ctrl 键，然后在选中区域内点击鼠标右键，会显示操作方式列表，比如单击、双击等右键菜单。图像右键命令如下：

(1) 点击：在获取的图像内，自定义点击的位置(默认是中心位置)，对于控件比较小或者密集的界面非常适用，如图 7-23 所示。若账号输入框和密码离得很近，那么直接取大图，然后设定要点击的位置，可解决控件较小、较密的问题。点击、双击、长按均可如此。可双击步骤，随时修改。

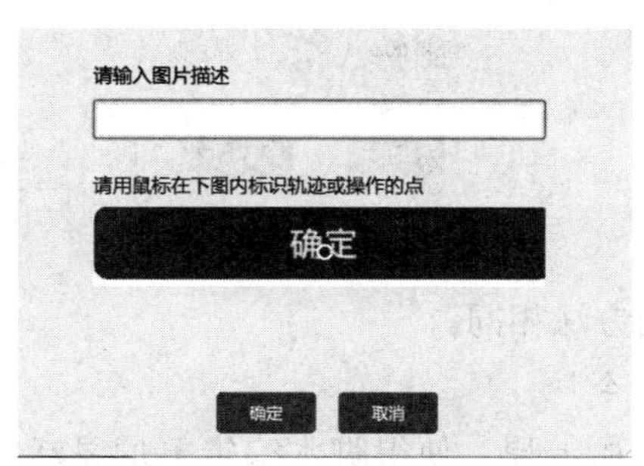

图 7-23　点击图片界面

(2) 长按：对所选中的区域执行长按操作(默认是长按 2 s，时间可修改)。

(3) 双击：对所选中的区域执行双击操作。

(4) 轨迹：对所选中的区域执行所规定的路线，可以是任意曲线，如图 7-24 所示。

(5) 输入：取图后，选择输入，完成输入内容、输入类型、要输入的地方(确定红点位于输入框内)和确认方式，确定后，会自动完成输入。该功能支持多行输入，支持输入前选择是否清除数据，如图 7-25 所示。

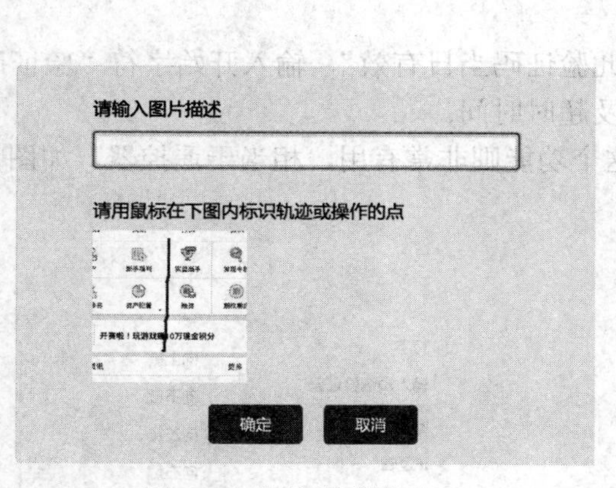

图 7-24　轨迹说明界面

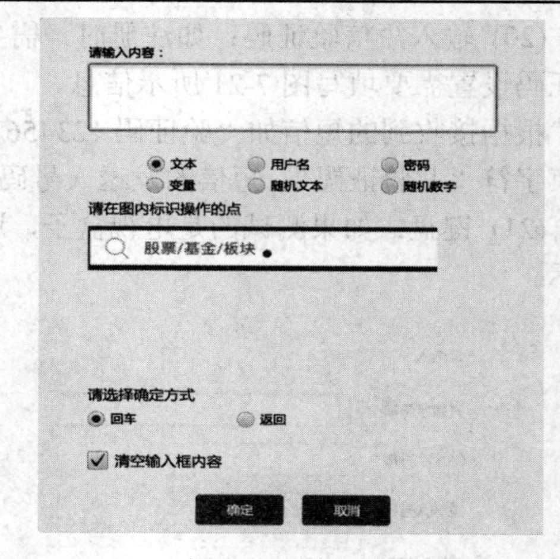

图 7-25　输入界面

(6) 断言：同组件，只是对象由控件/文字变成图像。

(7) 输入短信验证码：同控件，向取图区域输入验证码。

(8) if 逻辑：同组件，只是对象由控件/文字变成图像。

(9) 循环逻辑：设置执行条件，包括执行次数，启动循环执行的标准等，如图 7-26 所示。

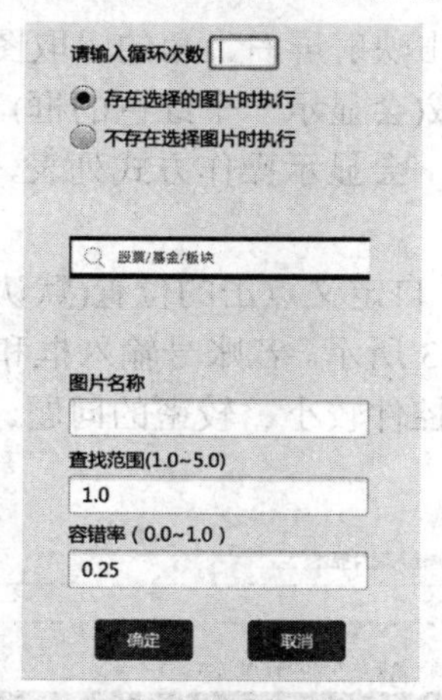

图 7-26　循环逻辑设置界面

(10) 键盘：与控件使用方法相同。

3) *步骤列表右键菜单命令*

用户可在非录制状态添加步骤，使得脚本编辑更加灵活，步骤列表的右键菜单(见图 7-27)如下：

(1) 插入等待：向脚本中插入等待时间。

(2) 插入截屏：向脚本中插入截屏。

(3) 插入控件操作：即插入某一个控件的点击、双击、if 循环逻辑等，这样，如果用户录制过程中忘记添加某一控件的动作，这个功能是最佳的补救方式。

(4) 调用脚本：在当前脚本中引用其他脚本，这样可以编写一些像登录这样的公共脚本，以供其他脚本调用，有效减少了编写脚本工作量，增加了脚本的复用性，如图 7-28 所示。

插入等待
插入截屏
插入控件操作
调用脚本
循环开始
循环开始(表达式)
循环结束
IF文本逻辑
IF表达式逻辑
IF结束
web接口请求
日期变量赋值
表达式赋值
断言表达式
点击控件序列
控件监听
取消监听
monkey测试
步骤描述
点击文本
点击变量文本
断言文本
删除
加入到控件集
一键优化sleep
手动步骤
设置/取消断点　双击序号区域
继续执行

图 7-27　步骤列表右键菜单

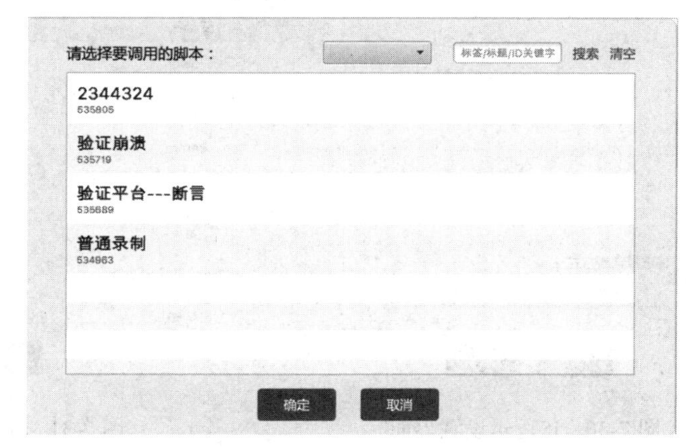

图 7-28　脚本调用设置界面

(5) 循环开始：添加循环开始标志，且是一种无条件的循环，只需输入循环次数即可。

(6) 循环结束：与循环开始相呼应，每个循环都必须有开始和结束。

(7) 循环开始(表达式)：属于有条件循环的一种，即满足某一表达式为真时，执行循环体的脚本步骤，如图 7-29 所示，变量列表仅供参考。

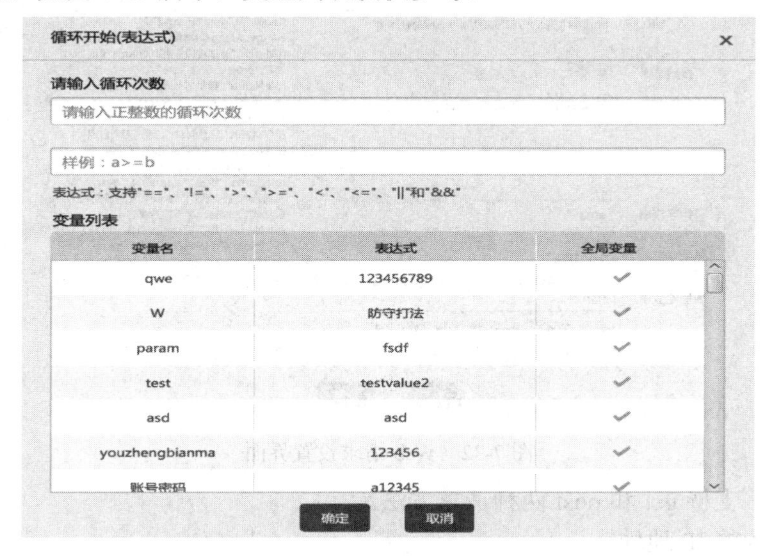

图 7-29　循环表达式设置界面

(8) if 文本逻辑：此指令是针对界面上的文本而设置的，不用取控件，录制中或者离线编辑中都可以使用。高亮某一个步骤，利用鼠标右键选择此指令，会弹出图 7-30 所示界面。

(9) if 表达式逻辑：即判断条件不再是某一个控件或者文本，而是一个表达式，即满足某一个表达式为真时，执行对应的脚本，如图 7-31 所示。

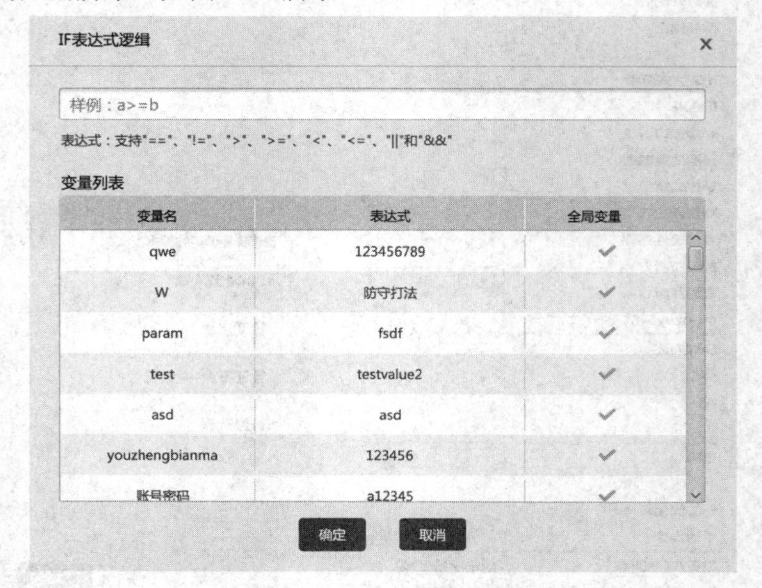

图 7-30 if 逻辑设置界面　　　　图 7-31 if 表达式设置界面

(10) Web 接口请求：用户可以根据接口地址和参数，得到接口返回信息，既可以自定义截取返回信息，也可以赋值给变量，便于执行任务时参数化，如图 7-32 所示。

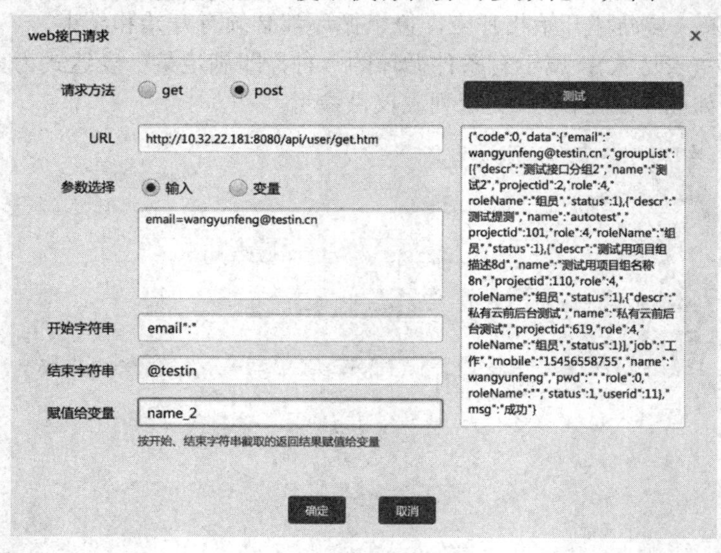

图 7-32 Web 请求设置界面

请求方法：支持 get 和 post 两种请求方法。

URL：接入的 IP 地址。

参数选择：提供直接输入参数和来自变量两种方式。来自变量，即参数取变量的值。

测试：用来测试输入 URL 与参数是否正确，并将返回信息显示出来。

开始字符串：截取信息的开始字符串，用法与获取短信验证相同。

结束字符串：截取信息的结束字符串，用法与获取短信验证相同。

赋值给变量：将截取信息赋值给变量，这样可以用作输入变量，或用于表达式断言等使用场景。

(11) 日期变量赋值：用户可以对脚本里的日期变量通过“日期变量赋值”功能进行变量赋值，具体操作如图 7-33 所示。

图 7-33　日期变量赋值界面

(12) 表达式赋值：新建变量的一种方式，详见 7.3.6 节全局变量的新建部分。

(13) 断言表达式：通过判断表达式的真假作为断言的依据，支持“==”“>=”“>”等，如图 7-34 所示。

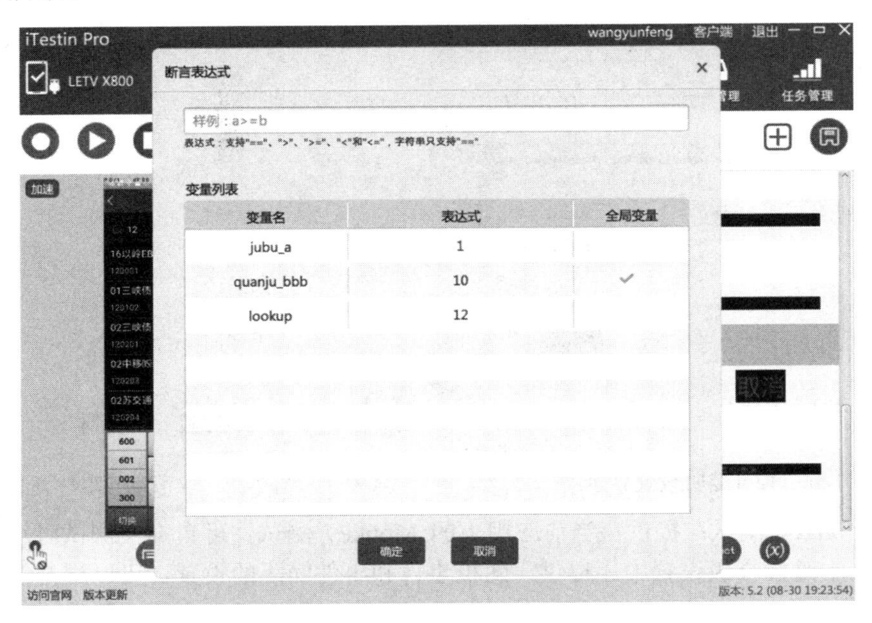

图 7-34　断言表达式设置界面

(14) 点击控件序列：将不同控件组装成一个控件序列，不用填写多次的点击控件，只要点击控件序列即可，且序列也支持参数化。典型的使用场景：使用键盘输入密码时，或者输入要转账金额等信息时，将所用到的控件组装成一个序列，如图 7-35 所示。

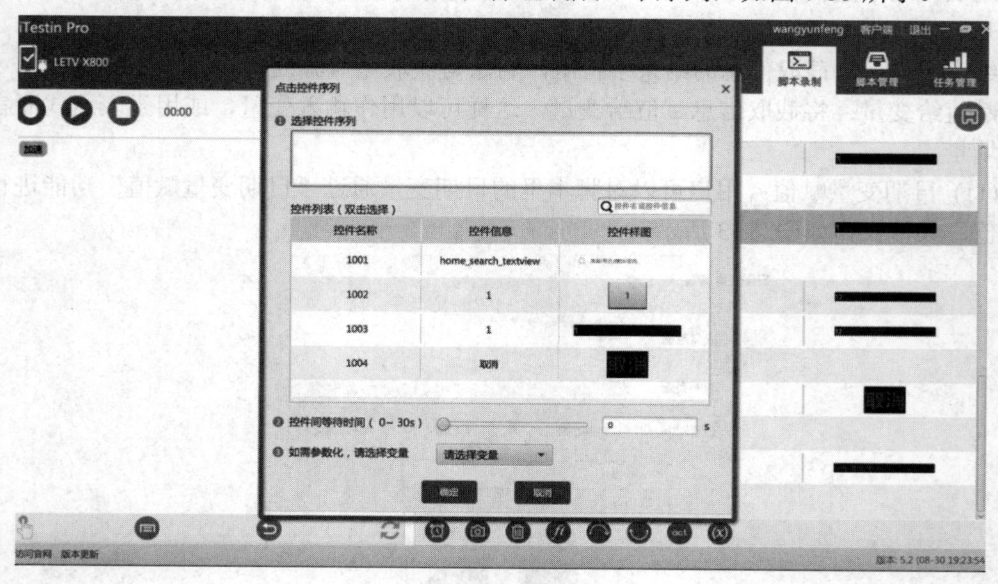

图 7-35　控件序列设置界面

(15) 控件监听：用于监听一些不定时出现的广告等控件，当出现时能及时处理，确保脚本无干扰地执行，前提是需要将不定时出现的控件放到监听序列中。若想做全局监听，建议放在脚本的开头，脚本中可添加多个监听事件，如图 7-36 所示。

(16) 取消监听：勾选要取消的控件监听事件，如图 7-37 所示。

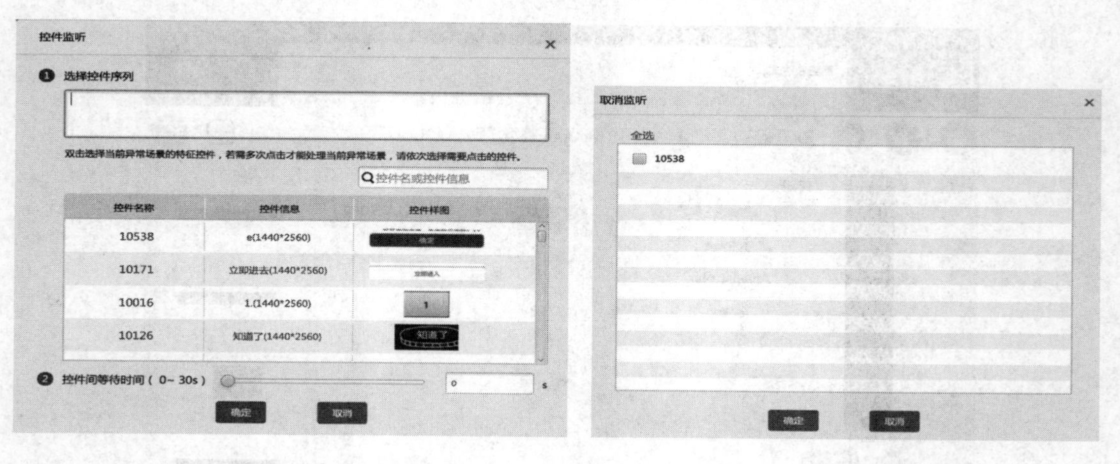

图 7-36　控件监听设置界面　　　　图 7-37　取消监听事件界面

(17) Monkey 测试：提供在当前应用下的 Monkey 测试，可自定义测试时间，最长测试时间为 8 小时，高级设置中还提供了随机事件和事件间隔的设置，可以根据需要填写，如图 7-38 所示。

(18) 点击文本：需要点击文本，如某些控件不识别，或者录制时不出现的情况下，可以直接使用，如图 7-39 所示。

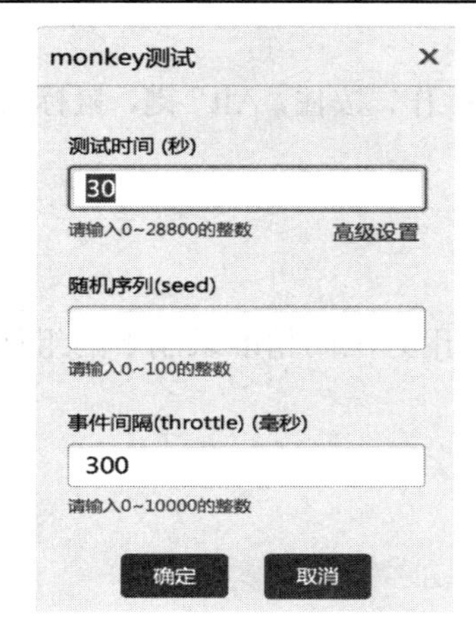

图 7-38　Monkey 测试设置界面

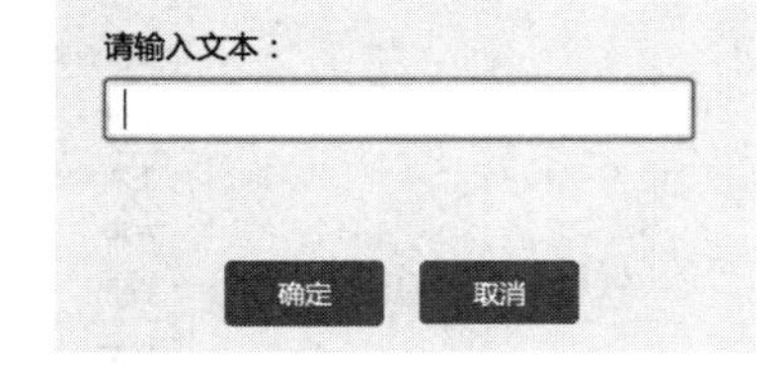

图 7-39　文本输入弹框

(19) 点击变量文本：当点击文本存在多个情况，需要参数化时，可以使用点击变量文本，如图 7-40 所示。

(20) 断言文本：针对文本的断言，用法与控件断言相同，如图 7-41 所示。

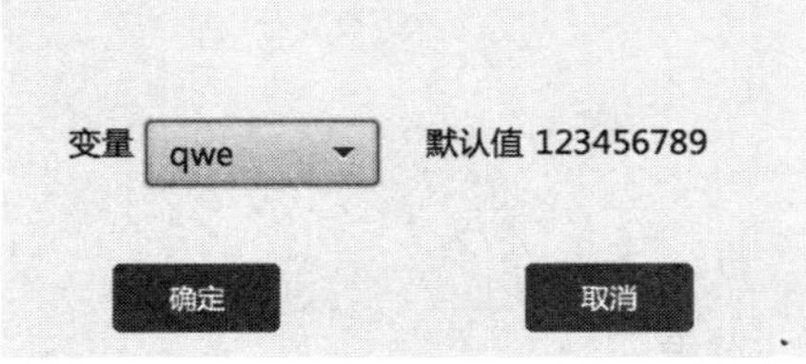

图 7-41　变量文本选择框

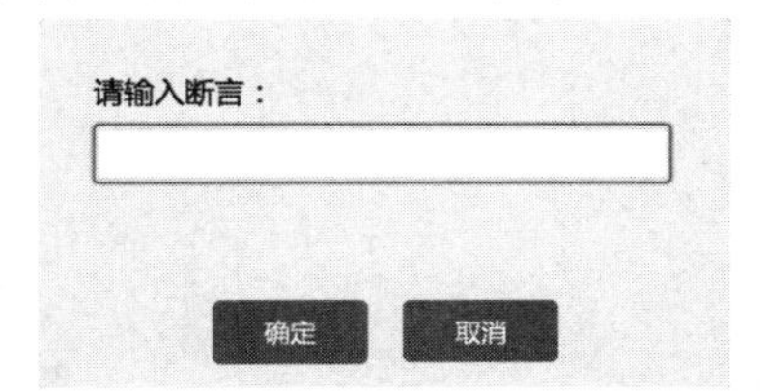

图 7-41　断言文本设置界面

(21) 加入到控件集(即加入到控件管理列表)：这个指令是作为收集控件的保险操作，一般来说，录制时获取到的控件，都会自动加入到控件集中，但是偶尔会有意外，这时就需要手动添加。对于已经添加过的控件，再次手动添加不会成功；对于没有小图的控件，不能添加到控件集中(手动、自动均是如此)；对于非控件步骤，此指令置灰。

(22) 一键优化“Sleep”：目前其作用是会在脚本开始时，添加 1 s 等待时间；在截图步骤之前，添加 1 s 等待时间；在脚本结尾，添加 5 s 等待时间(前提是这些地方之前没有等待时间)。

(23) 设置断点：类似于 Eclipse，双击步骤序号区域，可以加一个断点(出现的蓝色标点表示断点设置成功)，当脚本回放到这一步时，会停下来，可以按 F7 继续进当前步骤调试，支持动态添加断点，按 CTRL + ENTER 键继续自动执行，如图 7-42 所示。

图 7-42　断点设置界面

4) 坐标录制命令

在进行组件/混合录制的时候，也可以进行坐标操作，按住“Alt”键，鼠标会变为十字，操作映射屏时，生成的步骤为坐标模式。

5．普通录制的命令介绍

1) 组件右键命令

在映射屏上，鼠标右键的指令如图 7-43 所示，使用方法同精准录制下的组件右键命令。

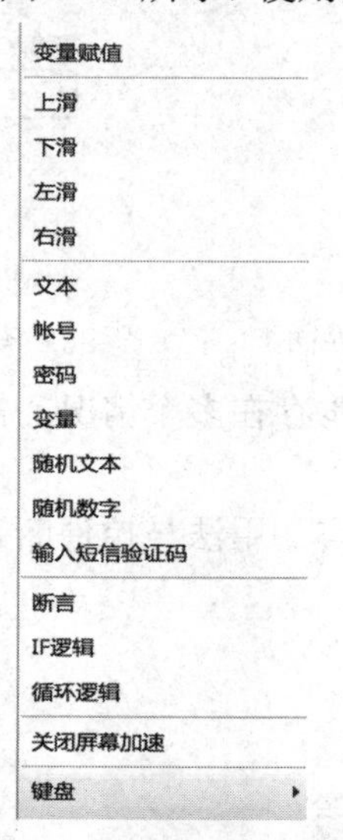

图 7-43　右键列表弹框

2) 图像右键命令

图像右键命令与精准录制下相同(见图 7-44)。

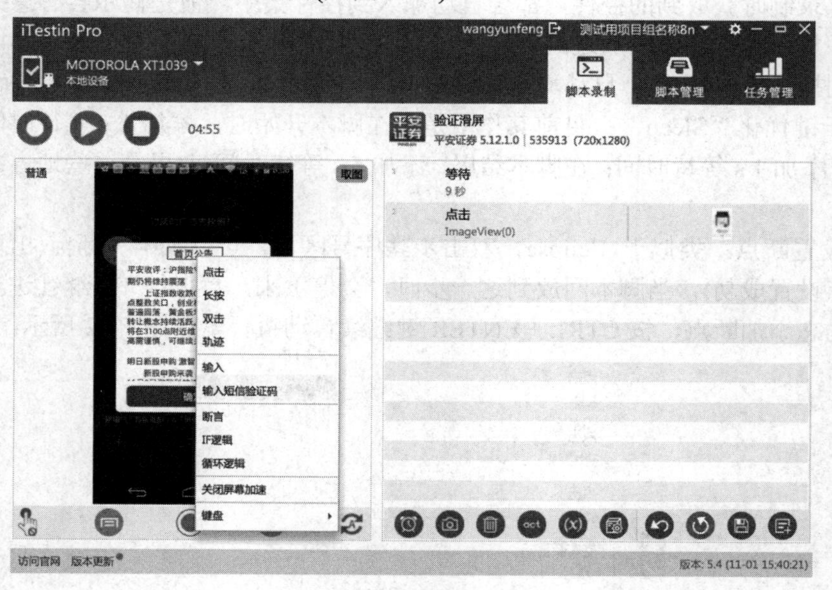

图 7-44　图像右键命令界面

3) *步骤列表右键命令*

步骤列表右键命令与精准录制下相同。

7.3.3　自动化脚本回放

1) *启动回放*

录制结束后，脚本会自动保存，可以立即回放，或者以后从脚本管理里面打开，点击回放按钮“▶”，显示回放对话框。如果勾选“安装/卸载”，则在每次回放后会将应用卸载，如果是多次回放，会将其重新安装。这样能保证应用是以第一次启动的状态运行，适用于录制程序第一次使用时的场景。若是不想再次安装/卸载程序，只勾选“清除数据”也可以达到同样的效果。这些选项是否勾选，取决于该回放脚本的使用场景。只要保证回放场景与录制时的场景一致即可，如图 7-45 所示。

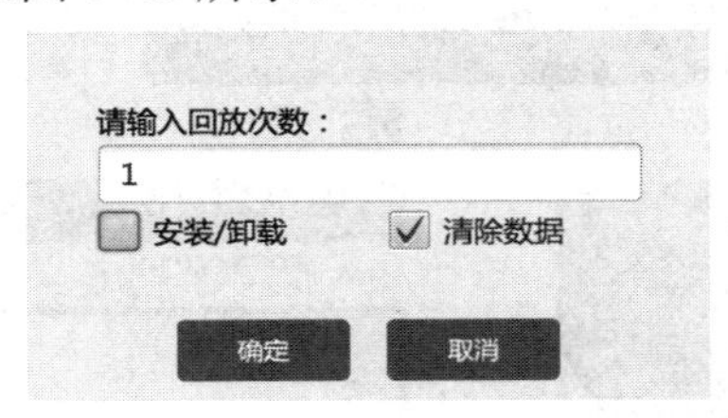

图 7-45　启动回放设置界面

2) *回放中*

回放时，步骤表格中会高亮当前正在执行的步骤，左边的模拟器显示回放过程中的步骤截屏。

3) *回放成功*

如果回放成功，会出现图 7-46 所示提示。

图 7-46　回放成功返回界面

4) *回放失败*

假如回放失败，会提示在哪一步失败了。下面是笔者人为制造的运行失败。笔者在脚本回放过程中，手动把程序切换到别的界面，故意让脚本无法找到要操作的控件，导致执行失败。如果出现回放失败的情况，可以通过错误信息对话框里的“详情”按钮，查看详细的错误信息(如图 7-47 所示)。一般假如是人为干预，或者出现系统弹框，或者界面加载过慢(或加载失败)，会导致这种“点击失败，找不到控件：××××”的错误提示。对于这类错误，如果因为系统弹框的问题导致，是无效的错误，可以不予理会，如果是加载慢的问题，可以判断是网络问题还是程序问题。一般情况下，测试结果需要经过分析筛选才能得出较为有价值的信息。

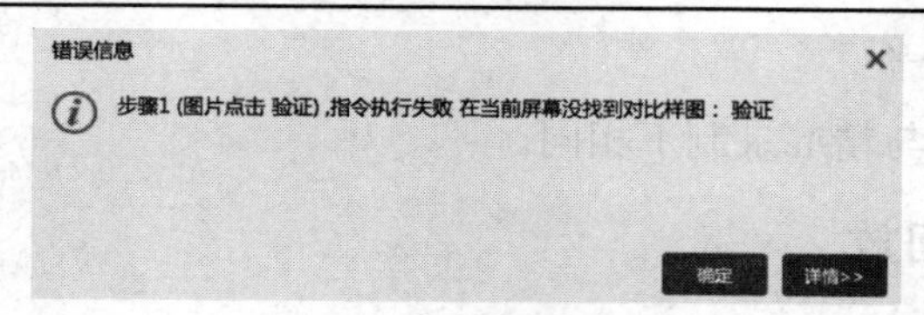

图 7-47　回放失败界面

7.3.4　自动化脚本编辑

1) 调整步骤顺序

长按任一步骤，步骤会变为可拖动状态，移到想要的位置后，松开鼠标即可，如图 7-48、图 7-49 所示。

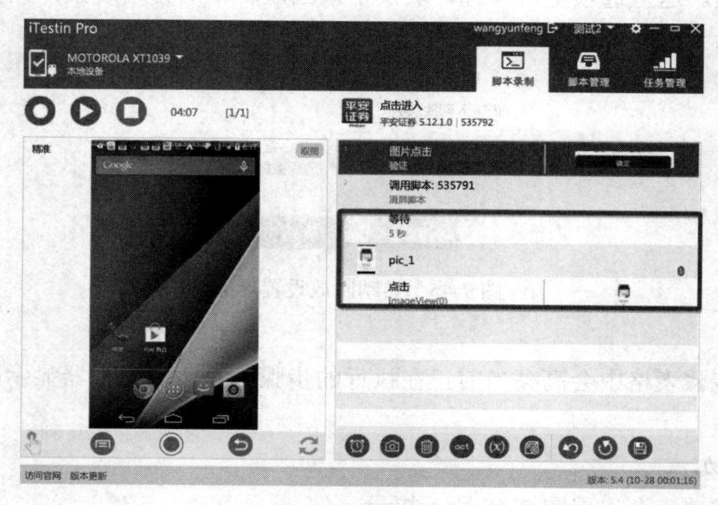

图 7-48　调整测试步骤界面

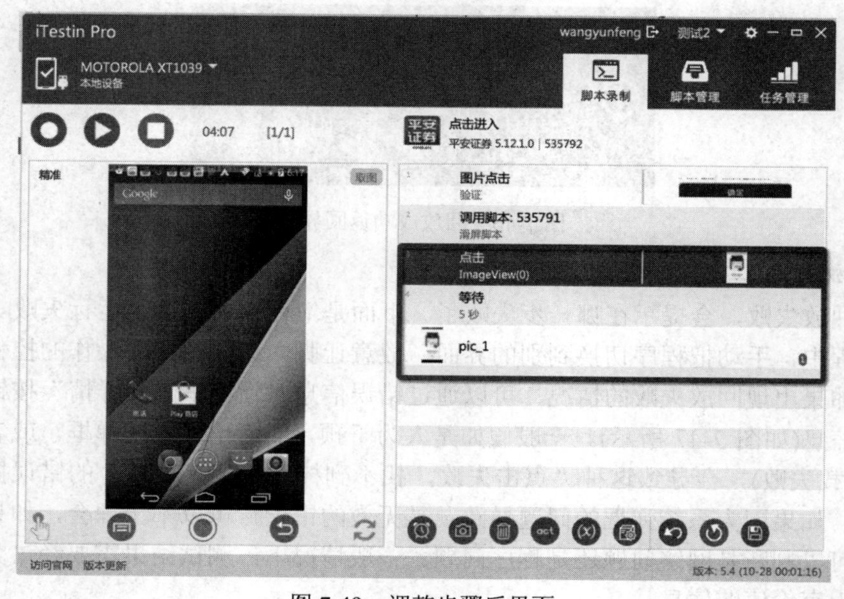

图 7-49　调整步骤后界面

2) 修改步骤内容

除了与 if、for 相关的结束语句外，任何步骤都可以进行修改，双击即可弹出相应的窗口。对于简单的步骤，比如等待时间、截图描述等，这里不再解释。下面重点讲解高级编辑功能。

通过操作编辑界面可以添加、修改或者删除操作描述、操作方式，可以修改超时设置和滚屏查询的开关，如图 7-50 所示。

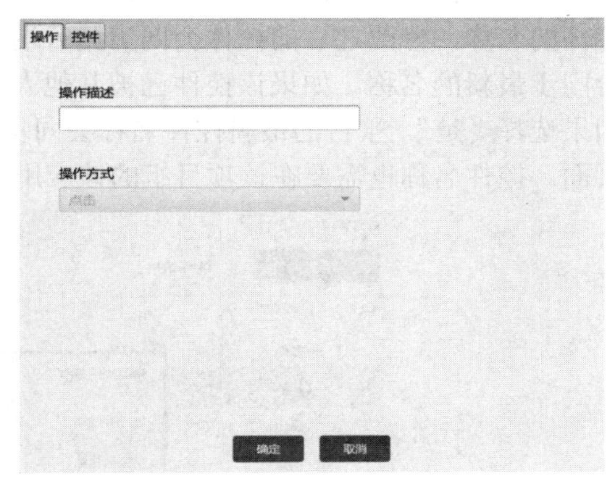

图 7-50　操作编辑界面

控件设置界面的具体内容如下：

(1) 控件内容：方便 APP 控件在有改动时，不必重新录制，仅修改内容即可。

(2) 超时设置：查找控件的时间默认为 30 s，最长为 2 min，在设置的时间内如果没找到，脚本执行失败，给出相应提示。

(3) 滚屏查找：查找控件时是否进行滚屏。加大查找范围，建议设置为“是”。由于手机屏幕大小的差异，录制时的控件在其他手机上不一定在当前可见范围内。

7.3.5　控件管理

1) 添加控件

控件由控件名称、控件信息、控件样图和应用版本四部分组成(文本控件只有名称和信息)，如图 7-51 所示。客户端添加控件有以下三种方式：

(1) 录制过程中，使用到的控件都会显示在控件管理列表。

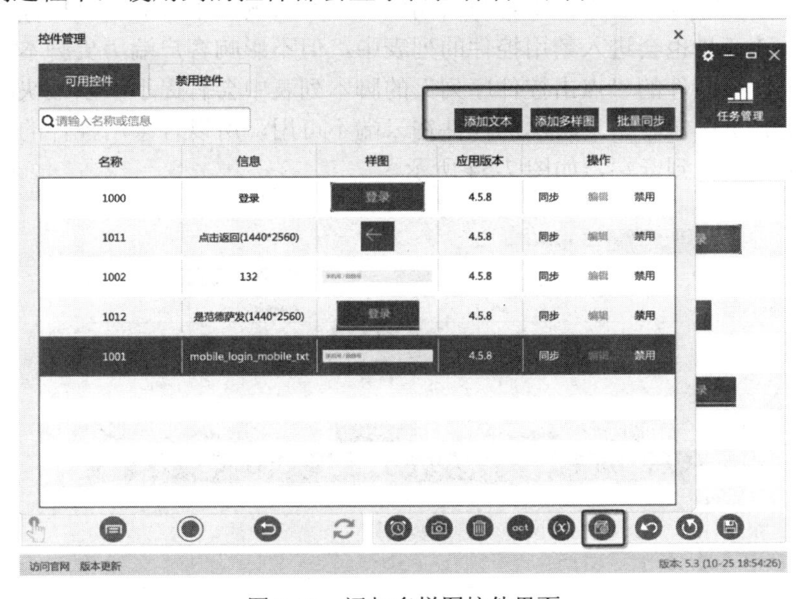

图 7-51　添加多样图控件界面

(2) 通过控件管理右上角的“添加文本”，可添加文本控件。

(3) 通过控件管理右上角的“添加多样图”，可添加多样图控件。

2) 修改控件

用户想修改某个控件名称，只需在控件列表中找到该控件的“编辑”选项，便可修该控件的名称，修改之后的控件会同步到云端，所以使用了该控件的本地脚本和云端脚本也会同步最新的名称。如果该控件已被其他人改过值，会提示用户是否沿用最新控件名称。如果选择“是”，平台的最新控件名称会同步到本地，如果选择“否”则进入修改控件名称页面。控件名称也需要在该项目组的该应用名称下具有唯一性，如图 7-52 所示。

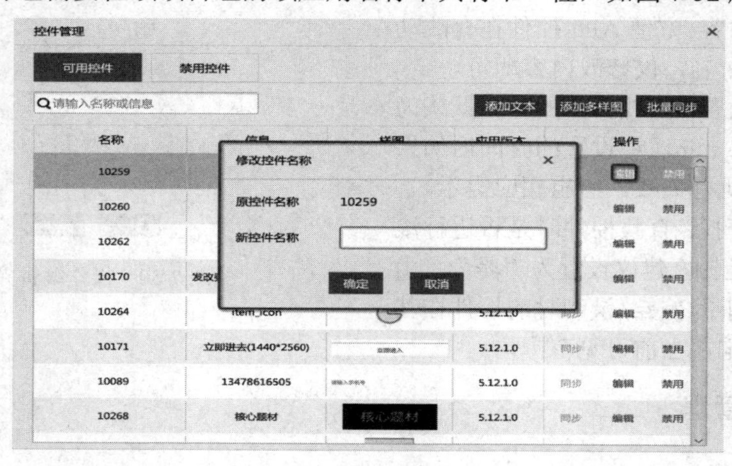

图 7-52　控件修改界面

3) 禁用控件

用户如果不需要某个控件时，可在控件列表点击“禁用”，如图 7-53 所示，这个控件列表便进入到禁用控件列表中且不再与云端同步；而云端将不再显示该控件；其他客户端同步控件时，该变量也会进入禁用控件的列表中，但不影响客户端历史脚本的执行。禁用的控件在使用含该控件的“点击控件序列”的脚本列表中会有提示，以最快的方式告知用户哪些脚本受到了影响。由于禁用的控件在云端不可用，所以含禁用控件的“点击控件序列”的脚本不可上传到云端，如图 7-54 所示。

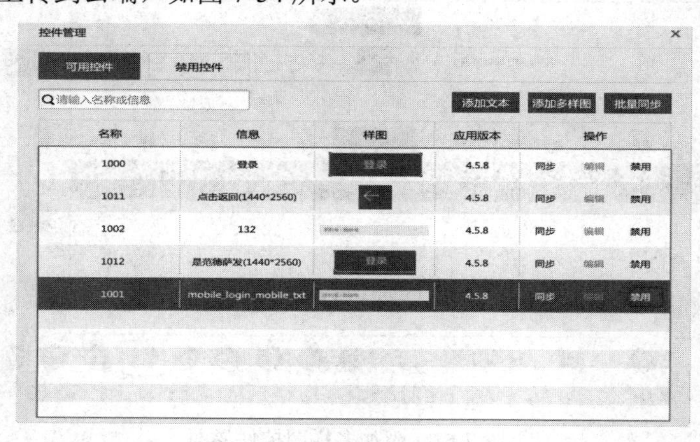

图 7-53　禁用控件设置界面

图 7-54　包含禁用控件脚本上传云端界面

4) 启用控件

由于用户误操作等原因将某个控件禁用，可在禁用控件列表中将其启用，这个控件便从禁用控件列表被解禁，回到控件列表；同步后云端将显示该控件；其他客户端同步控件时，该控件也会回到控件的列表中，如图 7-55 所示。

控件管理

可用控件　禁用控件

请输入名称或信息

名称	信息	样图	应用版本	操作	
10073	3(1080*1920)		5.12.1.0	启用	删除
10074	home_item_layout		5.12.1.0	启用	删除
知道了	ImageView(1)		5.12.1.0	启用	删除
10068	LinearLayout(3)		5.12.1.0	启用	删除
10069	View(2)		5.12.1.0	启用	删除
10070	a(0)		5.12.1.0	启用	删除
10071	123(720*1280)		5.12.1.0	启用	删除
12222	资讯验证(720*1184)		5.12.1.0	启用	删除

图 7-55　启用控件界面

5) 删除控件

用户确定客户端不再使用这个控件，可在禁用列表把这个控件删除(删除不与云端同步，即客户端删除某控件，不影响其他客户端)，如图 7-56 所示。但是这样会影响客户端本地使用含该控件的“点击控件序列”的脚本，删除后脚本列表中会实时提示信息，如果某个脚本的点击控件序列含被删除控件则同样不可上传至云端，如图 7-57 所示。

控件管理

可用控件　禁用控件

请输入名称或信息

名称	信息	样图	应用版本	操作	
10073	3(1080*1920)		5.12.1.0	启用	删除
10074	home_item_layout		5.12.1.0	启用	删除
知道了	ImageView(1)		5.12.1.0	启用	删除
10068	LinearLayout(3)		5.12.1.0	启用	删除
10069	View(2)		5.12.1.0	启用	删除
10070	a(0)		5.12.1.0	启用	删除
10071	123(720*1280)		5.12.1.0	启用	删除
12222	资讯验证(720*1184)		5.12.1.0	启用	删除

图 7-56　删除禁用控件界面

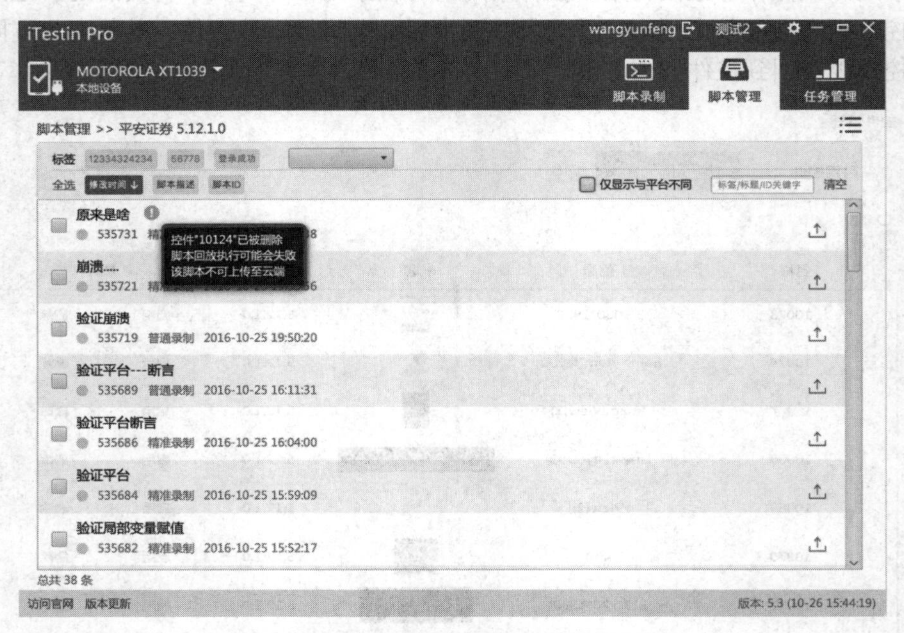

图 7-57　包含被删除控件脚本上传云端界面

6) 控件同步

控件同步方式包括自动同步与手动同步。自动同步：修改控件名称、启用控件、禁用控件、停止录制和第一次打开客户端脚本管理。手动同步：点击“批量同步”或每个控件的“同步”，即可随时手动同步。同步完成后，列表中“同步”置灰，如图 7-58 所示。

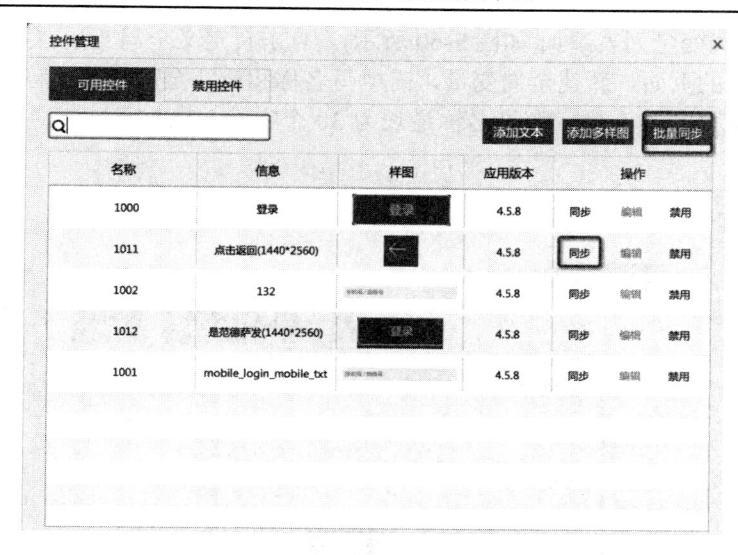

图 7-58　控件同步界面

7.3.6　变量使用方法

iTestin Pro 支持变量，包括全局变量、局部变量，使得脚本输入数据更加灵活，且能够更好地做执行结果的判断。

1. 全局变量

全局变量为应用中所有脚本共用的变量，可参数化，可通过表达式赋值或者通过全局变量列表(原参数列表)添加。所有全局变量与云端同步，由云端管理最新的全局变量信息，如图 7-59 所示。

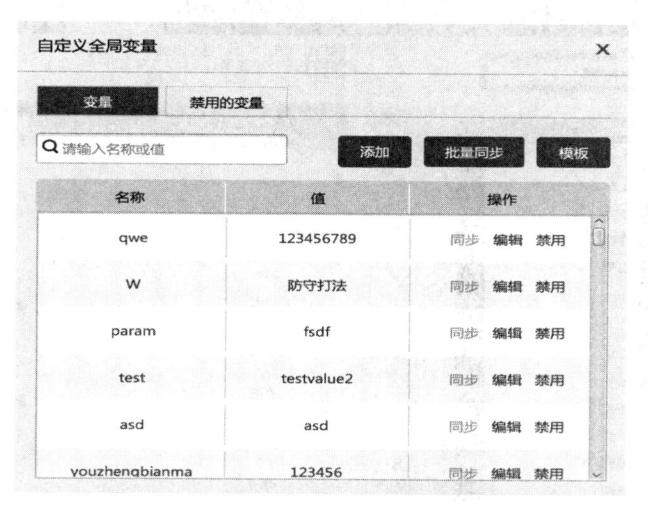

图 7-59　全局变量定义

1) 新建全局变量

新建全局变量包括三种方式，实时同步到云端：

(1) 通过全局变量列表添加(如图 7-60 所示)。点击自定义全局变量右上角的“添加”，即弹出添加变量的页面，新建全局变量，需填写名称和值。全局变量名称需要在该项目组的该应用包名下具有唯一性。变量名称最长为 30 个字符，以字母或下划线开头，可包含数字。

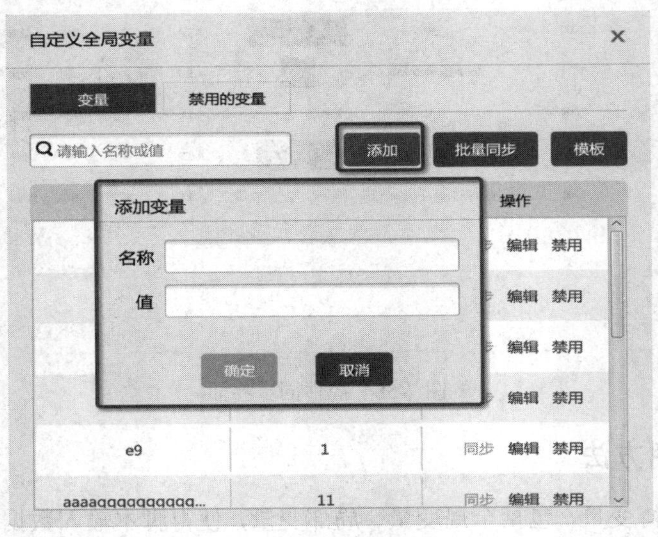

图 7-60　自定义全局变量

(2) 变量赋值。在控件右键菜单的“变量赋值”(如图 7-61 所示)中输入变量名即可。该方式支持全局变量和局部变量，如图 7-62 所示。

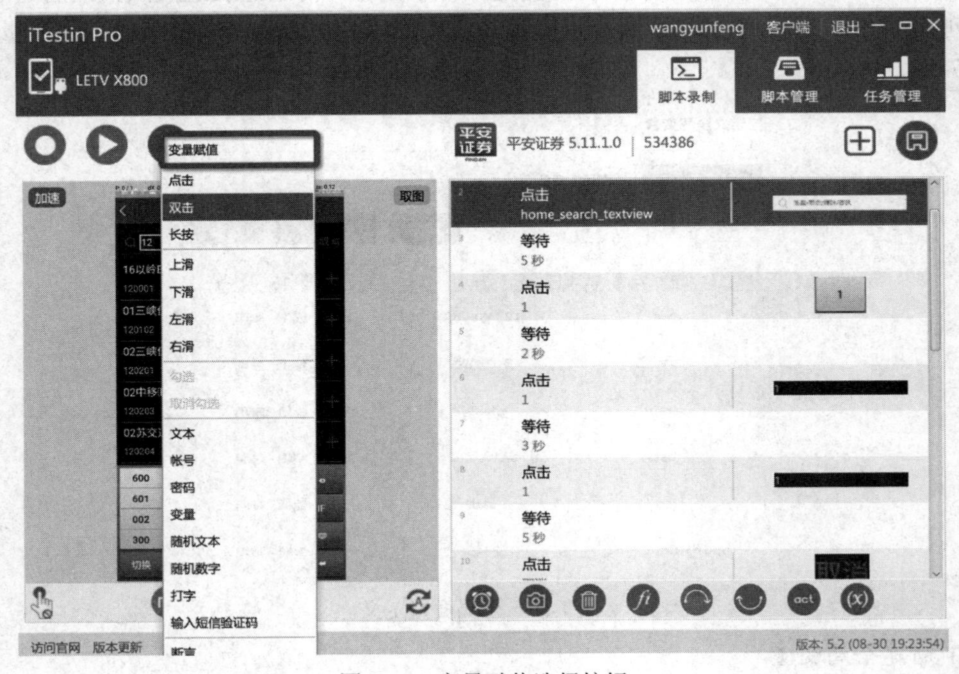

图 7-61　变量赋值选择按钮

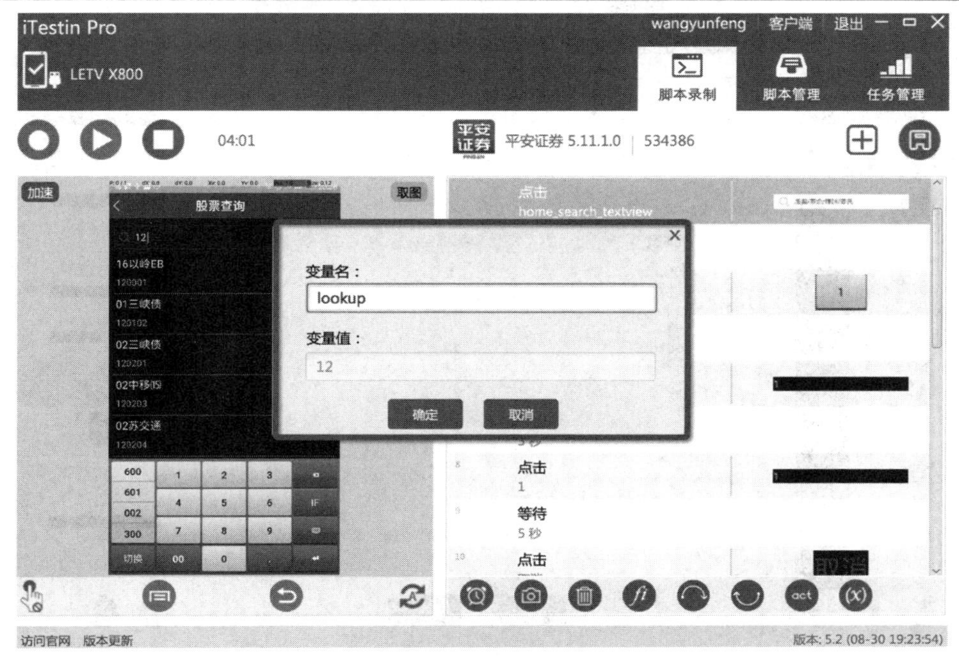

图 7-62　变量赋值界面

(3) 表达式赋值。脚本列表的右键菜单项如图 7-63 所示，可通过填写表达式的方式给变量赋值，支持“+”“−”“*”“/”等，如图 7-64 所示。

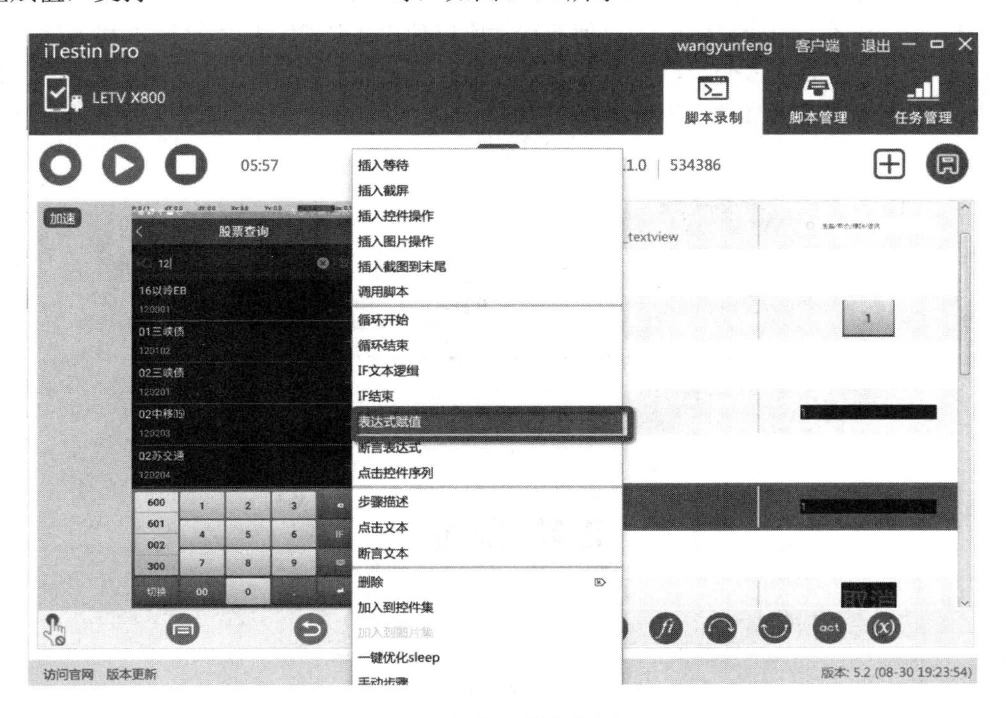

图 7-63　表达式赋值选择按钮

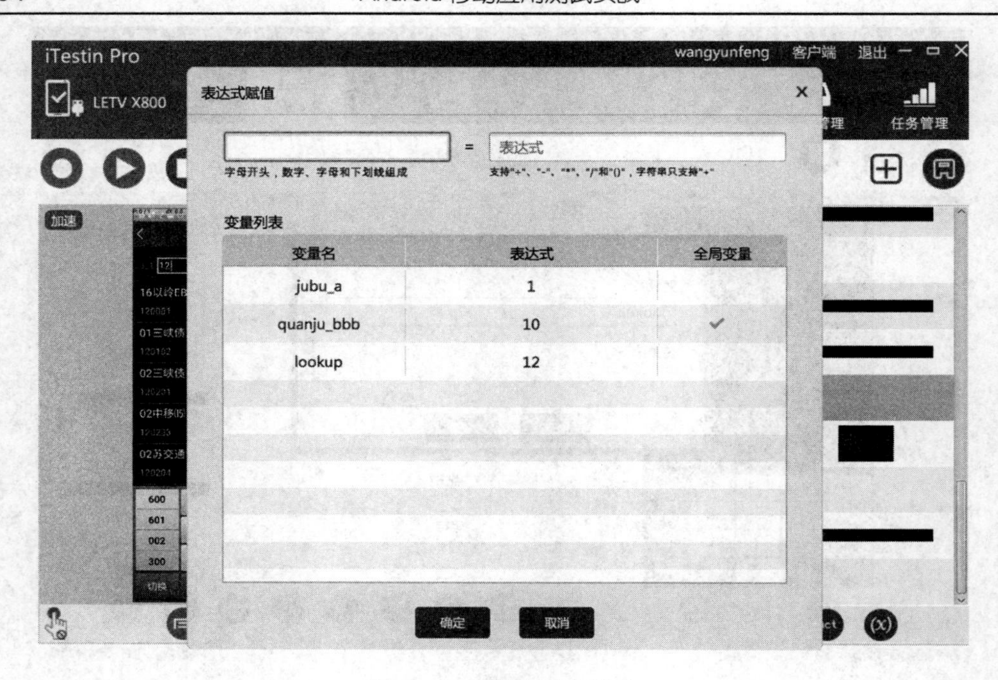

图 7-64　表达式赋值界面

2) 修改全局变量

用户想修改某一变量的值，只需在变量列表中找到该变量的“编辑”选项，便可修改变量的值，修改之后的变量实时同步到云端，所以使用了该变量的本地脚本和云端脚本也会同步最新的值。如果该变量已被其他人改过值，会给用户提示，是否沿用最新值，如果选择“是”，平台的最新值便同步到本地，如果选择“否”则进入到修改值页面，如图 7-65 所示。

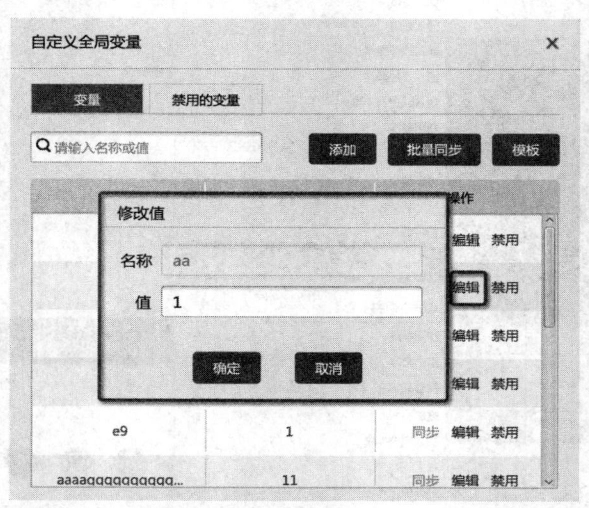

图 7-65　修改全局变量界面

3) 禁用全局变量

用户如果不需要某个变量时，可在变量列表点击“禁用”，如图 7-66 所示，这个变量便进入到禁用变量列表中且不再与云端同步；而云端将不再显示该变量；其他客户端同步变量时，该变量也会进入到禁用变量的列表中，但不影响客户端历史脚本的执行。对于禁用的变量，在使用该变量的脚本列表中会有黄色叹号提示，以最快的方式告知用户哪些脚本受到影响。由于禁用的变量在云端不可用，所以含禁用变量的脚本不可上传到云端，如图 7-67 所示。

图 7-66　禁用全局变量界面

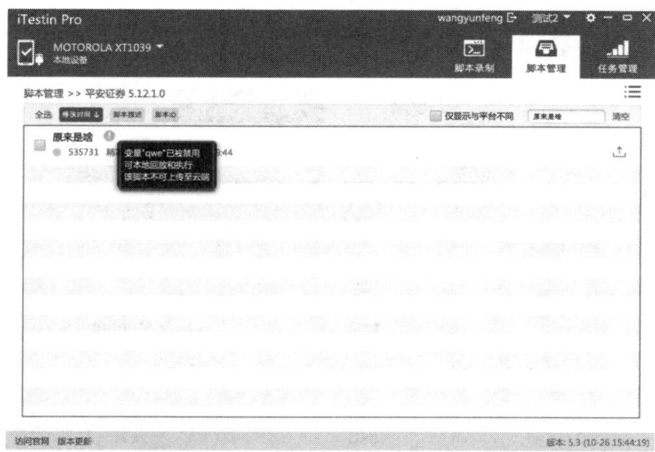

图 7-67　包含禁用全局变量脚本上传云端界面

4) *启用全局变量*

由于用户误操作等原因将某个变量禁用，可在禁用变量列表中将该变量启用，这个变量便从禁用变量列表被解禁，回到了变量列表；同步后云端将显示该变量；其他客户端同步变量时，该变量也会回到变量的列表中，如图 7-68 所示。

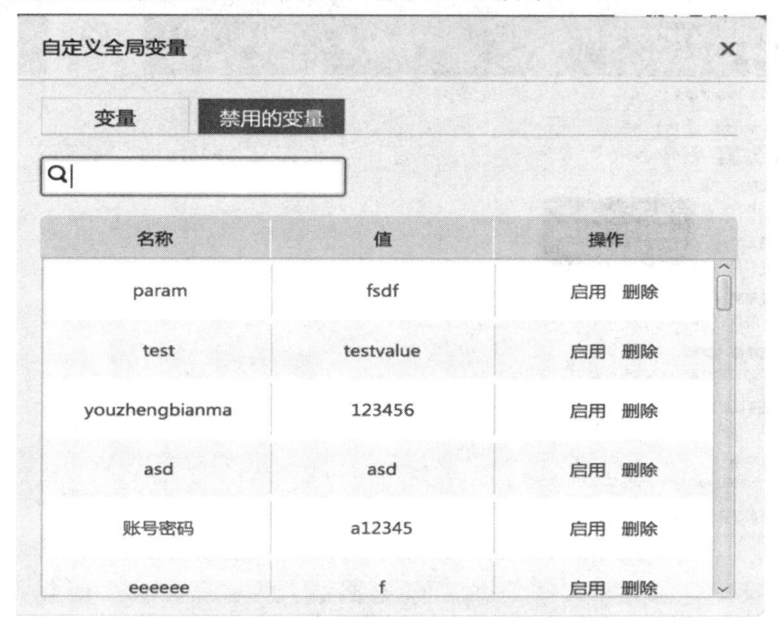

图 7-68　启用全局变量界面

5) 删除全局变量

用户确定客户端不再使用这个变量，可在禁用列表把这个变量删除(删除不与云端同步，即客户端删除某变量，不影响其他客户端)，如图 7-69 所示，但是这样会影响客户端本地使用该变量的脚本，删除后脚本列表中会实时的红色叹号提示信息，如果某个脚本含被删除变量同样不可上传至云端，如图 7-70 所示。

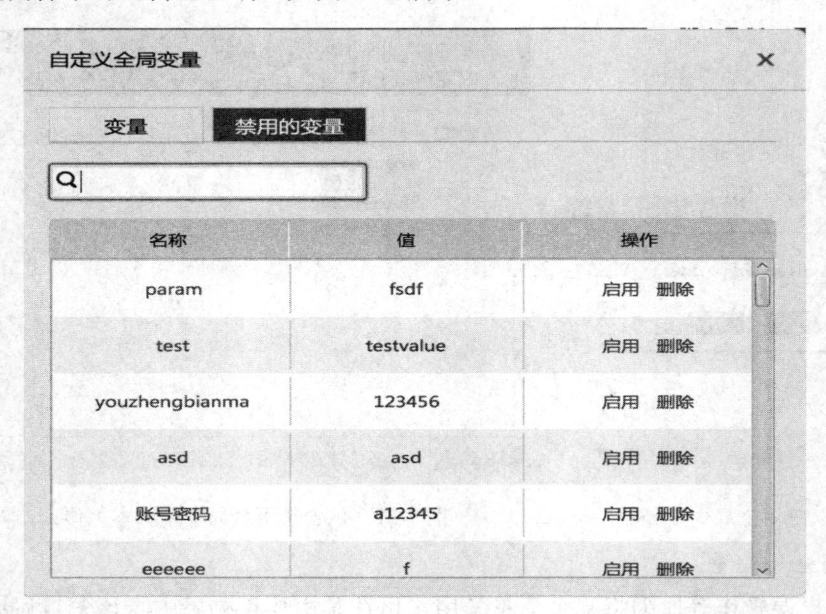

图 7-69 自定义全局变量界面

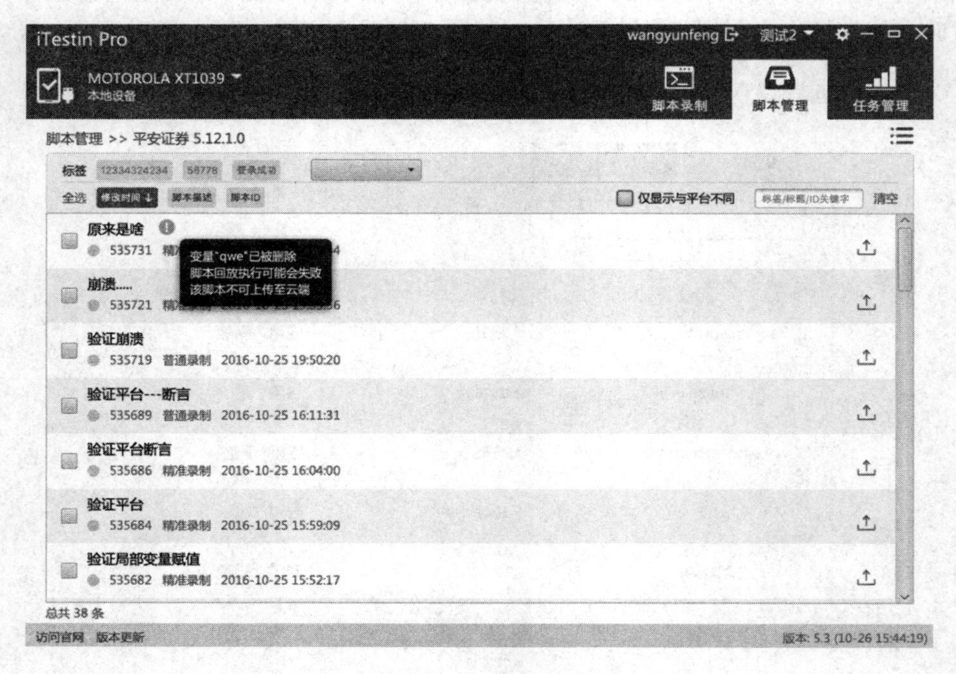

图 7-70 包含删除变量脚本上传云端界面

6) 全局变量同步

全局变量同步方式包括自动同步与手动同步。自动同步：新建变量、修改变量、启用变量、禁用变量和第一次打开客户端脚本管理。手动同步：点击“批量同步”或每个变量的“同步”，即可随时手动同步。同步完成后，列表中“同步”置灰，如图 7-71 所示。

图 7-71 全局变量同步

2. 局部变量

脚本内部使用的变量，可通过变量赋值和表达式赋值定义，可参考全局变量的这两种新建方式。局部变量不需要与云端同步。

3. 输入变量

变量(控件右键菜单项)界面如图 7-72 所示，可以将某一变量作为输入项输入到应用中，如图 7-73 所示。

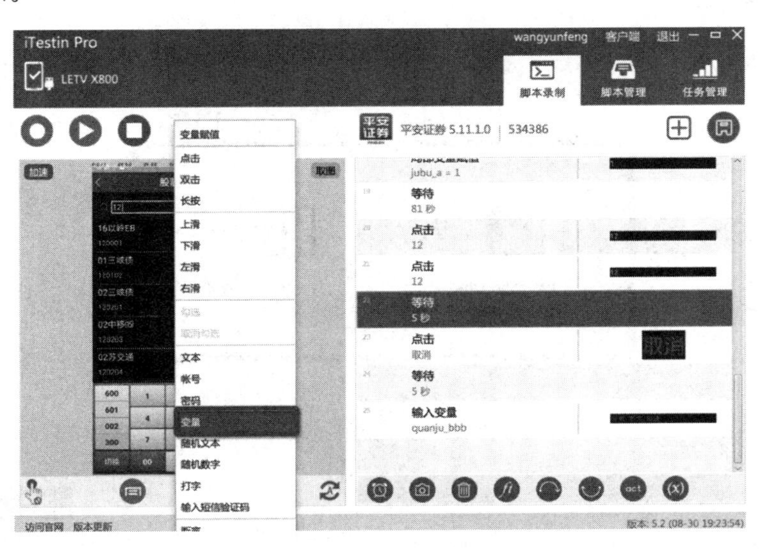

图 7-72 变量菜单界面

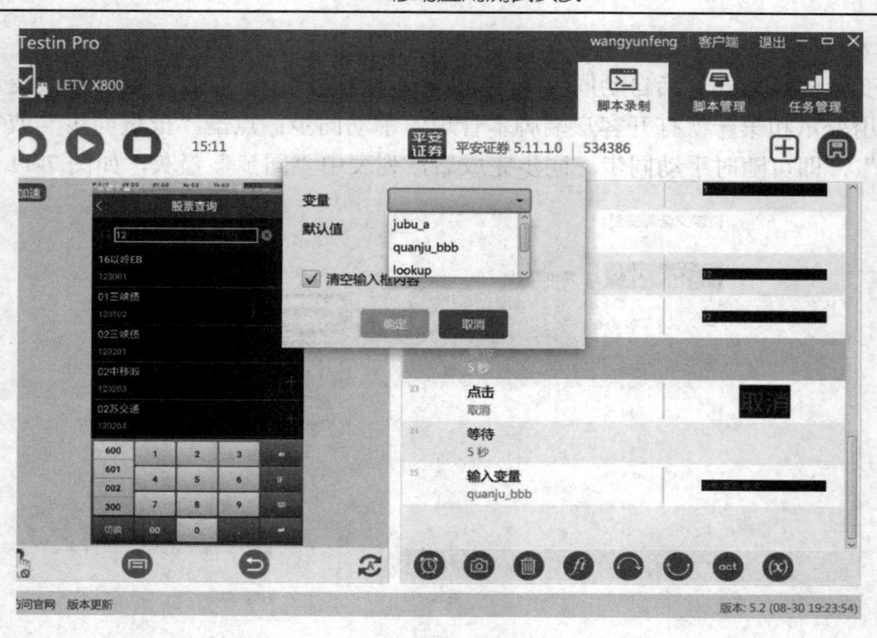

图 7-73　变量输入界面

4. 本地化参数

为了使执行本地任务时实现输入数据的多样性，iTestin Pro 支持本地参数化，如图 7-74 所示，用户根据模板的提示，填写需要的测试数据，当然如果用户不填写也可以使用版本中提供的默认值，如图 7-75 所示。

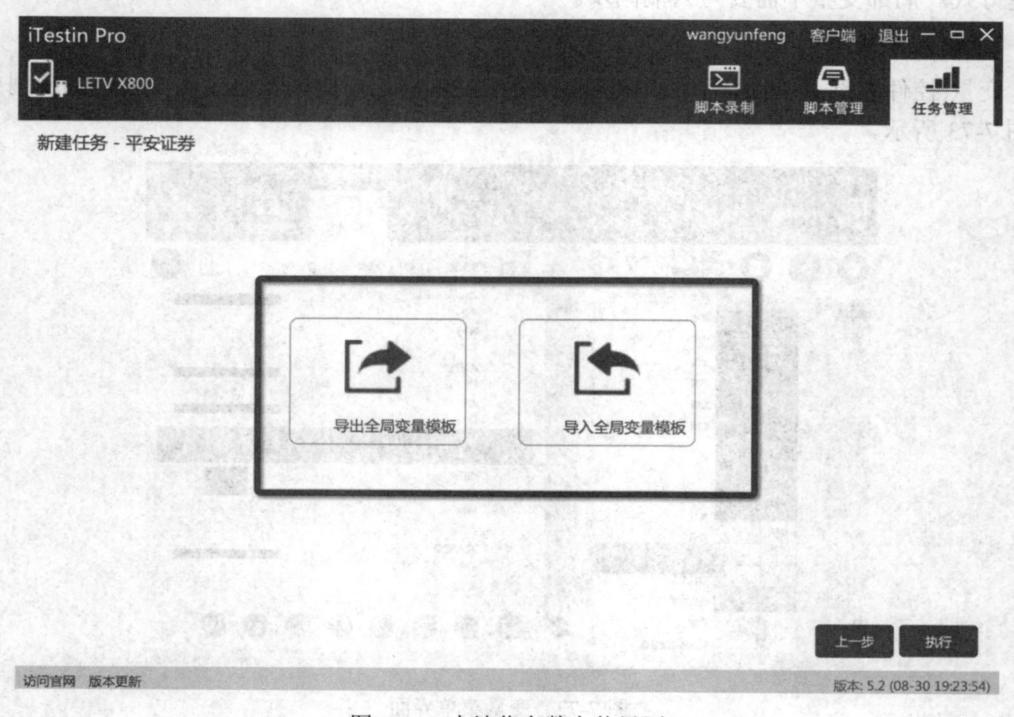

图 7-74　本地化参数上传界面

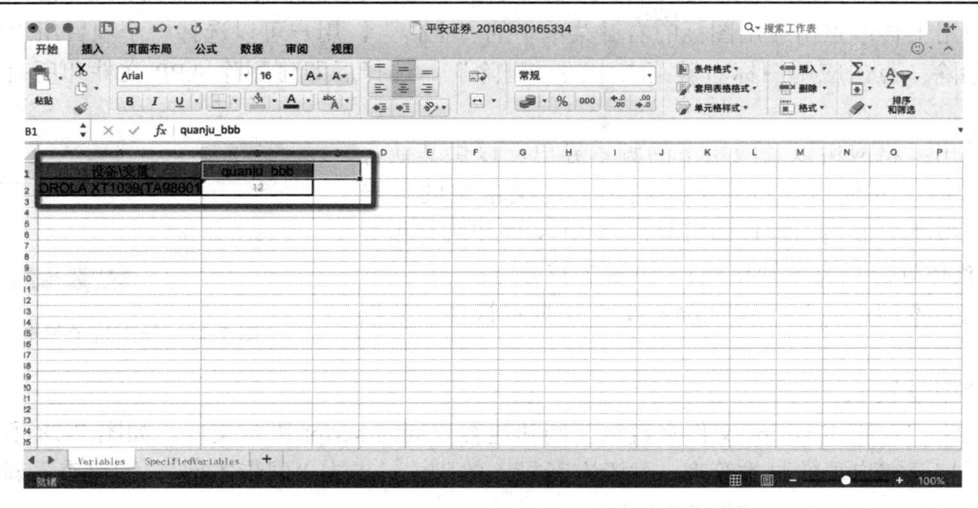

图 7-75　默认值参数模板

填写参数不仅支持不同设备中同一参数指定不同的值，而且还支持同一设备多次运行一个脚本情况下，同一参数指定不同的值。如果填写了参数，则运行时用填写的参数，如果没有填写，则执行任务时用默认值，如图 7-76 所示。

使用场景：如某一脚本需要在不同设备执行或者是使用不同的账号和密码等相关使用场景。

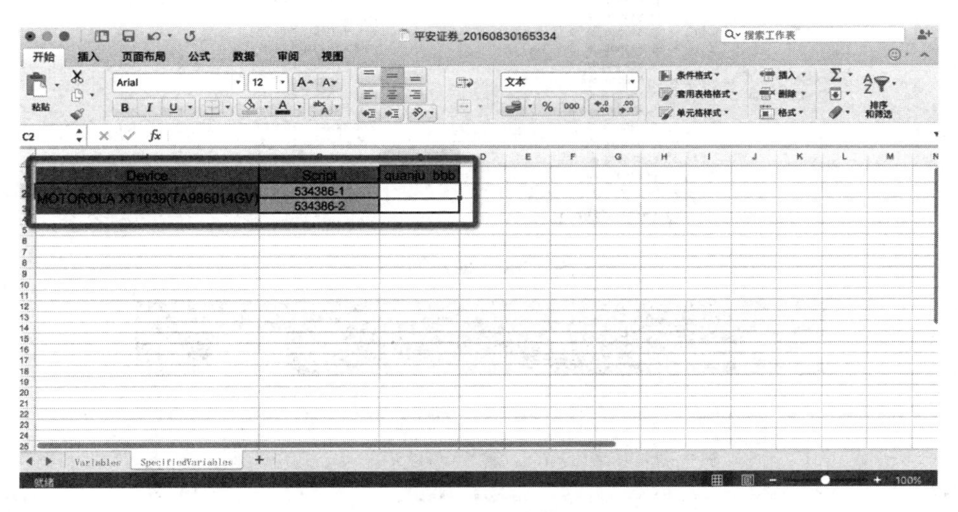

图 7-76　脚本套用参数模板

7.3.7　脚本管理

1) 应用列表

应用列表显示该项目下的所有的应用的名称以及版本，名称一致的不同版本视为不同的应用。应用列表支持按应用名称的搜索。应用列表右键菜单命令如下：

导入：支持从其他客户端导出的应用加脚本，只支持本地格式，整体/单条都可以，如果已经存在脚本，会自动复制，单条的必须包含 APP 才可以。

应用上传：点击应用图标的右键菜单中的“上传”，用户可以选择一个项目组上传。

删除：点击应用图标右键菜单中的“删除”，选择后即可删除 APP 文件和所有相关脚本。

导出：将应用以及应用下的脚本导出，以供其他客户端本地导入使用。点击应用图标右键菜单中的“导出”，按照界面指示操作即可导出 APP 文件和所有相关脚本(整体导出只有本地格式)，如图 7-77 所示。

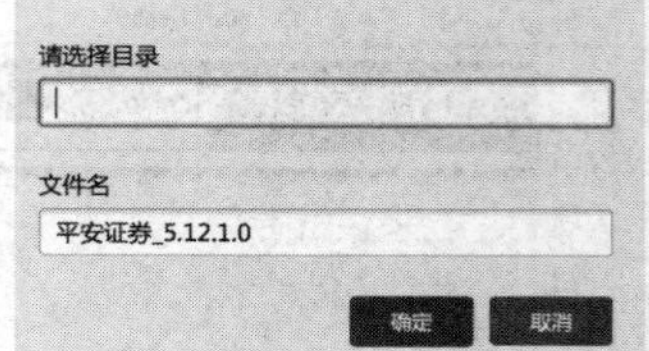

图 7-77　导出目录弹框

同步本地：是为了保证脚本文件和脚本管理中数据一致。

使用场景 1：

当用户在脚本 script 文件夹直接复制其他客户端的 script 脚本文件，如图 7-78 所示，此时，打开客户端的脚本管理，并没有新导入的脚本，点击“同步本地”，即可查看新复制的脚本信息，同步列表如图 7-79 所示。

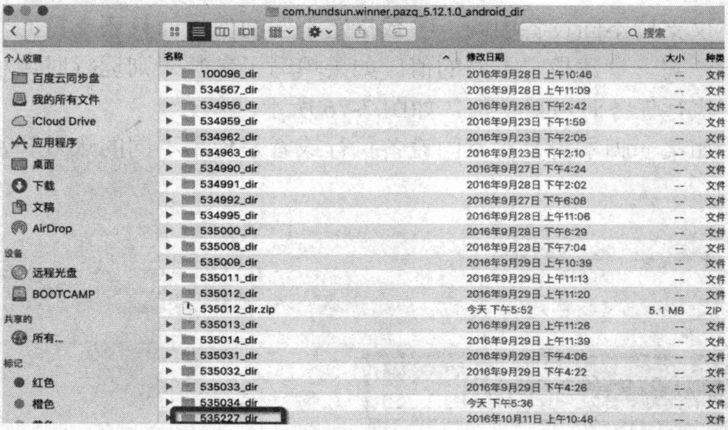

图 7-78　脚本列表

图 7-79　脚本同步列表

使用场景 2：

当用户删除 script 脚本文件后，打开客户端的脚本管理，仍然可见删除的脚本信息，点击“同步本地”，本地列表将不再显示被删除的信息。

2) *脚本列表*

脚本列表显示某一应用下所有的脚本信息，包括脚本描述、脚本 ID、录制模式、修改时间、最近上传时间等信息以及回放状态信息(脚本 ID 左侧的圆点，灰色代表未回放，红色代表回放失败，绿色代表回放成功)，如图 7-80 所示。每条脚本都有上传功能，并且显示最新上传人等信息。双击脚本信息，即可打开该脚本，可实现脚本的查看和回放等功能。

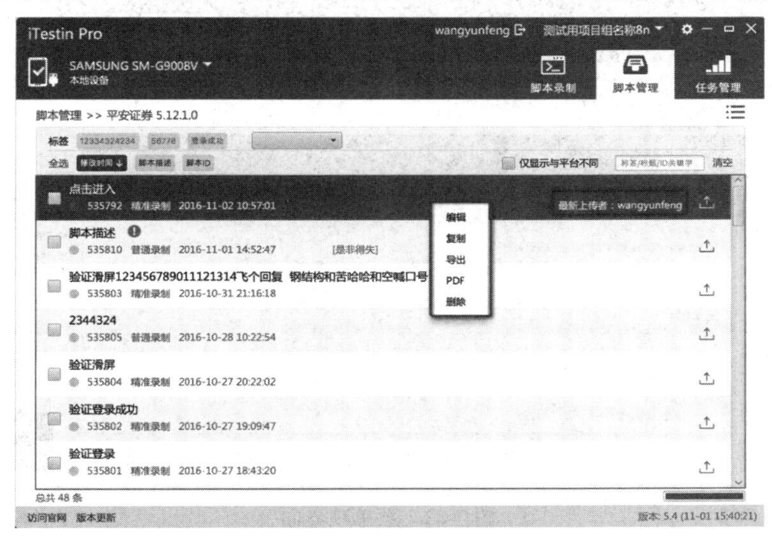

图 7-80　脚本上传菜单

脚本列表右键菜单命令如下：

编辑：包括脚本描述与标签的编辑，如图 7-81 所示。

复制：将当前脚本复制到本应用下或该包名的其他版本下。使用场景：如果应用程序升级时更改了版本号，希望复用在旧版本中的脚本，可使用复制，如图 7-82 所示。

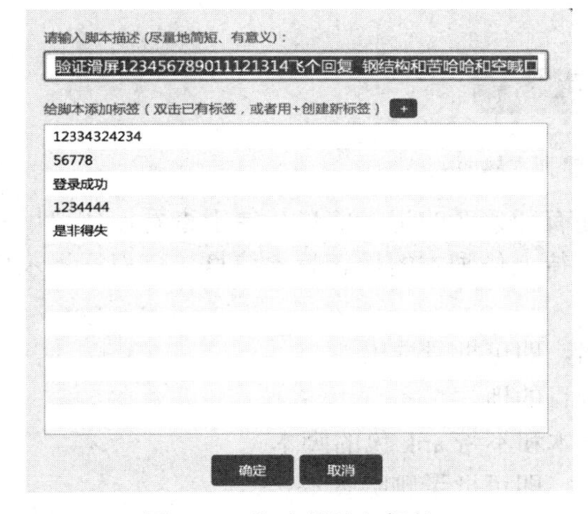

图 7-81　脚本描述与标签

图 7-82　复制目标目录界面

导出：将该脚本导出至本地或者云端，只有回放成功的脚本才可以导出至云端。

PDF：导出脚本中所有的截图信息。

删除：删除该脚本。

3) 菜单项

任务管理图标下方为菜单项图标，点击该图标展开菜单项列表，各命令如下：

新建任务：可以批量勾选脚本后，选择此项，将跳转到新建任务入口，且选中的脚本也会自动带入新建任务中，如图 7-83 所示。

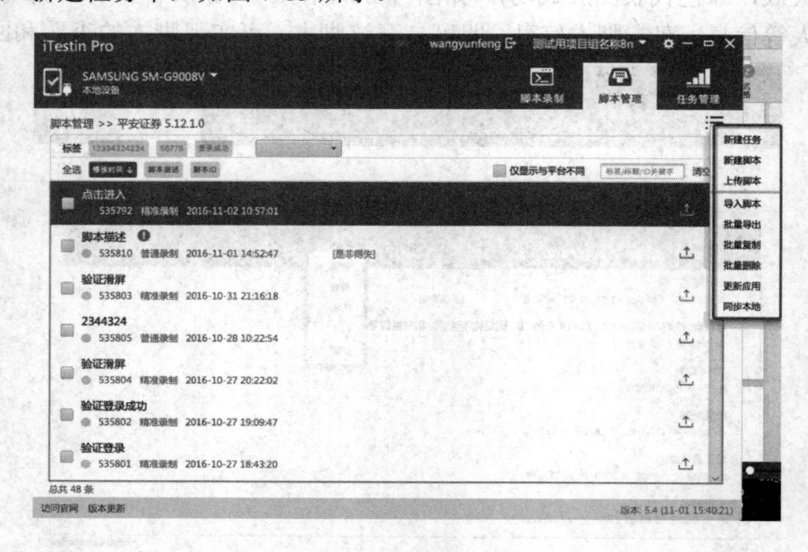

图 7-83　菜单项界面

新建脚本：创建新脚本，提供选择录制模式等信息，如图 7-84 所示。

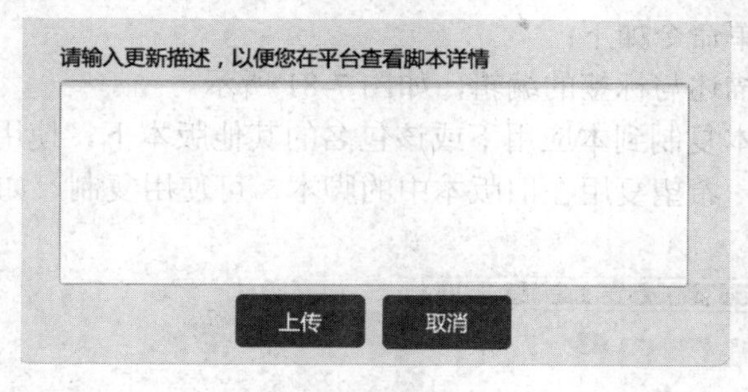

图 7-84　新建脚本界面

上传脚本：批量上传脚本，上传后平台便有一条新的记录信息，便于查看，建议填写更新说明，如果脚本非首次上传，会提醒用户待上传脚本的最新版本信息，可根据提示信息判断是否覆盖最新版本，如图 7-85 所示。

批量导出：勾选多个脚本，选择批量导出，即可批量导出。

批量复制：勾选多个脚本，可批量复制到目的地。

导入脚本：导入脚本可支持带 apk 包的脚本和不带 apk 包的脚本。

批量删除：勾选多个脚本，选择批量删除，即可批量删除脚本。

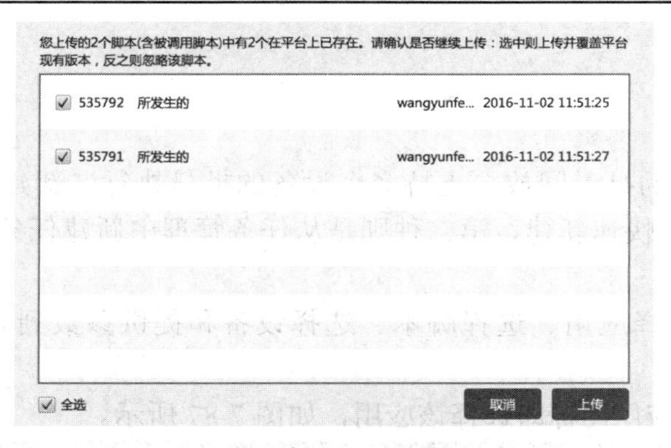

图 7-85　上传脚本界面

更新应用：如果应用升级了，但版本号没有变化，脚本是在上个版本录制完成的，想直接在新版本上回放，可以使用脚本管理中的“更新应用(限相同版本号)”，选择对应的高版本(但版本号相同)的应用程序，iTestin Pro 解析成功后，会提示更新成功，当应用程序包有更新时，之前回放成功的脚本需要重新回放，成功后才能提交到云端测试。

同步本地：同应用列表相同。

4) 筛选条件

脚本信息可以按标签筛选，每次打开脚本列表会与平台同步最近的脚本信息，勾选“仅显示与平台不同”则只显示与平台不同的脚本信息，如图 7-86 所示。

图 7-86　筛选条件

仅显示与平台不同的脚本：每次打开脚本列表会与平台同步最近的脚本信息，勾选此项只显示与平台不同的脚本信息。

排序：脚本信息默认情况按更新时间降序，提供修改时间、脚本描述和脚本 ID 的升序、降序。

7.3.8　任务管理

1) 新建任务

任务即本地脚本的批量回放，支持多个设备的批量执行。新建任务有两种方式，第一种是 7.3.7 节提到的快速新建，第二种则是从任务管理中新建任务。下面主要介绍第二种方式。

新建任务包括选择应用、选择脚本、选择设备和提供参数列表(如果脚本用到全局变量)。

选择应用：点击应用图标即选择该应用，如图 7-87 所示。

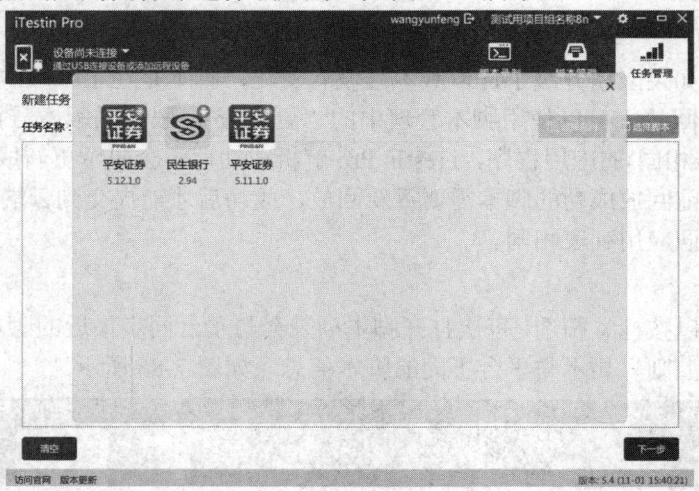

图 7-87　选择应用界面

选择脚本：勾选要批量执行的脚本之后，选择“确定”，如图 7-88 所示。

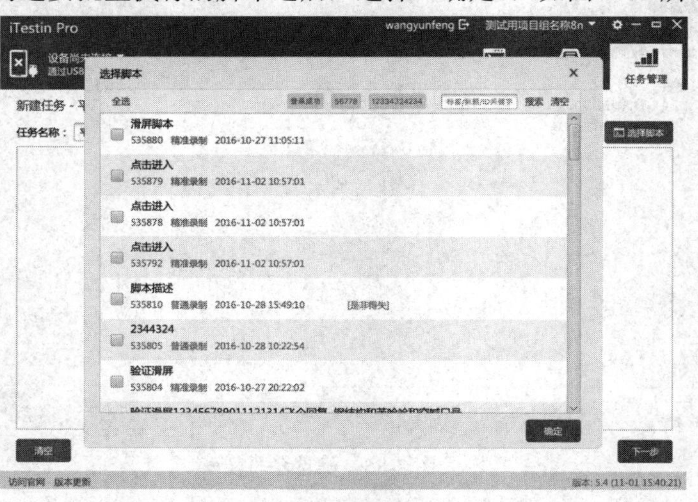

图 7-88　选择脚本界面

选择设备：选择执行任务的设备，离线的设备也会显示在列表中。如果选择了离线文件，iTestin Pro 会给出提示信息，如图 7-89 所示。

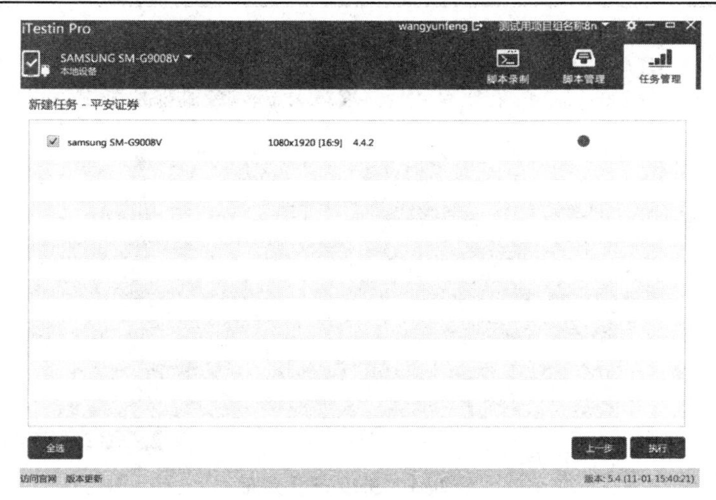

图 7-89　选择设备界面

提供参数列表：如果待测脚本中含全局变量，可导出参数模板(可参考本地参数化部分)并填写相应的信息，如果不需要参数化，则使用全局变量自带的值，不需要导出模板填写，直接点击“执行”，便可开始执行任务。

2) 任务列表

任务列表中显示该项目下的所有的任务，内容包括显示任务名称、应用名称、创建时间、任务状态、完成情况和操作项(查看报告、删除)，且支持按任务名称的搜索。点击每个任务的黑色三角，展开设备列表，设备列表内容包括设备品牌、设备型号、操作系统版本、完成情况和操作列(完成可点击“查看报告”，未完成可点击“查看进度”)，如图 7-90 所示。

图 7-90　任务列表

3) 查看进度

每个设备执行过程中可查看实时进度，且可以手动结束某一个设备的任务，如图 7-91 所示。

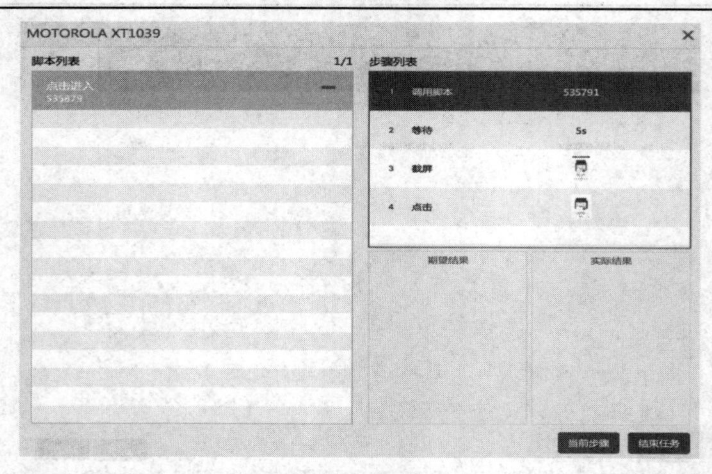

图 7-91　进度查看界面

4) 查看报告

查看报告功能支持单个设备和整个任务的查看。点击“查看报告”，即可见报告页面。

报告概览包括任务信息、设备概况图和错误-设备分布图。

设备概况图：每个设备的执行通过情况包括三种状态，通过、失败和未执行。点击每条信息可跳转到应用的设备报告详情。

错误-设备分布图：发生错误次数最多的错误排在最上方，出现错误最多的设备排在最左侧显示，图中出现红点代表某一个设备发生某种错误，点击可跳转到对应的错误详情中。

报告-设备详情显示每个设备执行任务的报告情况，包含设备详情、脚本概况图、错误概况图和测试报告。

脚本概况图显示该设备的脚本执行情况，按照成功、失败和未执行三种情况统计。

错误概况图显示错误概况，显示错误频率最高的五种错误，剩余错误信息全部统一到“其他”中。

测试报告显示每个脚本的执行情况，包括脚本名称和结果信息等，点击每条记录即可显示该脚本的报告详情。

报告-脚本详情展示每条脚本执行的详情，可切换步骤查看，如图 7-92 所示。

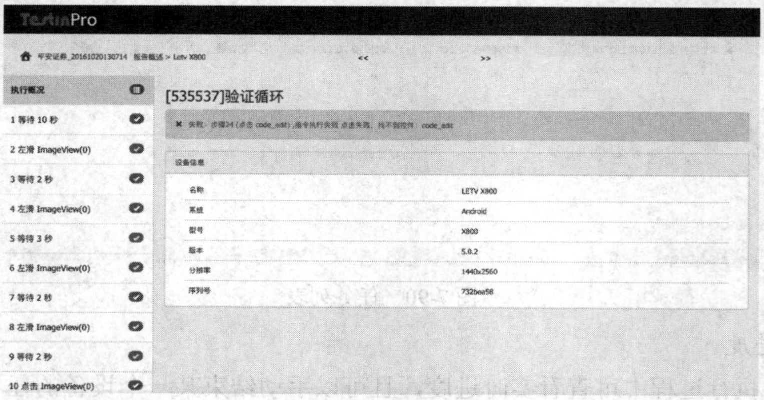

图 7-92　脚本详情列表

第八章　移动应用兼容性测试

APP 在经过功能测试后，需要进行兼容性测试。一般来说，兼容性指能同时容纳多个方面，在计算机术语中，兼容是指几个硬件之间、几个软件之间或是软硬件之间的相互配合程度。兼容性测试是指对所设计程序与硬件、软件之间的兼容性的测试。

8.1　兼容性测试概述

兼容性问题是比较容易遇到的一类问题，特别是在 APP 的用户量越来越大的情况下。另一方面，终端设备的型号越来越多，也使得兼容性成为一个不得不考虑的问题。因为一旦有这方面的问题，就会影响很多用户，对业务的影响也会比较大。

针对兼容性问题的测试会考虑覆盖多种不同的场景，称为兼容性测试。兼容性测试是指测试软件在特定的硬件平台上、不同的应用软件之间、不同的操作系统平台上、不同的网络等环境中是否能很好地运行的测试。

兼容性测试本质上也是功能测试，只不过侧重于不同的软硬件环境。

那么，APP 为什么必须要做兼容性测试？随着 Android 设备的快速增长，以及不同品牌厂商的迅速崛起，市场上出现了大量的碎片化现象。APP 如何适配大量的碎片化严重的移动设备(例如手机、平板、电视盒、投影仪、打印机、可穿戴智能设备等)，这个问题一直困扰着各大厂商及研发团队，因此在 APP 开发期间要做 APP 的设备兼容性测试，来保证所设计开发的产品适配于绝大多数的移动终端。所以兼容性测试是移动 APP 开发生产的必不可少的测试环节。

手机上 APP 的兼容性测试主要包括：

(1) 在不同品牌的机型上的安装、拉起、点击和卸载是否正常。

(2) 在不同的操作系统上的安装、拉起、点击和卸载是否正常。

在实际测试中，测试人员常常会遇到下列问题：

(1) 在某个品牌某个系统上，APP 无法安装。

(2) 在某个品牌某个系统上，APP 无法拉起。

(3) 在某个品牌某个系统上，APP 拉起后无响应或拉起后黑屏、花屏。

(4) 在某个品牌某个系统上，APP 无法顺利卸载。

8.2　兼容性手工测试

所有的测试类型都不可能在有限的测试人力和时间情况下覆盖所有的场景。对于兼容性测试而言，这里的取舍更加明显。所以在讨论任何兼容性测试技术和方法之前，都必须考虑的一个问题是如何确定测试范围。

这个问题没有标准答案，因为这取决于产品本身所处的阶段以及对质量的要求。不过有一个思路可以参考，那就是尽量覆盖该产品的主要用户，也就是 Top X 原则。目前可以通过市场的第三方服务获取到 Top X 的数据(例如 Testin、友盟等)，当获取到这些数据后，测试人员就可以针对 APP 的兼容性测试选取覆盖范围。

针对 APP 的兼容性测试通常会考虑以下几方面：

(1) 操作系统版本。针对 iOS，目前需要考虑的版本有 iOS 6、iOS 7、iOS 8、iOS 9、iOS 10。常见的兼容性需要考虑的版本主要有 iOS 5.1.1(支持 64 位的最低版本)。

针对 Android，截至目前通常要考虑 Android 2.3(有少量较老的机型)、Android 4.x 以及 Android 5.0。

针对每个操作系统大版本下的小版本(比如对于 Android 4，包括子版本号 4.0-4.0.2，4.0.3-4.0.4、4.1、4.2、4.3、4.4)，如果逐个去覆盖，工作量太大，投入产出比太低。除非直接影响 APP 的特性变动，否则不会逐个考虑每个小版本。

(2) 屏幕分辨率。由于显示屏技术的不断提升和更新，手机屏幕的分辨率也在逐步提升。以 Android 为例，截至目前，主流机型的分辨率大致经历了 800 × 480、960 × 640、1280 × 720(720 p)、1920 × 1080(1080 p)、2560 × 1440(2 k)等几个阶段。对于 iOS，相对简单一些，可以主要考虑最近几代机型对应的分辨率。

分辨率的兼容性是一个容易遇到的问题，如果代码没有对不同的分辨率做适配处理，就会出现错位、遮挡、留白、拉伸和模糊等各种问题。一方面需要在测试过程中实际验证，另一方面需要从设计和代码(比如使用相对布局)层面考虑。

(3) 不同厂家的ROM。这主要是由Android系统的碎片化引起的问题，几乎每个Android手机厂商都对 Android 系统进行了或深或浅的定制。实际中，测试人员也会遇到一些不同厂家 ROM 导致的问题，比如调用相机和一些底层服务出现的不兼容，以及“摇一摇”之类的功能遇到不同手机对于方向和重力传感器灵敏度设置不同的问题。这需要测试人员采购一些主流厂家的手机型号，并验证手机的功能。

(4) 网络类型。这也是一个需要考虑的问题，涉及 APP 中对不同网络的策略，以及对于不同网络的带宽、延迟和稳定性的处理。目前，测试人员通常会考虑 WiFi、2G、3G、4G 下的功能情况。

针对手机 M 版网站，测试中主要是考虑不同的浏览器类型，包括主流厂商的手机上自带的浏览器，以及第三方浏览器。另外，需要考虑的就是屏幕分辨率的问题。

针对以上提到的兼容性问题，基本的做法就是根据 APP 用户的特征挑选出要覆盖的范围，然后购买相关的测试设备，在功能测试中抽出一部分时间做兼容性测试。实际中为了效率，不可能使每个测试用例在每个兼容性的维度执行，因为功能用例数直接乘以设备数，其结果是无法承受的测试工作量。测试中通常选择在少数主流设备上执行全部的用例，在其他兼容性范围内的设备上覆盖主要功能的用例。在项目执行过程中为了更好地跟踪和了解进展，可以通过表格的形式来维护不同功能点的兼容性测试情况。在Bug管理方面，可以增加对应的选项，在测试人员提交Bug的时候记录，以便后面进行统计和总结经验。

8.3　基于UI自动化脚本的云测试方案

通过人工或者自动化的方式，在需要覆盖到的终端上进行功能性测试，并观测性能、稳定性等其他非功能属性。在这个过程中，最关键的是终端的覆盖率。

兼容性手工测试和普通的功能测试没有实质性区别，有对应的设备和足够的时间就可以开展，但是这个方法也有一定的局限性：

(1) 很多测试团队不一定有完备的所有类型的设备。特别是对于外部反馈的兼容性问题，立即去采购设备周期较长，而且使用率也可能会很低。

(2) 为了覆盖不同维度的兼容性，需要测试人员通过手工方式在多台设备上执行重复的用例，效率比较低下，重复劳动也容易使人厌倦。

(3) 在不同设备上发现的问题需要手工截图和记录日志，这也是一个比较耗时的工作。

传统的兼容性测试中，需要开发者自备设备，并通过自动化调度或者人工的方式进行测试。其中涉及的购买真机、部署维护的成本相对较高。基于以上问题和新的APP云测试技术的出现，笔者采用了一些新的兼容性测试的方法，思路大致如下：

(1) 针对上述兼容性问题，需要将一些比较基本的UI操作步骤在不同的手机上反复多次操作，工作量随着需要测试的机型的数量线性增长。

(2) 通常测试人员手头的测试机数量有限，而目前全球最大的真机测试平台Testin在实验室为云测试平台提供了5万台左右的智能终端设备，供开发者及用户做兼容性测试。

通过云测试的方案可以解决手工兼容性测试很难解决的问题。云测兼容性测试主要依托于自动化对大量的移动终端进行并发性的兼容性测试，这样可以大大提高测试效率，缩短测试时间。

8.3.1　Testin公有云自动化测试平台兼容性测试提测流程

Testin公有云自动化测试平台兼容性测试提测流程如下：

(1) 打开Testin官网(www.testin.cn)，如图8-1所示。

图8-1　云测官网首页

(2) 点击"兼容测试"，如图8-2所示。

图8-2　云测兼容性测试主页

(3) 点击"免费测试"，出现图8-3所示的界面。

图8-3　免费测试界面

(4) 注册有效的账户并且登录，如图8-4所示。

图8-4　注册/登录页面

(5) 登录成功后可以上传所要测试的 APP。

(6) 上传成功后进入补充信息界面。

(7) 点击“下一步”进入机型选取界面。这里点击“精选 50 款”进行兼容性测试。

(8) 点击“提交测试”，跳转到提测成功界面，等待测试结果。

可以注意到，以上提交的兼容性测试其实是一个轻量级的标准兼容性测试，手机覆盖是随机的 50 台，没有编写测试用例进行测试，而是用了 Monkey 的形式随机遍历 3 min，然后获取出测试报告。标准兼容性测试的测试内容较浅，远不能满足功能繁多的 APP 的兼容性测试。因此，需要用深入的自动化脚本对测试主要功能点进行覆盖，称之为深度兼容性测试。Testin 的公有云深度兼容性测试及私有云 Testin Pro 自动化测试平台很好地解决了这个问题。

8.3.2 TestinPro 私有云自动化测试平台兼容性测试提测流程

Testin 私有云自动化平台 TestinPro 为兼容性测试提供了很好的测试环境，用户可以根据 APP 的核心功能点来设计兼容性测试自动化脚本，这样可以更加精准地进行兼容性测试。值得注意的是，兼容性测试的目的是为了测试 APP 对于大量碎片化终端的适配性问题，而不是解决功能测试的用例测试，这点有些工程师容易混淆。

那么，如何用 TestinPro 自动化测试平台进行深度的兼容性测试呢？具体操作步骤如下：

(1) 在电脑中打开 TestinPro 登录地址 http://demo.pro.testin.cn/account/logout.htm。

(2) 点击“任务管理”，进入任务管理界面。

(3) 在任务管理菜单点击“创建测试任务”，出现图 8-5 所示的测试类型选择界面。

图 8-5　测试类型选择界面

(4) 现在要进行的是兼容性测试，因此选中“兼容测试”，然后点击“下一步”进入兼容测试步骤的界面。

(5) 选择现有的应用或者点击“上传新应用”来进行测试。这里选中一个已经上传好的应用，然后点击“下一步”进入选择执行策略的界面。在此可以选择针对兼容性测试的执行方式。TestinPro 平台目前支持三种兼容性测试方式，即“安装+启动”“安装+启动+Monkey”和“安装+执行脚本”。

① 安装+启动：这个测试类型是只测试 APP 的安装以及启动的过程的兼容测试，如果这两个过程都没有问题，那么表示测试完成。

② 安装+启动+Monkey：这个测试类型是在正常安装、启动成功的情况下，还要进行

Monkey 测试(Monkey 测试是 Android 自动化测试的一种手段。Monkey 测试本身非常简单，就是模拟用户的按键输入、触摸屏输入、手势输入等，看设备多长时间会出现异常。当 Monkey 程序在模拟器或真实设备运行的时候，程序会产生一定数量或一定时间内的随机模拟用户操作的事件，如点击、按键、手势，以及一些系统级别的事件。Monkey 测试通常也称随机测试或者稳定性测试)。

③ 安装+执行脚本：这个测试类型是有自动化脚本作为主导的测试，该自动化脚本是测试人员根据特定的业务逻辑、功能点的遍历等方面编写出来的，因此这种脚本的深度及覆盖的宽度由测试人员设定，这种测试类型称为深度兼容性测试。

(6) 由于这里要对自己编译的自动化脚本进行兼容性测试，因此选择“安装+执行脚本”选项，点击“下一步”，进入“选择待测脚本”界面进行执行。

(7) 选中想要进行测试的已经上传的待测脚本(该自动化脚本可以通过 iTestin Pro 自动化脚本工具进行录制)，点击脚本右侧的“添加”按钮，对脚本进行添加，添加几次决定测试脚本要运行几次，可以根据需求设定来添加。点击“下一步”进入测试设备选择界面。

(8) 在选择测试终端界面可以根据兼容性测试需求选择对应的手机设备，同时也可以根据筛选条件进行筛选。对相应的设备选择完成后，点击“下一步”进入测试信息完善界面。

(9) 测试人员可以在“任务描述”里描述这次任务的主题，同时可以在“执行时间”里选择是立即执行还是定时执行。如果自动化脚本涉及参数化的内容，那么可以通过上传脚本参数按钮进行参数上传。相关信息设置完成后，点击“提交测试”进行提测，进入测试过程，同时会自动返回到 TestinPro 平台主界面。

(10) 兼容性测试的提测状态可以在 TestinPro 任务管理界面进行查看。

(11) 通过任务描述列表可以点击打开测试过程进行查看。如果测试完成，可以查看相关测试报告。

这样，一个具有深度自动化脚本的兼容性测试就提测完成了。测试人员可以通过报告来查看测试是否符合测试初衷，是否充分体现出兼容测试的相关测试点。

第九章　移动端性能测试

9.1　移动端性能测试简介

在前几年，当提到性能测试的时候，人们更多想到的是服务器的处理性能，比如服务器的 CPU、内存、磁盘 I/O 的利用率，应用程序相关业务处理能力(如每秒事务数、吞吐量、每秒点击数等)等一些性能指标。测试人员通常在正常、峰值、并发、大数据量、不同软硬件配置等情况下考察应用性能表现。而自从智能手机出现以后，对于手机本身的性能测试成为性能测试的一部分。

9.2　移动端性能指标

移动平台的性能测试除了需要考虑前面介绍的性能指标之外，还需要从以下方面考察移动终端的一些性能指标：

1．单位时间耗电量

耗电操作主要包含 CPU、WiFi、流量、传感器(GPS、NFC)以及应用屏幕 Wakelock 等操作。测试人员更多地关注应用本身是否影响了系统屏幕的 Wakelock 操作，导致耗电。

例如，现在要测试一款游戏产品，这款游戏产品是一款横版格斗类的游戏，游戏的色调比较鲜亮，界面和人物的技能都非常丰富，同时因为各关卡设定了比较紧张的战斗气氛，涉及大量的计算方面的操作，这时，单位时间内的耗电量就会比较高。又如，微信平台上的“欢乐斗地主”非常耗电，因为在操作过程中手机屏幕始终是亮着的，同时还涉及比较多的计算性的操作。这里，建议大家应将单位时间耗电量问题作为移动平台终端测试的一项内容。

2．单位时间网络流量消耗

越来越快的生活节奏总是促使人们利用碎片化的时间进行学习或者娱乐，基于移动平台的手机应用和手机游戏无疑就是人们经常会用到的工具之一。然而，人们通常在看在线视频、新闻或者玩手机游戏的时候，这些应用都要与服务器进行交互，也就是从手机端发出请求，服务器端给予相应的响应数据信息，这就要消耗网络流量(特指在无 WiFi 的情况下，用到 2G、3G 或者 4G 移动网络)。

那么，流量的定义是什么呢？手机通过运营商的网络访问 Internet，运营商替手机转发数据报文，数据报文的总大小(字节数)即流量，这里的数据报文包含手机上下行的报文。

由于数据报文采用 IP 协议传输，运营商计算的流量一般是包含 IP 头的数据报文大小。在测试中，针对不同移动运营平台，应用不同通信运营商提供的不同的移动网络类型(2G、3G、4G 及 WiFi)情况下，相同业务操作场景下流量的耗费情况也是需要考察的内容之一。

3．移动终端相关资源的利用率

性能测试关注的重要内容不仅包括服务器端的 CPU、内存、磁盘 I/O、网络，也包括移动端的 CPU、内存，不同配置的移动终端设备对于同一款手机应用或者是游戏，它们的性能表现可能会是千差万别的，这也直接关系到手机应用或者游戏的最终用户群是哪些用户。

4．业务响应时间

“2-5-8”或者“3-5-10”原则是在基于 Web 的应用性能测试中经常用到的一个原则。也就是说，当用户发出请求后，如果系统能够在 2 s 到 3 s 之间返回响应数据，用户就会觉得系统很不错；如果响应时间为 5 s，用户会觉得可以接受；而一旦响应时间为 8 s 到 10 s 甚至响应时间更长，就会给用户带来不良感受。目前，通常对于同类产品，用户选择的空间很大，用户体验不好将直接导致用户的流失，后果是十分严重的。

5．帧率

用户在玩游戏时会对该指标非常关注。由于人类眼睛的特殊生理结构，当画面的帧率(FPS)高于 24 f/s 的时候，人们就会认为是连贯的，此现象称为视觉暂留。而第一人称射击游戏比较注重帧率的高低，如果帧率小于 30 f/s，游戏就会显得不连贯。所以有一句有趣的话：“FPS(指射击类游戏)重在 FPS(指帧率)。”如果在瞄准射击敌人的时候，由于界面不流畅，敌人的位置其实已经发生了变化，而在界面上还显示以前的位置，就会导致游戏失败。每秒的帧数或者帧率表示图形处理器处理场面时每秒能够更新的次数。高的帧率可以得到更流畅、更逼真的动画。一般来说，30 f/s 就是可以接受的，若是提升至 60 f/s 则可以明显提升交互感和逼真感，但是超过 75 f/s 就不容易察觉到明显的流畅度提升了。如果帧率超过屏幕刷新的频率，只会造成浪费，因为监视器不能以这么快的速度更新。

9.3 移动端性能测试工具及测试方法

在前面章节中，已经介绍了移动平台的性能测试分类和移动端的性能指标等内容。由于本章主要介绍移动端的相关内容，所以对服务器端的性能测试不做赘述。下面介绍一些移动端的性能测试工具及测试方法。

9.3.1 Emmagee 工具使用介绍

Emmagee 是网易杭州研究院 QA 团队开发的一个简单易上手的 Android 性能监测工具，主要用于监控单个手机应用的 CPU、内存、流量、启动耗时、电量、电流等性能状态的变化，且用户可自定义配置监控的采样频率以及性能的实时显示，并最终生成一份性能统计文件。该手机应用的主界面信息如图 9-1 所示。

EmmageeGitHub 的开源地址是“https://github.com/NetEase/Emmagee”。该地址除了提

供其源代码信息以外，还提供共享文档地址和讨论交流地址等。

假设要测试“凤凰新闻”这款手机应用的移动端的性能指标，就可以选择“凤凰新闻”后点击“开始测试”按钮，如图 9-2 所示。

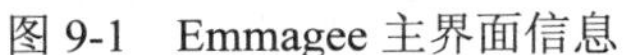

图 9-1　Emmagee 主界面信息

图 9-2　Emmagee 选择被测试应用

这样，Emmagee 将会启动“凤凰新闻”手机应用，同时在“凤凰新闻”应用屏幕的上方出现一个浮动窗口，该浮动窗口显示了内存、CPU、电流和流量的实时数据信息，在其下方还有“关闭 WiFi”和“停止测试”两个按钮，如图 9-3 所示。

接下来，就可以选择新闻信息进行阅读浏览，从而在后续的数据文件中产生相应 CPU、内存、流量等数据信息，显示在该阶段相应数据的变化，为测试人员分析该应用在该类型手机的性能表现提供依据。这里，点击“停止测试”按钮，如图 9-4 所示。

图 9-3　Emmagee 启动被测试应用的相关界面信息

图 9-4　Emmagee 停止测试被测试应用的相关界面信息

停止测试后，将会在屏幕的下方出现一条消息，如图 9-5 所示。

因为之前并没有为该应用设置相关邮件的配置选项，所以测试结果没有发送邮件，如果需要发送邮件，请进入到该软件的设置界面对邮件的相关信息进行配置(如图 9-6 所示)，相关的监控结果文件被保存在 SD 卡上，其文件名称为“Emmagee_TestResult_20150624225126.csv”。读者可以通过手机助手类软件，也可以通过 ADB 命令将该文件下载到电脑上，这里笔者将该文件下载到 C 盘根目录，该文件的内容如图 9-7 所示。

图 9-5　Emmagee 停止测试后给出的相关提示信息

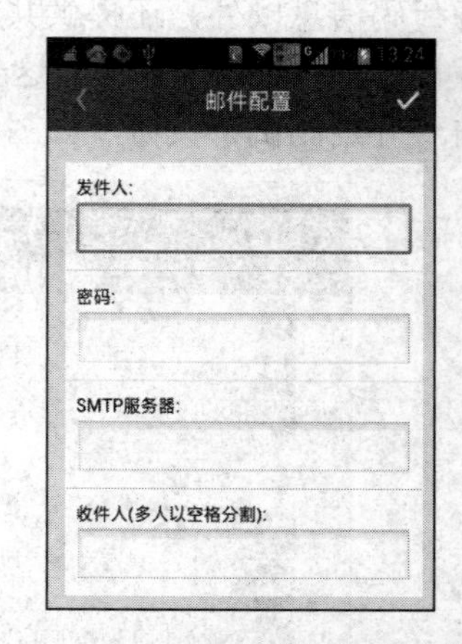

图 9-6　Emmagee 邮件相关配置信息

	A	B	C	D	E	F	G	H	I	J	K
1	应用包名:	com.ifeng.news2									
2	应用名称:	凤凰新闻									
3	应用PID:	9686									
4	机器内存大小(MB):	1	790.6MB								
5	机器CPU型号:	ARMv7 Processor rev 0 (v71)									
6	Android系统版本:	4.1.2									
7	手机型号:	SCH-N719									
8	UID:	10097									
9	时间	应用占用内存PSS(MB)	应用占用内存比	机器剩余内存(MB)	应用占用CPU率(%)	CPU总使用率(%)	cpu0总使用率	cpu1总使用率(%)	cpu2总使用率(%)	cpu3总使用率	流量(KB)
10	2015/6/24 22:51	22.67	1.27	331.86	0	0	0	0	0	0	1
11	2015/6/24 22:51	24.68	1.38	332.01	10.49	41.07	52.02	38.65	32.25	0	2
12	2015/6/24 22:51	23.48	1.31	334.1	4.08	45.18	53.11	41.97	40.58	0	2
13	2015/6/24 22:51	23.48	1.31	333.91	0	39.83	60.54	31.08	27.94	0	2
14	2015/6/24 22:51	23.48	1.31	333.3	0	28.41	57.83	15.86	11.41	0	2
15	2015/6/24 22:51	23.48	1.31	334.67	0	31.51	58.49	21.24	14.89	0	2
16	2015/6/24 22:52	23.48	1.31	330.84	0	47.57	48.37	46.76	47.8	0	2
17	注释:已知部分不支持的机型可在此查阅:https://github.com/NetEase/Emmagee/wiki/Some-devices-are-not-supported										
18	电流: 小于0是放电大于0是充电										
19	启动时间: 为空是应用已启动或者未搜集到启动时间										
20	N/A: 不支持或者数据异常										

图 9-7　“Emmagee_TestResult_20150624225126.csv”相关文件内容信息

从图 9-7 中可以看到，该文件中的信息包括应用包名、应用名称、应用 PID、机器内存大小(MB)、机器 CPU 型号、Android 系统版本、手机型号、UID 等信息，同时还包括了具体的采样时间点、应用占用内存 PSS(MB)、应用占用内存比(%)、机器剩余内存(MB)、应用占用 CPU 率(%)、CPU 总使用率(%)、cpu0 总使用率(%)、cpu1 总使用率(%)、cpu2 总使用率(%)、cpu3 总使用率(%)、流量(kB)、电量(%)、电流(mA)和温度(℃)的相关数据信息。在进行数据分析时，通常需要做出一个更加方便相关领导及其他项目干系人阅读的性能指标数据变化图表。下面以这个文件为例，介绍如何形成性能指标数据趋势变化图表。

“时间”列内容如图 9-8 所示。由图可以看到，该列的时间仅显示到了分钟，而设置的采样频率为 5 s，如图 9-9 所示，为了方便展示短时间的数据，需要将其格式改为秒级别。

时间	应用占用内存PSS(MB)
2015/6/24 22:51	22.67
2015/6/24 22:51	24.68
2015/6/24 22:51	23.48
2015/6/24 22:51	23.48
2015/6/24 22:51	23.48
2015/6/24 22:51	23.48
2015/6/24 22:52	23.48

图 9-8　“Emmagee_TestResult_20150624225126.csv”的“时间”列相关文件内容信息

图 9-9 Emmagee 工具“采集频率”设置信息

在 Excel 工具中，选中“时间”列数据，点击鼠标右键，选择“设置单元格格式”菜单项，如图 9-10 所示。

然后，在弹出的“设置单元格格式”对话框内，在“类型”中选择“上午/下午 h‘时’mm‘分’ss‘秒’”选项，点击“确定”按钮，如图 9-11 所示。

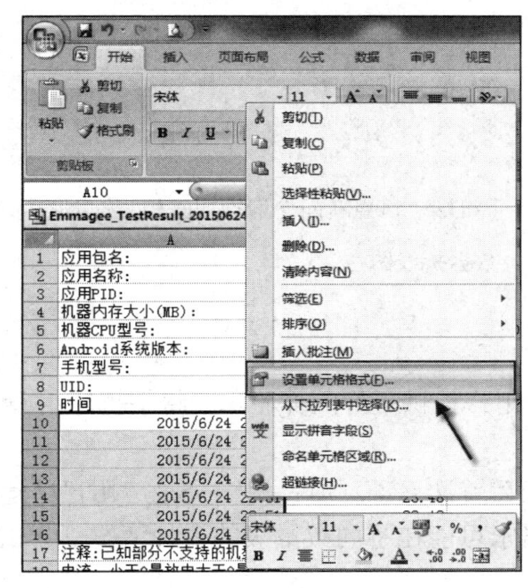

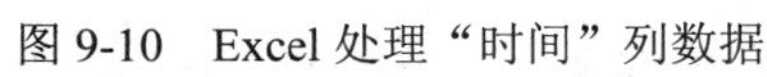

图 9-10 Excel 处理“时间”列数据　　图 9-11 “设置单元格格式”对话框

经过格式化的“时间”列数据如图 9-12 所示。

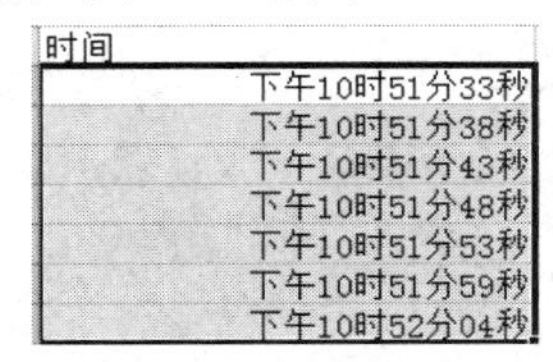

时间
下午10时51分33秒
下午10时51分38秒
下午10时51分43秒
下午10时51分48秒
下午10时51分53秒
下午10时51分59秒
下午10时52分04秒

图 9-12 经过格式化后的“时间”列数据

下面，根据已有的数据创建一张折线图。首先，选中列和数据信息，如图 9-13 所示(因为数据项比较多，这里只截取了部分数据项信息，事实上，笔者选中了全部的数据列名称和数据信息)。

时间	应用占用内存PSS(MB)	应用占用内存比	机器剩余内存(MB)	应用占用CPU率(%)	CPU总使用率(%)	cpu0总使用率	cpu1总使用率(%)
下午10时51分33秒	22.67	1.27	331.86	0	0	0	0
下午10时51分38秒	24.68	1.38	332.01	10.49	41.07	52.02	38.65
下午10时51分43秒	23.48	1.31	334.1	4.08	45.18	53.11	41.97
下午10时51分48秒	23.48	1.31	333.91	0	39.83	60.54	31.08
下午10时51分53秒	23.48	1.31	333.3	0	28.41	57.83	15.86
下午10时51分59秒	23.48	1.31	334.67	0	31.51	58.49	21.24
下午10时52分04秒	23.48	1.31	330.84	0	47.57	48.37	46.76

图 9-13　选中的相关数据列名称和数据信息

然后，选择“插入”页，点击“折线图”，在弹出的“二维折线图”中选择自己偏爱的样式，这里选择箭头所示的样式，如图 9-14 所示。

点击该样式后，将产生图 9-15 所示图表，从该图表中可以清楚地看到内存、CPU、电压、温度等性能指标的变化情况。

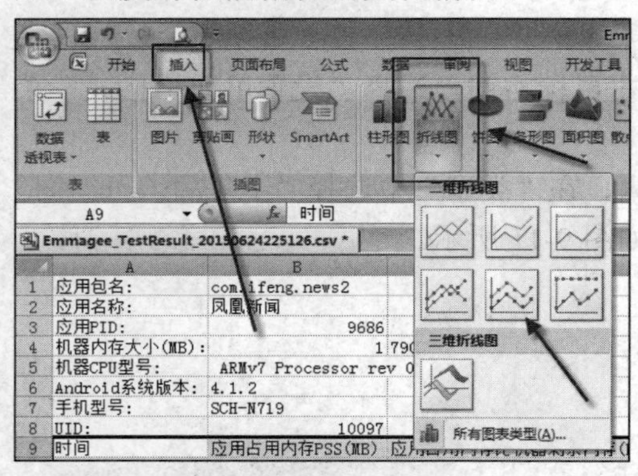

图 9-14　由数据到图表的处理

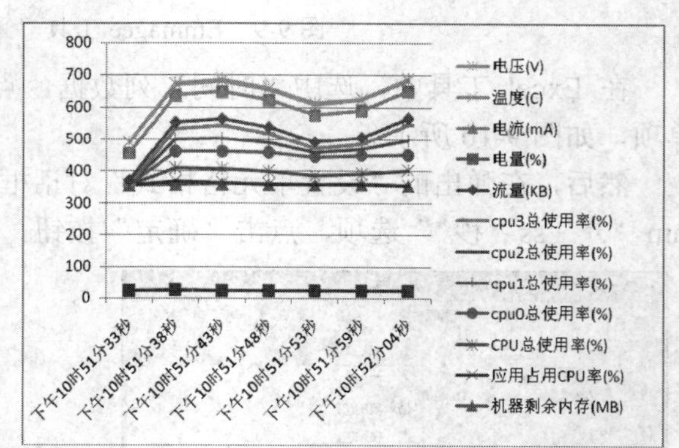

图 9-15　手机端“凤凰新闻”运行期间相关性能指标数据折线图

9.3.2　查看应用启动耗时

通常，有些移动端的应用软件或者游戏为了给用户提供更好的体验，会将手机应用/游戏的启动耗时作为其考察的一项指标。

启动耗时分成两类内容，一类是应用安装完成后首次启动耗时；另一类是应用已经运行过并有一定的数据量的情况下，如果有相关的需求可能在不同数量级的多种情况下尝试多次启动应用。现在介绍两种情况下的测试实现。

第一类：可以结合高级语言或者使用其他脚本语言来实现，这里以 Delphi 语言的实现为例。

```
        start_time1 := GetTickCount;
Run('adb   -s 4df7b6be03f2302b shell am start -n
             simple.app/simple.app.SimpleAppActivity;');
        stop_time1 := GetTickCount;
```

由以上代码可以看到在运行前后分别加了一个计时，这样相减后的数值就为其运行所花费的时间，其实现的显示如图 9-16 所示。

第二类：可以直接应用控制台命令“adb -s 4df7b6be03f2302b shell am start -W -n simple.app/simple.app.SimpleAppActivity”，其对应的输出如图 9-17 所示，其中“TotalTime”

是启动耗费的时间，这里耗时为 361 ms。

查看已安装APP启动耗时
请选择设备：4df7b6be03f2302b
应用包名：simple.app
启动Activity：simple.app.SimpleAppActivity
启动耗时：513毫秒　计算　退出

图 9-16　Delphi 实现的计算手机应用首次启动耗时的功能

```
C:\Users\Administrator.USER-20150429SF>adb -s 4df7b6be03f2302 shell am start -W -n simple.app/simple.app.SimpleAppActivity
Starting: Intent { cmp=simple.app/.SimpleAppActivity }
Status: ok
Activity: simple.app/.SimpleAppActivity
ThisTime: 361
TotalTime: 361
Complete
```

对应指令

图 9-17　ADB 命令实现的计算手机应用再次启动耗时的功能

9.3.3　获得电池电量和电池温度信息

如果查看一些基于 Android 的性能测试工具源代码，就会发现它们都是一些系统包或者命令，每隔一定的时间就去捕获系统的一些 CPU、内存、网络等信息，将捕获的这些数据信息绘制成方便阅读的图表。例如，在命令行控制台输入“adb shell dumpsys battery”指令，将会看到图 9-18 所示输出信息。

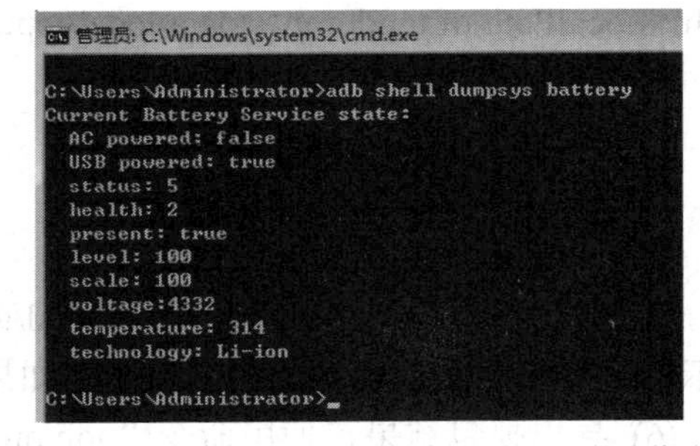

图 9-18　查看手机电量的指令及相关输出信息

下面解释相关的一些输出的含义：

“AC powered: false”：表示是否连接电源供电，这里为“false”，表示没有使用电源供电。

“USB powered: true”：表示是否使用 USB 供电，这里为“true”，表示使用 USB 供电。

“status: 5”：表示电池充电状态，这里为“5”，表示电池电量是满的(对应的值为“BATTERY_ STATUS_FULL”，其值对应为 5)。

“health: 2”：表示电池的健康状况，这里为“2”，表示电池的状态为良好(对应的值为“BATTERY_HEALTH_GOOD”，其值对应为 2)。

“present: true”：表示手机上是否有电池，这里为“true”，表示有电池。

“level: 100”：表示当前剩余的电量信息，这里手机剩余的电量是 100，也就是满的，但是如果使用的是模拟器则永远为 50。

“scale: 100”：表示电池电量的最大值，通常该值是 100，因为这里的电池电量是按百分比显示的。

“voltage:4332”：表示当前电池的电压，模拟器上的电压是 0，这里电池的电压为 4332 mV。

“temperature: 314”：表示当前电池的温度，它是一个整数值，“314”表示 31.4℃，其单位为 0.1℃。

“technology: Li-ion”：表示电池使用的技术，这里的“Li-ion”表示锂电池。

由此可见，电池的电量和温度信息较容易获得。如果根据捕获这些数据的频率(比如，每隔 3 s 或 5 s 定时捕获这些数据，当然捕获、处理这些数据也需要耗费一定的时间)将这些数据捕获以后，就可以将它们连接起来，从而形成一个折线图，了解在运行特定的应用程序或游戏时电池电量和电池温度等指标的情况。

9.3.4 Tcpdump+Wireshark 流量测试

流量测试最直接的方法就是抓包，也就是抓取报文。在 APP 运行时，把手机收发的所有报文抓取下来，再计算收发报文总大小，即 APP 消耗的流量。如果需要测试某一款 APP 应用消耗的流量，则需要禁用其他 APP 的联网权限，可通过以下步骤实现：

(1) 限制其他 APP 的联网权限。因为有些 APP 的进程是常驻后台的，即使不运行，也会有网络报文。可以借助手机管家软件禁用网络。

(2) 手机上抓包，下载 Tcpdump，将手机与电脑连接，获得 root 权限。

(3) 将 Tcpdump(for Android)上传至 Android 手机上，在命令提示符窗口中输入命令“adb push <LocalPath of tcpdump> /data/local/tcpdump”。

(4) 给 Tcpdump 增加可执行权限：

```
adb shell
su
chmod 755 /data/local/tcpdump
```

(5) 启动抓包，使用命令“/data/local/tcpdump -v -i any -s 0 -w /sdcard/zhuabao.pcap”，显示的数字表示当前抓到的包的数量。如果数字有变化，表示当前产生网络流量。

(6) 导出抓包结果，使用命令“adb pull /sdcard/zhuabao.pcap”。

(7) 用 Wireshark 打开刚才的抓包结果，点击“StatisticsàSummary”，流量的数值位于 Bytes 一行的 Displayed 一栏。

第十章　移动服务器端性能测试

性能测试是通过自动化的测试工具模拟多种正常、峰值以及异常负载条件来对系统的各项性能指标进行测试。负载测试和压力测试都属于性能测试，两者可以结合进行。通过负载测试，确定在各种工作负载下系统的性能，目标是测试当负载逐渐增加时，系统各项性能指标的变化情况。压力测试是通过确定一个系统的瓶颈或者不能接受的性能点来获得系统能提供的最大服务级别的测试。

性能测试概括为三个方面：应用在客户端性能的测试、应用在网络上性能的测试和应用在服务器端性能的测试。

手机 APP 对平台的性能要求较严格，若存在性能问题，可能会出现严重的 Crash 问题，因此，对 APP 进行性能测试很有必要。进行性能测试时，可将其分为五个阶段，即 Monkey 压力测试、手机内存泄漏检测、手机 CPU 使用率检测、手机缓存检测、服务器性能测试。

10.1　性能测试类型

系统的性能是一个很大的概念，覆盖面非常广泛，软件系统的性能包括执行效率、资源占用、系统稳定性、安全性、兼容性、可靠性、可扩展性等。性能测试是为描述测试对象与性能相关的特征并对其进行评价而实施和执行的一类测试。性能测试主要通过自动化的测试工具模拟多种正常、峰值以及异常负载条件来对系统的各项性能指标进行测试。依据不同情况，可将性能测试分为以下几种类型。

1. 负载测试

负载测试是通过逐步增加系统负载，测试系统性能的变化，并最终确定在满足系统性能指标的前提下，系统所能够承受的最大负载量的测试。简而言之，负载测试是通过逐步加压的方式来确定系统的处理能力和能够承受的各项阈值。例如，通过逐步加压得到“响应时间不超过 10 s”“服务器平均 CPU 利用率低于 85%”等指标的阈值。

2. 压力测试

压力测试是通过逐步增加系统负载，测试系统性能的变化，并最终确定在什么负载条件下系统性能处于失效状态来获得系统能提供的最大服务级别的测试。压力测试是逐步增加负载，使系统中某些资源达到饱和甚至失效。

3. 配置测试

配置测试主要是通过对被测试软件的软硬件配置的测试，找到系统各项资源的最优分配原则。配置测试能充分利用有限的软硬件资源，发挥系统的最佳处理能力，同时可以将其与其他性能测试类型联合应用，从而为系统调优提供重要依据。

4．并发测试

并发测试是测试多个用户同时访问同一个应用、同一个模块或者数据记录时是否存在死锁或者其他性能问题，所以几乎所有的性能测试都会涉及一些并发测试。因为并发测试对时间的要求比较苛刻，通常并发用户的模拟都是借助于工具，采用多线程或多进程方式来模拟多个虚拟用户的并发性操作。在后续介绍 LoadRunner 工具时，有一个集合点的概念，它就是用来模拟并发的。

5．容量测试

容量测试是在一定的软、硬件条件下，在数据库中构造不同数量级的记录数量，通过运行一种或多种业务场景，在一定虚拟用户数量的情况下，获取不同数量级别的性能指标，从而得到数据库能够处理的最大会话能力、最大容量等。系统可处理的同时在线的最大用户数通常和数据库有关。

6．可靠性测试

可靠性测试是通过给系统加载一定的业务压力(如 CPU 资源使用率为 70%～90%)的情况下，运行一段时间，检查系统是否稳定。因为运行时间较长，所以通常可以测试出系统是否有内存泄露等问题。

在实际的性能测试过程中，也许用户经常会遇到要求长时间稳定运行的系统性能需求，对于这种稳定性要求较高的系统，可靠性测试尤为重要。但通常一次可靠性测试不可能执行太长时间，因此在多数情况下，可靠性测试是执行一段时间，如 24 小时、3×24 小时或 7×24 小时来模拟长时间运行，通过长时间运行的相关监控和结果来判断系统能否满足需求，平均故障间隔时间(MTBF)是衡量可靠性的一项重要指标。

7．失败测试

对于有冗余备份和负载均衡的系统，通过失败测试来检验如果系统局部发生故障，用户能否继续使用系统，用户受到多大的影响，如对几台机器做均衡负载，测试一台或几台机器垮掉后系统能够承受的压力。

10.2　APP 压力测试

软件压力测试是一种基本的质量保证行为，它是每个重要软件测试工作的一部分。软件压力测试的基本思路很简单：不是在常规条件下运行手动或自动测试，而是在计算机数量较少或系统资源匮乏的条件下运行测试。通常要进行软件压力测试的资源包括内部内存、CPU 可用性、磁盘空间和网络带宽。

APP 的压力测试顾名思义，就是被测试的系统在一定的访问压力下，看程序运行是否稳定/服务器运行是否稳定(资源占用情况)，比如：2000 个用户同时到一个购物网站购物，这些用户打开页面的速度是否会变慢，或者网站是否会崩溃。

压力测试市场上一般有两种方式进行压力测试，一种是基于工具类的，例如用 LoadRunner 和 Jmeter 来实现场景的设置以达到测试的目的，另一种是基于云端的压力测试，一般是一些第三方企业通过服务的形式为用户提供。下面基于这两种方式进行阐述。

10.3　基于云端的压力测试

传统的压力测试方法通常需要准备大量的环境，如准备测试的压力机，安装测试工具，录制测试脚本，对服务器不断施加“压力”，通过这种方式来确定系统的瓶颈或者不能接收的性能点，来获得系统能提供的最大服务级别的测试，这个阶段称为压测 1.0。

压测 1.0 时代的主流压测工具有 LoadRunner、SilkPerformer、Rational、QA Load、Jmeter 等，LoadRunner 为传统压测 1.0 时代最主要的代表产品。

以 LoadRunner 为例，传统工具压测的流程如图 10-1 所示。

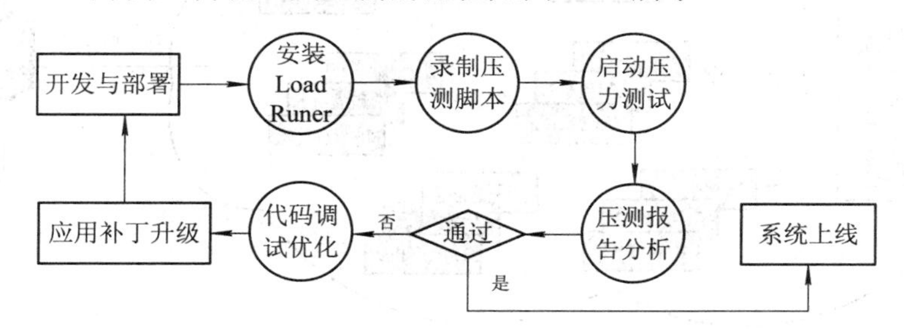

图 10-1　LoadRunner 压测流程图

压测 1.0 时代的压测有以下缺点：

(1) 测试过程缓慢，周期过长。

(2) 并非聚焦于全球客户的体验。

(3) 非常昂贵的授权费用及硬件投入。

(4) 为实验室测试而设计，对生产或线上环境无能为力。

(5) 不能针对当今复杂的应用及架构提供实时的反馈。

基于云计算的全链路压力测试称为云压测，这个阶段为压测 2.0。云压测通过遍布云端的制造压力的服务器来模拟真实用户访问，覆盖“交易”的全链路、全业务类型测试系统，并且创新地使用“云”这种轻资产，对来自全世界互联网和移动互联网的压力进行测试。

基于云压测的流程如图 10-2 所示。

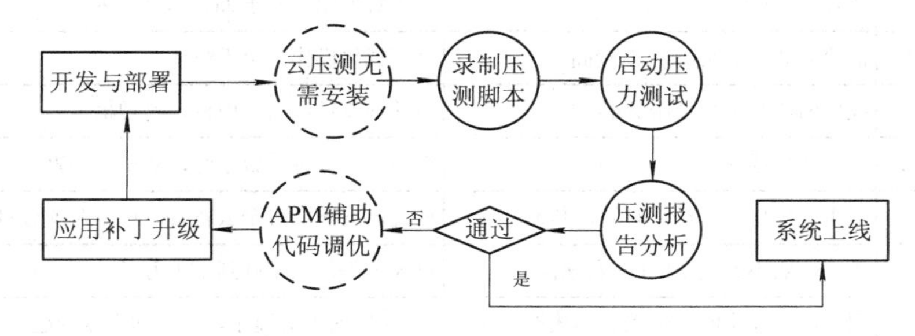

图 10-2　云压测流程图

当产生压测需求时，覆盖主流云厂商的压测虚机自动下发压测脚本，进行云端托管式部署。利用云计算优势，当需要模拟大规模用户访问时，只要多开云主机就能实现，例如需要模拟 100 万的用户访问，需要开 100 台云主机。

云压测的准备时间基本上是由云主机启动时间来决定，这在压测 1.0 时代是根本不可能实现的。云压测是在云主机中发起的，因此反映了真实的用户访问环境，而压测 1.0 时代的传统压测方式下，压测则必须在内网的模拟环境下进行。

云压测的工作原理如图 10-3 所示。

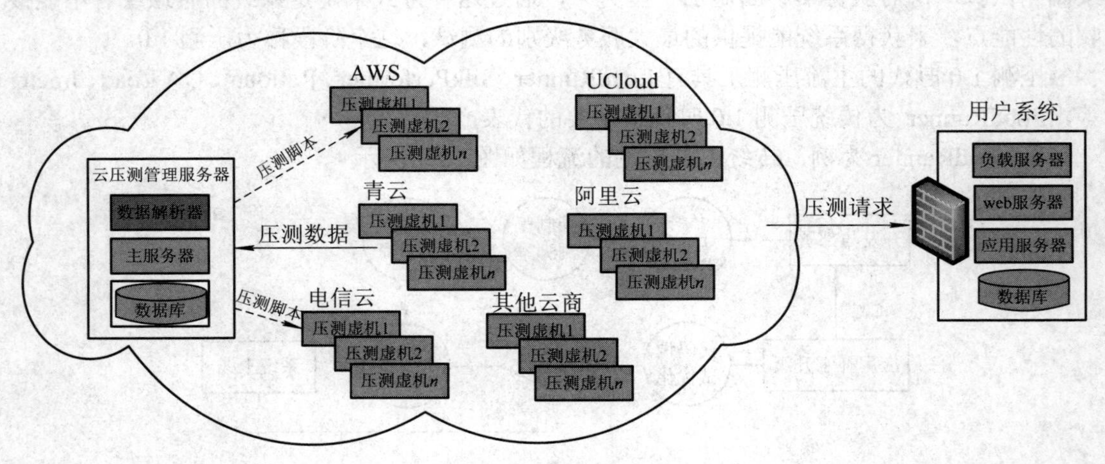

图 10-3　云压测的工作原理

压测 2.0 时代的压测有以下优点：

(1) 迅速部署。根据压力测试的需求快速实施部署，节省前期准备时间。

(2) 实时统计。所有测试过程中的数据可进行实时统计。

(3) 真实世界的规模和模拟。压测量级可达到真实世界用户的规模。

(4) 分布式的用户。按照用户分类来选择测试对象。

(5) 高效且持续。压测 2.0 具备效率高、可持续测试的特点。

(6) 除去了硬件投入。云压测不需要进行硬件设备的相关投入。

下面对传统工具压测与云压测进行比较，结果如图 10-4 所示。

比较维度	LoadRunner	云压测
采用技术	研发于 90 年代，基于 C	生于21世纪，基于 Java 及大数据
测试创建	需要 C 编程，测试门槛较高	全可视化操作，上手快
部署方式	纯内网，基于物理服务器	内外网兼顾，云，虚机，物理机
部署时间	长，几周或几个月	很短，数分钟或数小时，测试更频繁
部署费用	昂贵，硬件，人员，时间，其他	便宜，压测端可全云托管，按小时或分钟计费
测试规模	小，一般不超过 2000 并发规模	可大可小，从 100 到 1 千万
统计报表	很有限，非实时，依赖后期数据处理	TB 级实时汇聚显示，即测即发现问题

图 10-4　工具压测与云压测的优劣势对比

目前市场比较前沿的云压测性能解决方案如图 10-5 所示。

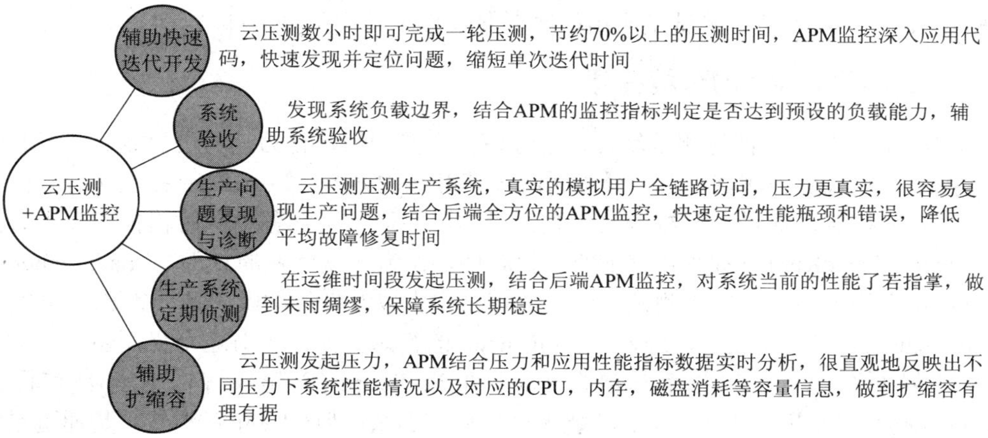

图 10-5　云压测解决方案

云压测的应用场景：与压测 1.0 时代只关注于后端性能不同，云压测关注前端和后端性能，从前端的不同物理位置、不同运营商链路、宽带、窄带、带宽、CDN、防火墙、负载均衡到后端的应用软件、数据库、硬件资源、系统配比等，云压测在测试环境中还原真实业务环境。

10.4　LoadRunner 测试工具

10.4.1　LoadRunner 概述

从字面上进行理解，LoadRunner 就是负载跑步者，为什么这么说呢？对于从事 IT 软件行业的工作者(如开发人员和测试人员)来说，一定不会感到陌生的就是在承受负载的条件下运行软件或者网页的业务。另一个比较形象的理解就是“压死骆驼的最后一根稻草”，这里的稻草就是软件的事务。LoadRunner 这款软件就是测试这个“骆驼”能够承受多大的重量。

过去的 20 年里，各公司一直致力于开发自动化操作软件。一直以来，通过软件应用程序，我们获得了巨大的效率和生产力，而软件应用程序已成为一种在全球经济中进行协作和共享信息的新介质。实际上，使用软件应用程序已成为共享关键业务信息和处理各类事务的主要方式。今天，软件应用程序已涵盖了从电子邮件到用于事务处理的 CRM 等业务。

在现阶段，随着软件开发技术的快速发展及日趋成熟，现代应用程序的复杂性也在急剧上升。应用程序也许使用数十个或数百个组件就能从事曾一度用人工方式来处理的工作。在业务处理过程中，应用程序的复杂程度与潜在故障点的数量有直接的关联。故障点越多，找出问题根源的难度就越大。

此外，不管是因为要提供具有竞争力的优势还是因为要响应业务条件的变化，软件应用程序每年、每月、每周都在发生着变化。而这一系列的变化又将导致其他风险，各公司必须对这些风险进行管理。惊人的变化速度和软件复杂性的急剧上升也给软件开发过程带来了巨大的风险，严格的性能测试是量化和减少业务风险最常见的策略。使用 Mercury

LoadRunner 进行自动负载测试是应用程序部署过程中必不可少的部分。

10.4.2 LoadRunner 的环境搭建

LoadRunner 是一款性能测试软件，通过模拟真实的用户行为，通过负载、并发和性能实时监控以及完成后的测试报告，分析系统可能存在的瓶颈。LoadRunner 最为有效的手段之一就是并发控制，通过在控制台的设置，以实现在同一个业务中同时模拟成千上万的用户进行操作。LoadRunner 是 HP 旗下的一款软件，作为一款商业的软件，LoadRunner 在功能方面是相当强大的，特别是测试完成后的测试报告以及性能的实时监控都相当出色。

LoadRunner 安装完成后，进入 LoadRunner 的初始界面。先对这个界面做一个简单的介绍。在界面左侧有三项，第一项为 Create/Edit Scripts(创建或编辑脚本)，前面介绍 LoadRunner 是一款模拟用户行为的性能测试软件，那么如何模拟呢？当然就是通过录制脚本的方式，这样操作人员可以录制自己需要的操作。第二项为 Run Load Tests(运行负载测试)，要运行负载测试，就需要前期所录制的脚本。第三项为 Analyze Test Results(分析测试结果)。性能测试的三大步骤即业务录制、负载运行以及结果分析。

10.4.3 录制一个测试脚本

下面演示录制第一个测试脚本。点击 Create/Edit Scripts 进入图 10-6 所示界面，点击图中方框所示图标(新建图标)和其下方的“Web(HTTP/HTML)”都可以创建新脚本。

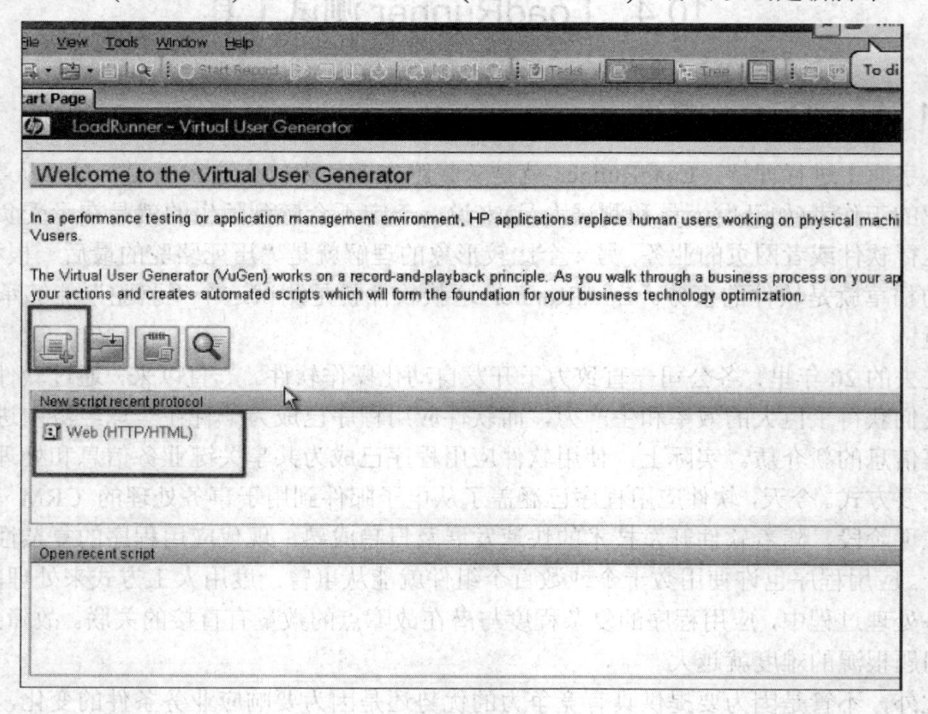

图 10-6　创建新脚本

使用“Web(HTTP/HTML)”进行创建，此时相当于选择的录制协议就是 HTTP 协议，这个协议适合录制 Web 的应用程序。点击后在弹出框“Url Address”中键入要录制网页的地址如“http://www.baidu.com”，输入后点击下方的“OK”按钮(一定不要忘记输入“http://”)。

点击新建图标后会弹出一个选择框，根据被测试的程序不同而选择与之相对应的协议，这里选择“Web(HTTP/HTML)”协议，选择完成后点击“create”按钮，如图 10-7 所示。

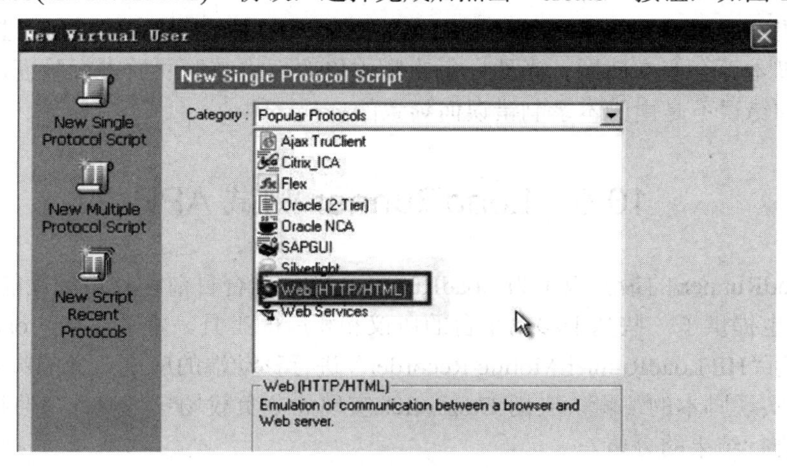

图 10-7 协议选择界面

脚本初始化创建完成后就开始录制脚本了。图 10-8 中方框所示是一个录制的悬浮窗，后面的网页百度站点是设置的录制站点，在悬浮框上“events”前面的数字显示了当前录制的事件数，悬浮框还支持暂停、开始、结束录制等功能，还可以在悬浮框的右边选择添加一些事务。

图 10-8 LoadRunner 录制窗口

点击开始按钮后，系统就开始进行录制，这个时候可以根据自身设置的场景进行脚本的录制，例如如下场景：

(1) 在百度点击“网页”。

(2) 输入“LoadRunner”。

(3) 点击“百度一下”。

(4) 点击“下一页”。

(5) 点击“图片”。

(6) 点击“百度首页”。

点击 LoadRunner 的结束按钮结束录制(也可以使用快捷键“Ctrl+F5”进行停止)，这样一条简单的 LoadRunner 自动化脚本就录制完成了。

脚本代码形成后出现的界面中，点击回放按钮，每次脚本录制完成后就进行一次回放，保证录制的脚本不会存在问题。当然，每次脚本修改后也需要回放进行验证，这样能保证测试所发生的错误不是由脚本录制错误而导致的。

10.5　LoadRunner 测试 APP

目前 LoadRunner 的最新版本为 LoadRunner 12.0，结合目前移动市场性能测试的需要，LoadRunner 也提供了一些基于移动平台的协议和相应的工具。本节结合 LoadRunner 12.0 介绍如何使用“HP LoadRunner Mobile Recorder”进行移动端的应用业务的脚本录制，以及应用 VuGen 实现脚本的编辑，应用 Controller 实现业务负载场景的设计、监控及执行，应用 Analysis 进行结果的分析。

从“Google play”下载一个手机端的脚本录制工具“HP LoadRunner Mobile Recorder”，如图 10-9 所示。

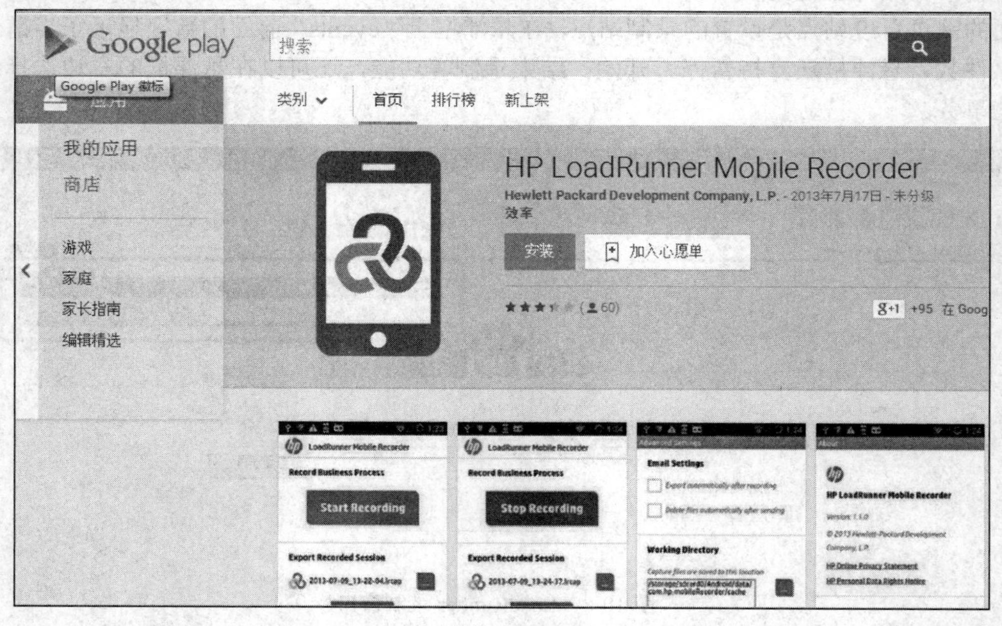

图 10-9　从“Google play”下载“HP LoadRunner Mobile Recorder”

将安装包下载后，安装到手机，安装后手机上将会出现“ ”图标，双击该图标打开“HP　LoadRunner Mobile Recorder”应用，如图 10-10 所示。

点击“Advanced options”链接，进入“Advanced Settings”活动，如图 10-11 所示。然后，选中“Export automatically after recording”选项，在该活动的下方可以看到录制脚本后自动的保存路径为“/storage/sdcard0/Android/data/com.hp.mobileRecorder/cache”。

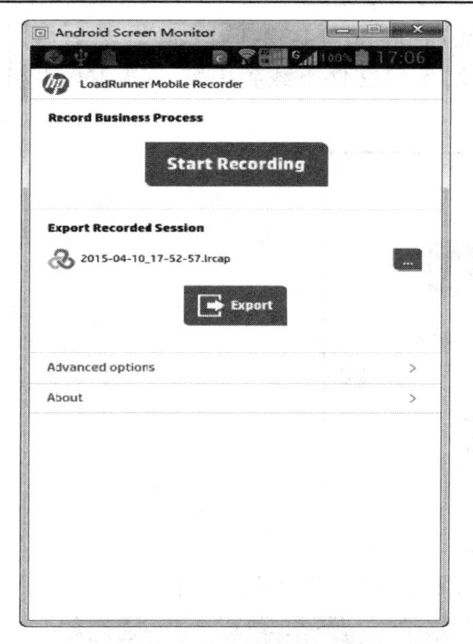

图 10-10　主活动界面信息

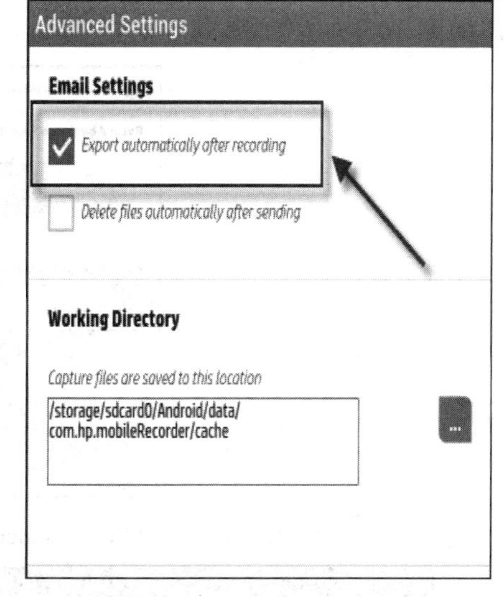

图 10-11 “Advanced Settings”活动

设置完该选项后，返回“HP LoadRunner Mobile Recorder”主活动界面，点击“Start Recording”按钮，此时按钮的颜色由蓝色变为红色，且按钮的名称变为“Stop Recording”，如图 10-12 所示。这样就可以录制需要操作的应用了。例如，可以按下手机的“Home”键，打开 IE 浏览器，输入测试者家园的博客地址“http://tester2test.cnblogs.com”，然后点击标题为“移动平台自动化测试从零开始——MonkeyRunner 工具使用(第 2 节)”的文章链接，如图 10-13 所示。

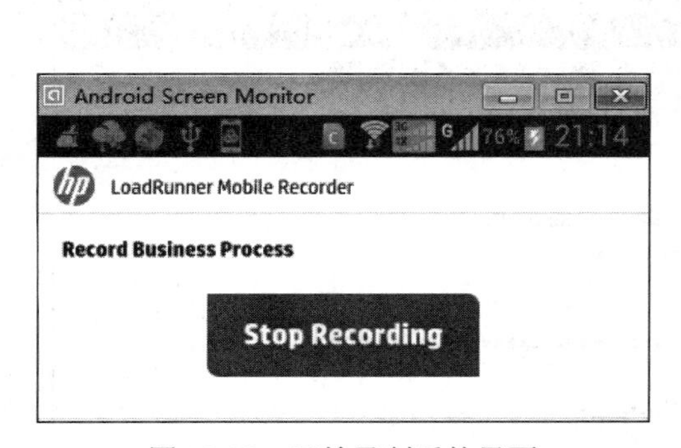

图 10-12　开始录制后的界面

图 10-13　MonkeyRunner 工具使用文章内容

最后，点击“Stop Recording”按钮停止录制，此后“HP LoadRunner Mobile Recorder”弹出一个分发录制的脚本包活动窗口，此时可以根据自己的实际情况选择用邮件或者 QQ 等工具分发脚本包。这里取消分发，返回“HP LoadRunner Mobile Recorder”主活动界面，如

图 10-14 示，同时可看到其生成的脚本包名称“2015-06-26_14-32-33.lrcap”。然后可以利用手机助手类软件将“2015-06-26_14-32-33.lrcap”脚本包文件下载到电脑，以 360 手机助手为例，如图 10-15 所示。

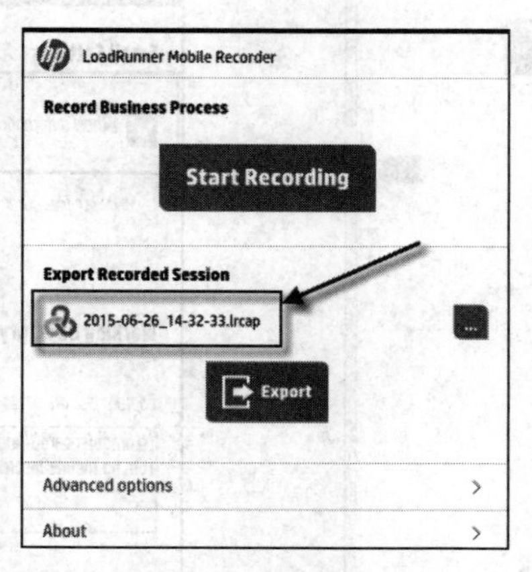

图 10-14　“HP LoadRunner Mobile Recorder”主活动界面信息

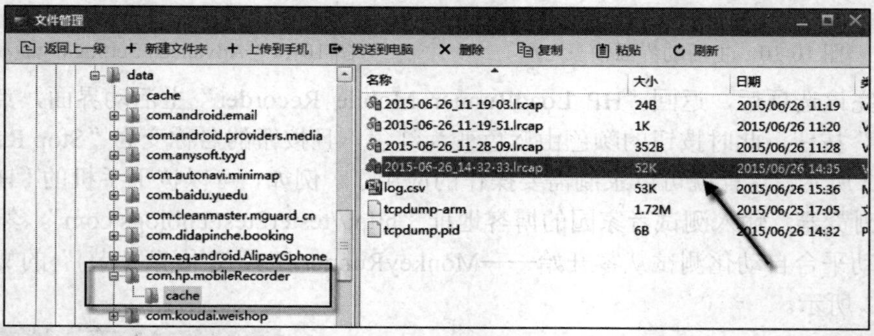

图 10-15　“2015-06-26_14-32-33.lrcap”脚本包文件信息

这里将“2015-06-26_14-32-33.lrcap”脚本包文件下载到“C”盘根目录，然后直接双击该文件，系统会自动调用 LoadRunner 的 Vugen 打开这个脚本包文件，如图 10-16 所示。

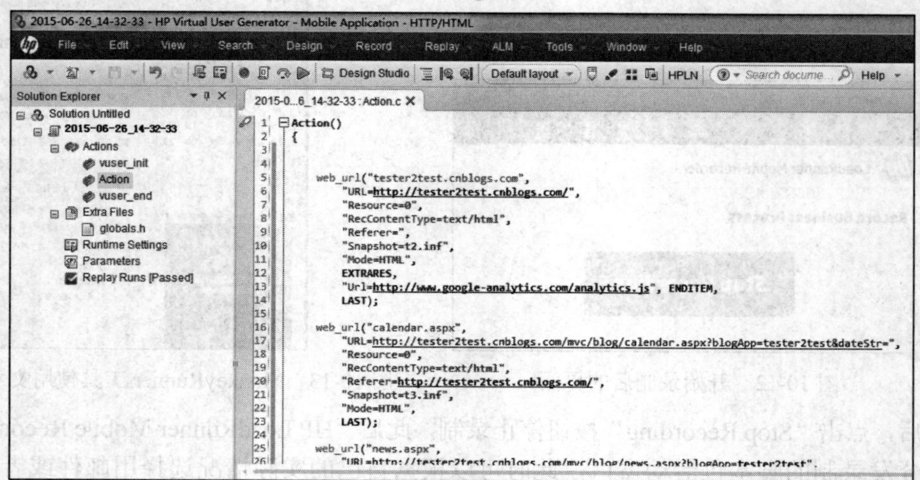

图 10-16　用 Vugen 打开的“2015-06-26_14-32-33.lrcap”脚本包文件信息

上述脚本包文件与普通的 Web 脚本没有太大的差异，可以像应用其他 Web 脚本一样对该脚本进行回放。点击“Replay”按钮，回放完成后将自动显示回放的结果，如图 10-17 所示。

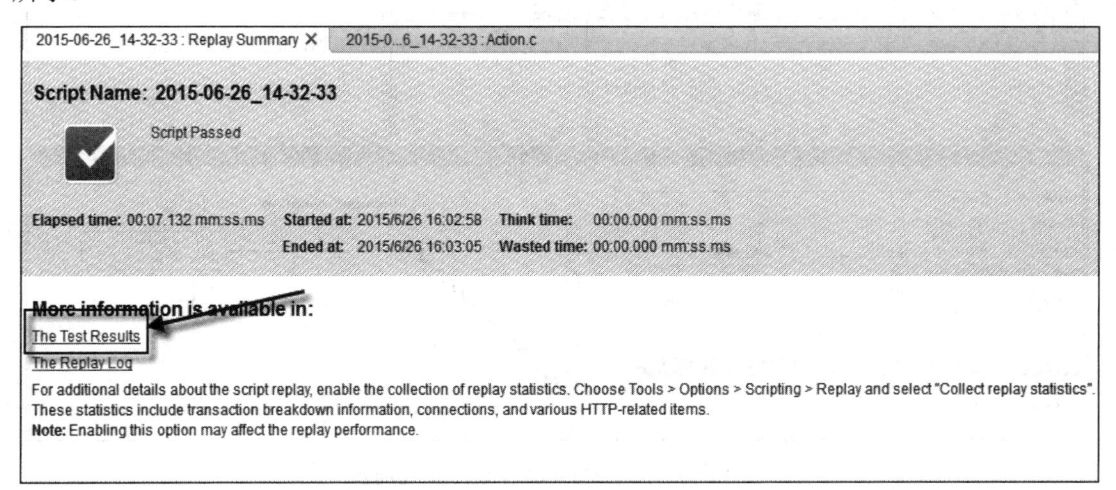

图 10-17　回放结果信息

点击“The TestResults”链接，查看具体的回放内容，如图 10-18 所示。

图 10-18　具体的回放结果信息

当然，还可以根据实际情况修改完善脚本内容，比如：加入事务、对脚本进行参数化等操作。

也可以应用 Controller 选择修改完善后的脚本，进行负载场景的设计，同时加入需要考察的一些性能计数器，如图 10-19 所示。

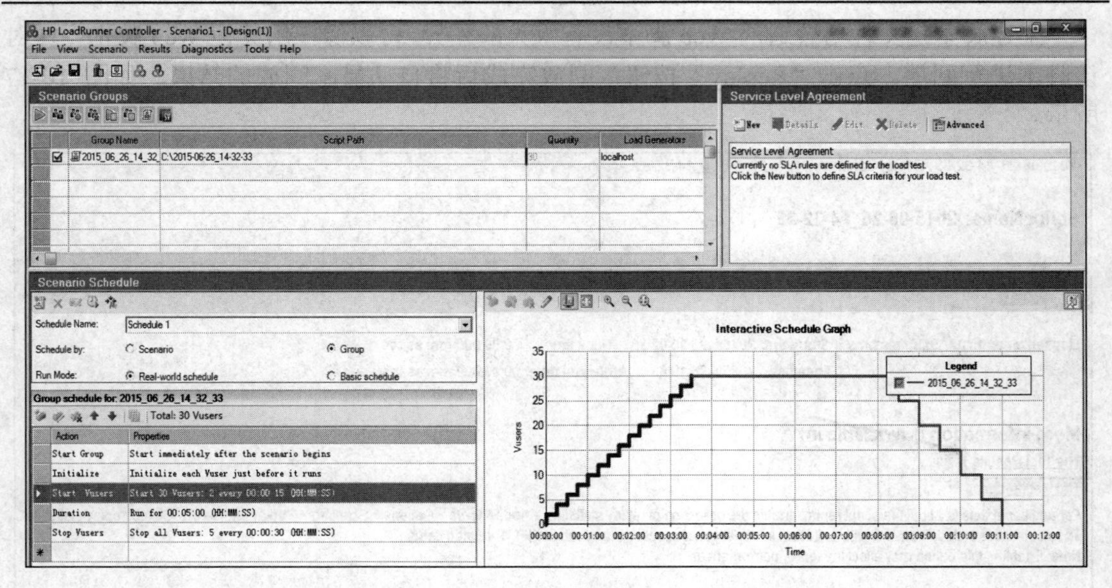

图 10-19　应用 Controller 设计负载场景

场景设计好之后，点击“Start Scenario”按钮执行场景。场景执行完成后，LoadRunner 将自动生成测试结果，可以通过应用“Analysis”工具对结果进行分析，如图 10-20 所示。

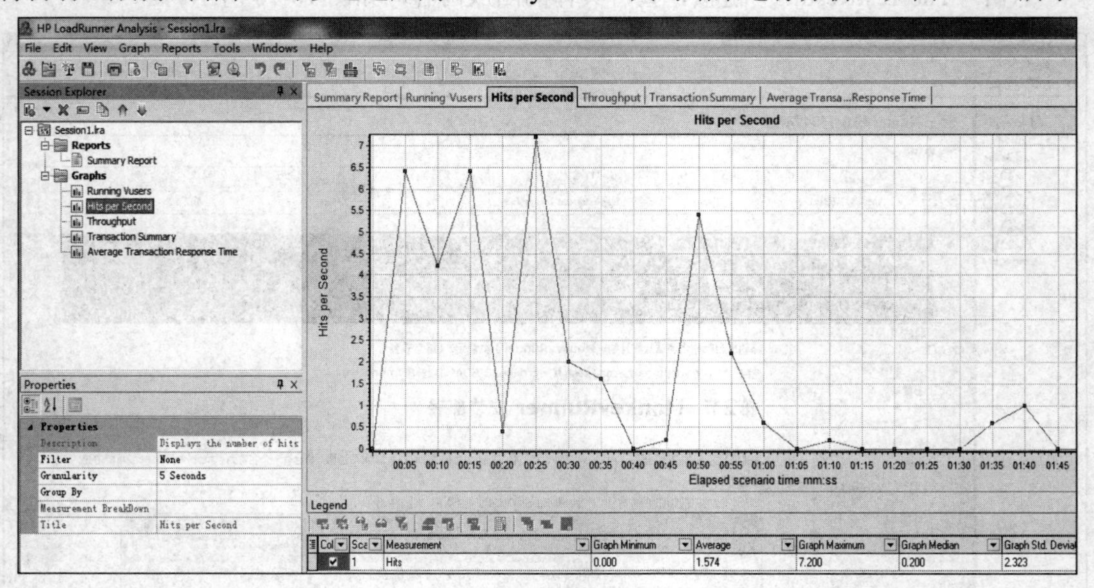

图 10-20　Analysis 分析执行结果

10.6　Jmeter 测试工具

压力测试中一般要使用自动化测试工具。最常用的工具是 LoadRunner，但是 LoadRunner 毕竟是收费的商业软件，而且使用上也比较复杂。现在越来越多的人开始使 Jmeter 来做压力测试。下面介绍 Jmeter 压力测试工具。

用 Jmeter 做压力测试的步骤如下：

(1) 写脚本或者录制脚本。

(2) 使用用户自定义参数。

(3) 场景设计。

(4) 使用控制器，控制模拟用户的数量。

(5) 使用监听器，查看测试结果。

下面笔者在电脑上用 Jmeter 模拟 200 个用户，同时使用 Bing 搜索不同的关键词，查看页面返回的时间是否在正常范围内。

Jmeter 下载路径：http:// jmeter.apache.org/ download_jmeter.cgi。

首先，将测试需要用到的两个参数放在 txt 文件中，新建一个 data.txt 文件，输入一些数据，如果一行有两个数据，用逗号分隔，如图 10-21 所示。

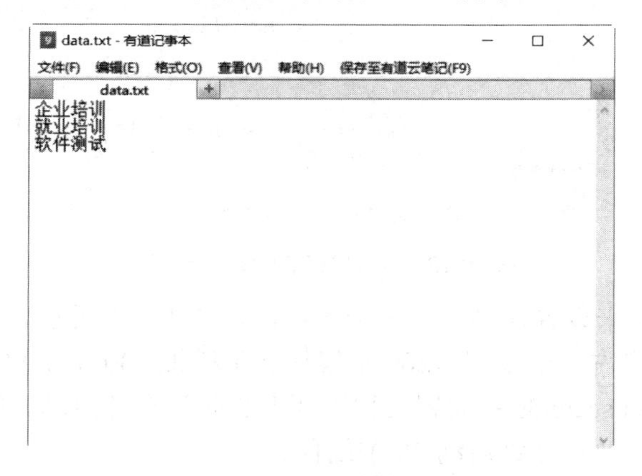

图 10-21　data.txt 文件数据输入界面

启动 Jmeter，先添加一个 Thread Group，然后添加一个 CSV Data Set Config (Add > Config Element > CSV Data Set Config)(如图 10-22 所示)。

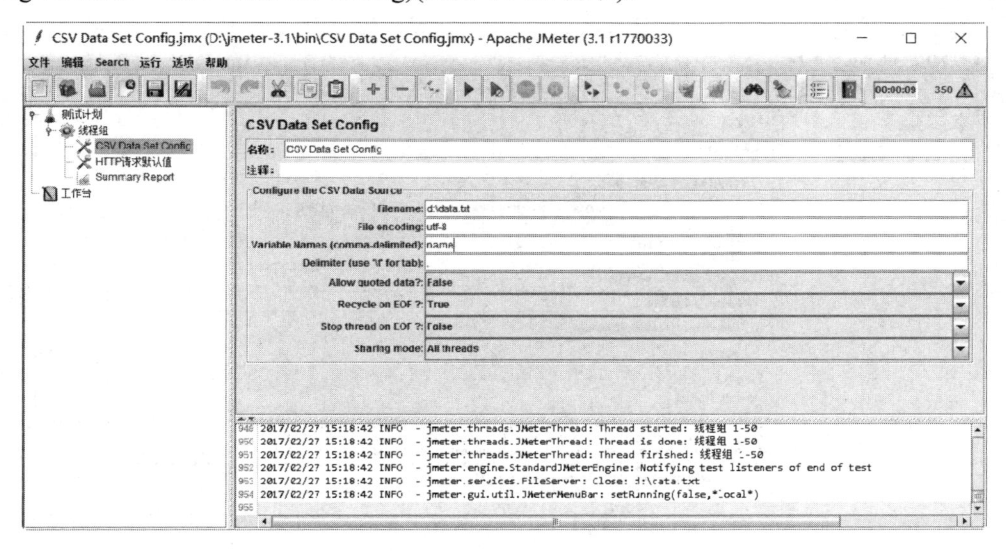

图 10-22　添加 CSV Data Set Config 界面

选择 Thread Group 右键(Add>Sampler > HTTP Request)，添加 HTTP Request，需要填的数据如图 10-23 所示。

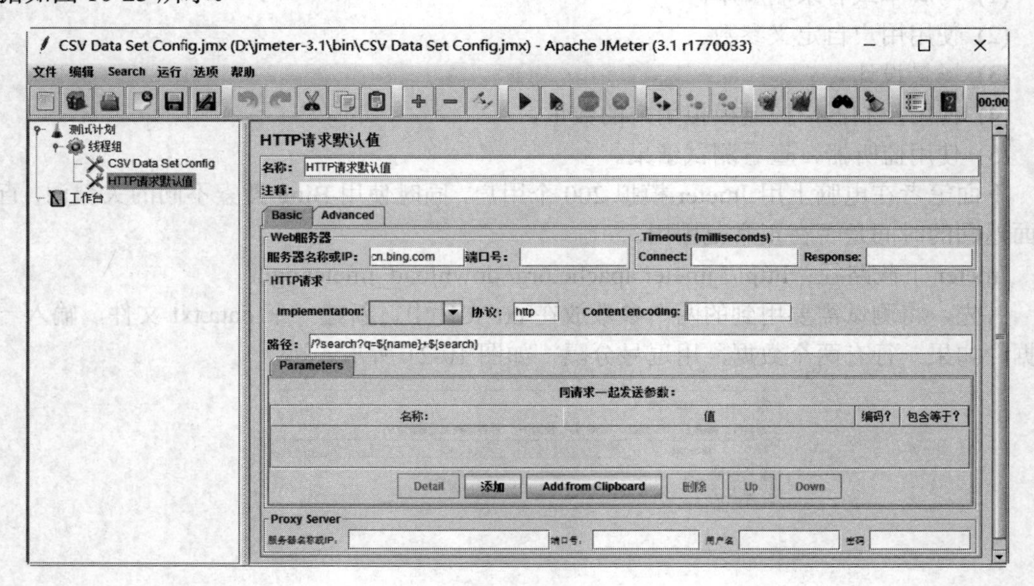

图 10-23 添加 HTTP Request 界面

使用 Thead Group 来设置控制模拟多少用户，如图 10-24 所示。

线程数：一个用户占一个线程，200 个线程就是模拟 200 个用户。

Ramp-Up Period(in seconds)：设置线程需要多长时间全部启动。如果线程数为 200，准备时长为 10 s，那么需要每秒钟启动 20 个线程。

循环次数：每个线程发送请求的次数。如果线程数为 200 ，循环次数为 10，那么每个线程发送 10 次请求，总请求数为 200 × 10 = 2000。如果勾选了“永远”，那么所有线程会一直发送请求，直到选择停止运行脚本。

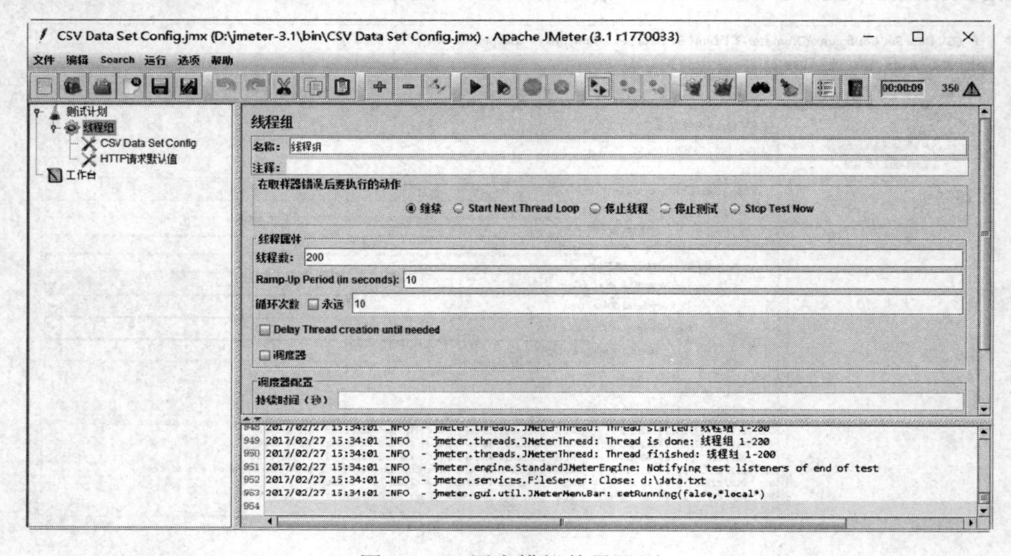

图 10-24 用户模拟数量界面

添加 Summary Report 来查看测试结果。

到目前为止，脚本已设置好，现在需要通过运行来查看测试结果，如图 10-25 所示。

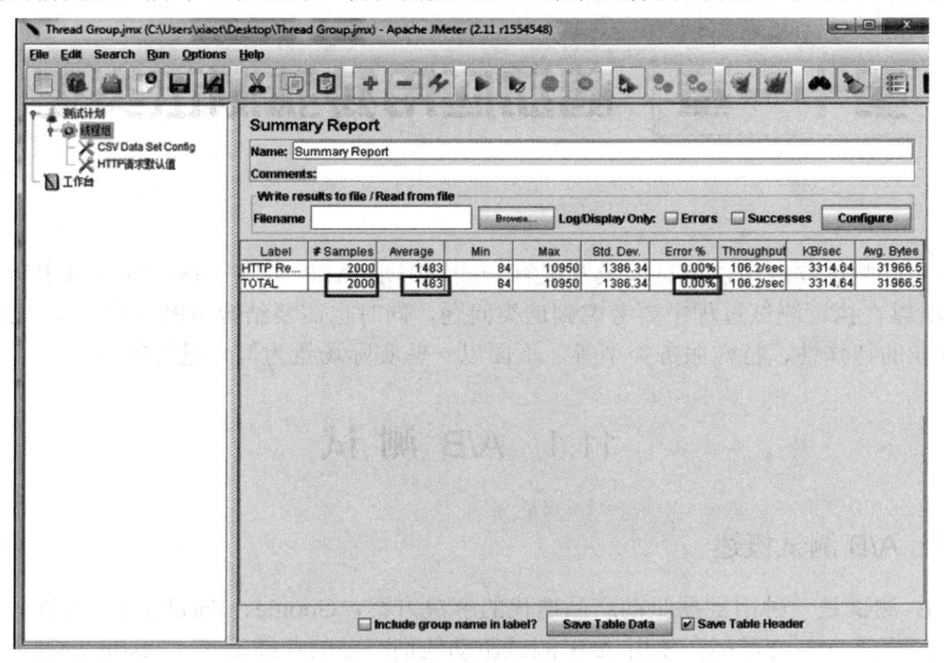

图 10-25　测试结果详情

第十一章 移动应用特殊测试类型

在实际测试项目中，测试人员发现有一些缺陷是 APP 处在一些特殊场景中所产生的Bug，所以在执行测试过程中要考虑到这类问题，同时也需要结合 APP 的特点，比如 APP所处行业的特殊性、特殊服务类型等。下面以一些实际场景为例来进行阐述。

11.1 A/B 测 试

11.1.1 A/B 测试概述

A/B 测试是一种用数据驱动产品迭代的解决方案，Google、Facebook、微软、百度、腾讯、阿里等众多公司都在使用 A/B 测试驱动他们产品的业绩增长。Testin 云测是业界第一家提供全生命周期 A/B 测试服务的企业，对应用发布前和发布后的产品试验需求提供了完整的解决方案，已帮助数千家客户有效提升了 Web/H5、Android、iOS 等应用的转化率、留存率、点击量、成交额等核心业务指标。

11.1.2 A/B 测试的准备工作

进行 A/B 测试的第一步是由产品经理提出 A/B 测试的需求。例如，一个电商客户有 Android 和 iOS 两个应用，它们的首页都要进行改版，需要用 A/B 测试来分析新旧版本首页的核心业绩指标(商品总体点击量、GMV等)是否有提升。基于这个需求，在 Testin A/B 测试平台中分别创建一个 iOS 应用和一个 Android 应用，并为这两个应用分别创建新旧版本首页对比的 A/B 测试试验。在每一个应用中，可以创建多个试验，每个试验包含一个原始版本以及一个或者多个试验版本，测试原理如图 11-1 所示。

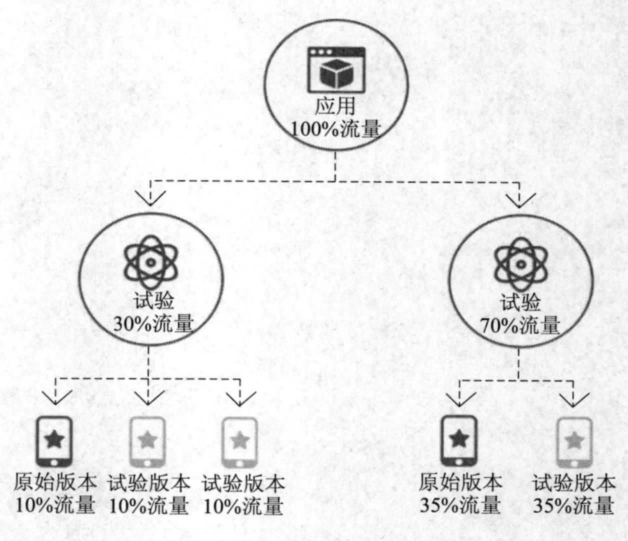

图 11-1 A/B 测试原理图

下面以云测 Testin A/B 测试平台

来对 A/B 测试的准备工作进行进一步说明。

1. 创建应用

登录首页(应用列表页)，点击右上角的“创建应用”，然后输入应用名称，选择平台类型，即可生成应用 AppKey，完成创建(如图 11-2 所示)，并自动跳转到“创建试验”。每一个应用对应一个独立的 AppKey，用于集成 SDK。

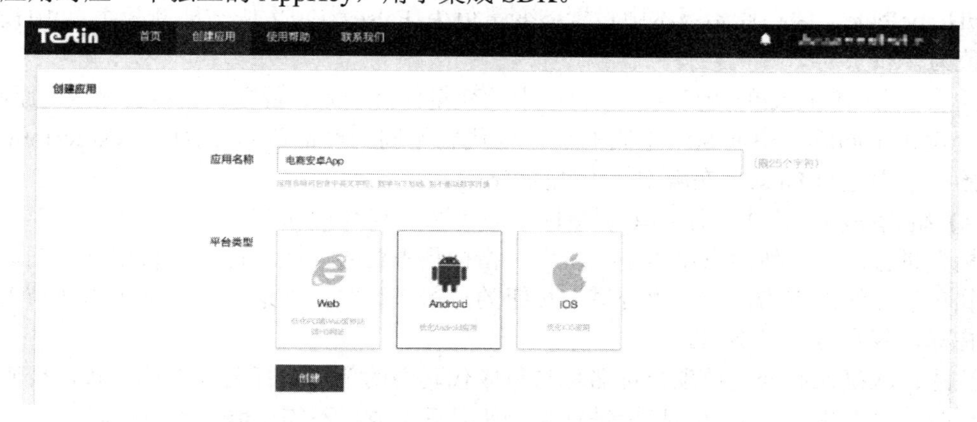

图 11-2　创建应用界面

2. 创建试验

在每一个应用中，可以根据需求创建多个试验，每一个试验对应一个独立的 A/B 测试需求。例如，在某电商 iOS 应用中有两个 A/B 测试的需求——新旧主页对比测试和分享按钮的改版测试，那就可以创建两个试验来分别进行对应的 A/B 测试。

在创建试验这一步，需要根据设计好的 A/B 测试方案，建立对应的试验版本和试验指标。具体步骤如下：

(1) 选择模式。选择“编程模式”(现阶段只提供编程模式的 A/B 测试服务)，然后点击“下一步”，如图 11-3 所示。

图 11-3　选择模式界面

(2) 填写信息。输入试验名称与试验描述，选择该试验所需的流量层，然后点击“下一步”。如果是第一次试验，可以选择“默认层”。

(3) 编辑版本。点击界面右侧的“添加版本”与底部的“添加变量”，对试验的版本与变量进行添加，输入完成后，点击“下一步”。操作人员应为每一个版本设定相对应的变量值。例如，对于一个新旧主页的 A/B 测试试验，可以创建一个 Boolean 类型的变量 isNewHomePage，并在原始版本中设置该变量值为 False，在版本一(即新版主页)中设置该变量值为 True。

注意：应确保此处的变量与集成代码中的变量保持一致，否则试验将会无效。原则上，每个变量在不同版本中应赋予不同的值，以代表不同的产品版本(例如，isNewHomePage 在原始版本中值为 False，在版本一中值为 True)。

(4) 编辑指标。点击“添加单项指标”与“添加复合指标”，对“单项指标”与“复合指标”进行添加，然后点击“下一步”。指标是需要验证或者优化的数据项，例如“加入购物车”按钮的点击次数，“分享”按钮的点击次数等。在这一步，至少需要填入一个单项指标，复合指标可不填。

注意：应确保此处的单项指标名称与集成代码中的单项指标名称保持一致，否则试验将会无效。复合指标基于单项指标进行组合计算后生成，不需要额外集成代码。

平台对所提交的内容进行检查后，提示“创建成功”即表示创建试验成功，并默认跳转至试验概况，或跳转至集成调试。

11.1.3　SDK 集成文档

1. Web/H5 SDK 集成

1) Demo 演示

此 Demo 是对登录按钮的文字进行 A/B 测试，有两个版本：版本一“立即登录”和版本二“点击登录”。

Demo 地址：https://ab.testin.cn/demo/login.html。

2) 下载 SDK

直接下载并用<script>标签引入 testin-ab-v3.0.4.js(点击右键“另存为”)。

3) NPM 安装

可进行 NPM 安装(如图 11-4 所示)。NPM 能很好地和 Webpack 或 Browserify 模块打包器配合使用。

```
# 最新稳定版
$ npm install ab-testing-web
```

图 11-4　NPM 安装

4) 加载 SDK

如果下载的是独立版本，那么可以直接引入 SDK，如图 11-5 所示。

```
<html>
  <head>
  </head>
  <body>
    <!-- 假设开发者将下载后的SDK放到libs目录下 -->
    <script src="libs/testin-ab-v3.0.4.js"></script>
  </body>
</html>
```

图 11-5　加载 SDK

SDK 库文件加载之后，本页面会得到一个全局对象 testinAB。所有的 API 都是由 testinAB 对象提供的。

如果是通过 NPM 下载的，那么直接调用 require('ab-testing-web')函数，如图 11-6 所示。

```
var testinAB = require('ab-testing-web');
```

图 11-6　调用 require 函数

5) SDK 初始化

调用 init 方法来完成初始化，如图 11-7 所示。

```
var appKey = 'TESTIN_xxxxxxxxx-xxxx-xxxx-xxxx-xxxxxxxxxxxx';
testinAB.init(appKey);
```

图 11-7　初始化 SDK

其中“appKey”是在登录 Testin 后台创建应用之后获得的该应用的授权标识，可在网站应用列表页面找到。

init 方法除 appKey 之外，还有一个可选参数 clientId。clientId 是一个唯一的 ID，用来代表一个独立访客，可根据需要定义，例如使用内部会员 ID 或者随机生成等方法。

6) 根据试验变量展示对应试验版本

在编程模式中，试验变量的值控制展示的内容或程序的逻辑。一般情况下，不同试验版本应有不同的变量值。试验变量值应由相关人员在后台提前录入。

版本管理界面显示了当前试验有两个版本：原始版本和版本一。当前试验有一个变量 loginTxt，在原始版本中，变量 loginTxt 的值为“立即登录”，在版本一中，变量 loginTxt 的值为“点击登录”。

根据变量值来显示相应的内容可分为两步：第一步，获得变量值，这是通过调用 getVars 函数来完成的(如图 11-8 所示)；第二步，提供 callback 函数，在回调函数中根据变量值显示不同的页面内容。

```
var appKey = 'TESTIN_xxxxxxxxx-xxxx-xxxx-xxxx-xxxxxxxxxxxx';
testinAB.init(appKey);
testinAB.setDefVars({
    loginTxt: '立即登录' //设置变量loginTxt的默认值为'立即登录'
});
testinAB.getVars(function(vars) {
    //假设页面中有个按钮的id是btn，且用到了jquery，通过A/B测试来设置按钮的文字
    $('#btn').html(vars.get('loginTxt'));//通过变量loginTxt的值来设置按钮的文字
});
```

图 11-8　获取变量值界面

loginTxt 作为变量，应与版本管理界面中的变量名保持一致。图 11-8 所示的示例代码在获取变量后，给按钮设置了文字。

7) 上报指标

指标用于衡量不同版本试验结果的好坏，Testin A/B 测试后台中的试验图表基于上报的指标数据生成。指标应由相关人员在后台提前录入。

假设要统计按钮的点击次数，可将指标 settingClick 传入 track 函数实现上报指标，每次累加 1(如图 11-9)所示。

```
var appKey = 'TESTIN_xxxxxxxxx-xxxx-xxxx-xxxx-xxxxxxxxxxxx';
testinAB.init(appKey);
testinAB.setDefVars({
    loginTxt: '立即登录' //设置变量loginTxt的默认值为'立即登录'
});
testinAB.getVars(function(vars) {
    //假设页面中有个按钮的id是btn，且用到了jquery，通过A/B测试来设置按钮的文字
    $('#btn').html(vars.get('loginTxt'));//通过变量loginTxt的值来设置按钮的文字
});
$('#btn').click(function() {
    testinAB.track('settingClick', 1); //上报指标settingClick，每次累加1
});
```

图 11-9　统计上报指标点击次数

注意：如果点击按钮的同时，页面会进行跳转，那么应该提供回调函数，在回调函数中进行跳转(如图 11-10 所示)，否则，后台将收不到上报的指标。

```
var appKey = 'TESTIN_xxxxxxxxx-xxxx-xxxx-xxxx-xxxxxxxxxxxx';
testinAB.init(appKey);
testinAB.setDefVars({
    loginTxt: '立即登录' //设置变量loginTxt的默认值为'立即登录'
});
testinAB.getVars(function(vars) {
    //假设页面中有个按钮的id是btn，且用到了jquery，通过A/B测试来设置按钮的文字
    $('#btn').html(vars.get('loginTxt'));//通过变量loginTxt的值来设置按钮的文字
});
$('#btn').click(function() {
    //上报指标settingClick，每次累加1
    testinAB.track('settingClick', 1, function() {
        location.href = 'http://www.abc.com'; //在回调函数中进行跳转，否则，后台将收不到上报的指标
    });
});
```

图 11-10　回调函数跳转

8) 集成调试

在开始运行试验前，Testin A/B 测试平台支持用户通过后台的“集成调试”强制进入指定的试验版本，用来检测代码集成和实时验证数据是否正确。如果确认已正确集成 SDK，就可以安排应用上线，并通过“运行控制”功能来开始试验，试验开始后就可以实时查看试验结果。注意：测试数据并不会计入试验结果。

在网址输入框中输入需要预览的页面地址，点击“保存”，然后点击“进入调试”，就跳转到需要进行调试的试验版本。为了更好地说明，假设试验有两个版本，即原始版本和版本一。点击“进入调试“按钮后，会打开新窗口展示原始版本页面。接下来，可以在新窗口打开的页面中进行操作。如果测试数据实时发生对应变化，就说明 Web/H5 SDK 已成功集成。

注意：应确保 AppKey、试验变量字符串、指标字符串与后台截图处一一对应，否则可能出现异常或无试验数据的情况。

9) 基于受众分组的定向试验

通过以上操作完成了 Testin A/B 测试 Web/H5 SDK 的集成工作，可通知产品或相关 AB 测试人员点击“开始试验”按钮进入试验阶段。

默认情况下，A/B 测试会基于全部用户进行 A/B 测试试验。如果需要从所有用户中选出特定的用户参与 A/B 测试，比如只想要男性用户，或 30 岁以下的用户参与试验等，需要调用相关 SDK 的 API。Testin A/B Web/H5 SDK 会自动把浏览器类型、语言等用户标签上传，也可以根据需要给当前用户打上自定义标签，进而将不符合受众分组条件的用户排除在此次试验之外。

注意：受众分组条件应在后台提前录入。

在定向试验界面点击“添加”即可新建用户分组，如图 11-11 所示。

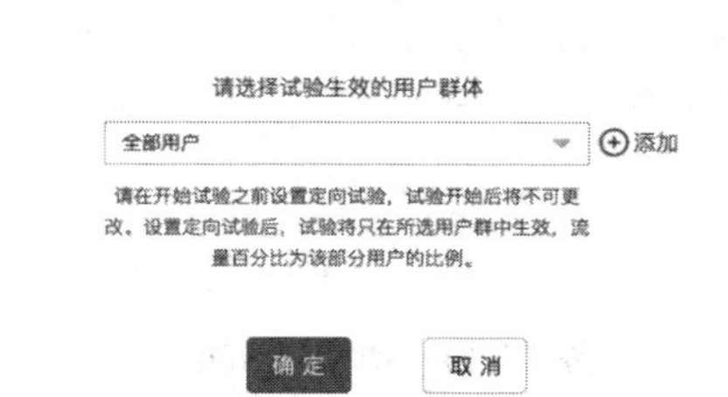

图 11-11　定向试验用户群体编辑界面

在新建受众界面中，点击“自定义条件”以添加新的受众分组，属于这个分组的用户会参与 A/B 测试，而所有不符合该受众分组条件的用户都不会参与该试验。

注意：一定要在调用 getVars 函数之前调用 setTags 函数，否则定向试验不会生效。

2. Android SDK 集成

1) 导入 SDK

将下载得到的 SDK Jar 复制到 Android Studio/Eclipse 工程根目录 libs 中(没有则新建)，点击右键“Add as Library”添加到库，如图 11-12 所示。

图 11-12　添加 SDK 界面

2) 加入网络和 SDCARD 读写权限

在项目中找到项目配置文件 AndroidManifest.xml，加入网络访问权限和 SDCARD 读写权限，如图 11-13 所示。

```
<uses-permission android:name="android.permission.INTERNET"/>
<uses-permission android:name="android.permission.ACCESS_NETWORK_STATE"/>
<uses-permission android:name="android.permission.ACCESS_WIFI_STATE"/>
<uses-permission android:name="android.permission.WRITE_EXTERNAL_STORAGE"/>
<uses-permission android:name="android.permission.READ_PHONE_STATE"/>
```

图 11-13　网络访问权限

3) SDK 初始化

在应用的第一个 Activity 中初始化 SDK，如图 11-14 所示。

```
@Override
protected void onCreate(Bundle savedInstanceState) {
    super.onCreate(savedInstanceState);
    TestinApi.init(this, "your_app_key");
    //开发者自己的逻辑
    .....
}
```

图 11-14　初始化 SDK

图 11-14 中，“your_app_key”是在 Testin A/B 测试平台创建应用之后获得的授权标志。注意：试验应用此时应该提前创建完毕，可在 Testin A/B 测试的应用列表中找到。

4) 根据试验变量展示对应试验版本

试验变量的值控制展示的内容或程序的逻辑。一般情况下，不同试验版本应有不同的变量值。试验变量值应由相关人员在后台提前录入。

集成 SDK 的关键代码如下：

引用头文件：

```
import cn.testin.analysis.TestinApi;
```

根据所获取的试验变量值来执行不同试验版本的代码，如图 11-15 所示。

```
//获取int类型的试验变量themeColor的值
private static final int BLUE=1;
private static final int RED=2;
private static final int YELLOW=3;
int color=TestinApi.getIntegerFlag("themeColor",BLUE);

if(color==BLUE){
    //使用默认主题
}else if(color==RED){
    setTheme(R.style.Theme_ZhihuDailyPurify_Light_NoActionBar_Red);
}else if(color==YELLOW){
    setTheme(R.style.Theme_ZhihuDailyPurify_Light_NoActionBar_Yellow);
}
```

图 11-15　集成 SDK 关键代码

图 11-15 中，“themeColor”就是试验变量，其应与 Testin A/B 测试后台录入的变量保持一致。在 getIntegerFlag 中需要传入一个默认值(例如代码样例中的“BLUE”)，以便在网络异常等极端情况时让用户能正常使用默认的原始版本。

5) 上报指标

指标用于衡量不同版本试验结果的好坏，Testin A/B 测试后台中的试验图表基于上报的指标数据生成。指标应由相关人员在后台提前录入。

在需要被统计的事件中可以添加指标统计的相关代码。例如，如果需要统计安卓应用中“设置”按钮的点击次数，以比较不同试验版本的优劣，则可以将指标 settingClick 传入 track 函数实现上报指标，每次累加 1(如图 11-16 所示)。

```
TestinApi.track("settingClick");
```

图 11-16　settingClick

根据业务需要也可以使用 track 重载函数指定需要的数据(如图 11-17 所示)。

```
TestinApi.track("settingClick",2);
```

图 11-17　track 重载函数

6) 混淆相关代码

在 proguard-rules.txt 文件中加入图 11-18 所示代码。

```
-keep class cn.testin.analysis.** {*;}
```

图 11-18　proguard-rules.txt 文件中加入的代码

7) 集成调试

Android SDK 需要下载并安装调试工具的 APK。集成调试只是为验证 SDK 是否集成成功，不等同于开始试验。注意：测试数据并不会计入试验结果。

Android 集成调试步骤如下：

(1) 下载 ABTester 调试工具并安装，打开 ABTester 调试工具，点击“加入试验版本”按钮进入扫描二维码页面，扫描某一试验版本二维码，扫描成功后提示加入试验成功。

(2) 重启集成 SDK 的应用，进入集成试验变量的页面，查看页面显示效果是否与试验版本一致。对集成指标进行触发操作，查看页面后台展示的测试数据，验证数据是否与操作一致。若页面展示的测试数据不正确，则表明集成有误，应检查相关试验配置和集成代码是否正确。

(3) 扫码进入集成调试后，程序会保持停留在该试验版本，不受试验流量调整的影响。如需退出调试，则进入 ABTester 调试工具，点击“结束调试”按钮即可。

注意：应确保 appKey、试验变量字符串、指标字符串与后台截图处一一对应，否则可能出现异常或无试验数据的情况。

8) 基于受众分组的定向试验

配置完成了 Testin A/B 测试安卓 SDK 的集成工作之后，可通知产品或相关 AB 测试人员点击“开始试验”按钮进入试验阶段。

默认情况下，A/B 测试会基于全部用户进行 A/B 测试试验。如果需要从所有用户中选出特定的用户参与 A/B 测试，比如只想要男性用户或 30 岁以下的用户参与试验等，需要调用相关 SDK 的 API。Testin A/B Android SDK 会自动把 APP 的系统版本、语言等用户标签上传，也可以根据需要给当前用户打上自定义标签，进而将不符合受众分组条件的用户排除在此次试验之外。

注意：受众分组条件应在后台提前录入。

在定向试验界面点击“添加”即可新建用户分组，如图 11-19 所示。

在新建受众界面中，点击“自定义条件”以添加新的受众分组。属于这个分组的用户会参与 A/B 测试，而所有不符合该受众分组条件的用户都不会参与该试验。

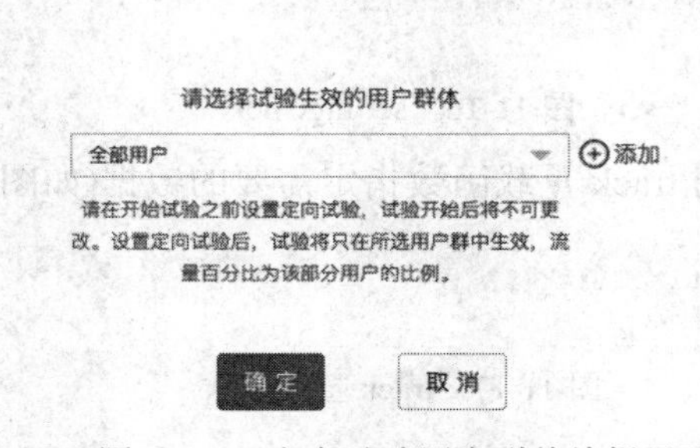

图 11-19　定向试验用户群体编辑界面

注意：务必在 TestinApi.init()函数调用前加入图 11-20 所示代码。

```
String userClass= "gold"; //根据您自身的业务逻辑得到用户是否为金牌等级
HashMap map = new HashMap();
map.put("userClass", userClass);
TestinApi.setCustomLabel(map);
```

图 11-20　调用 TestinApi.init()前加入的代码

3. iOS SDK 集成

1) 导入 SDK

将下载得到的 TestinDataAnalysis.framework 拖入到 Xcode 工程中，在弹出的 options 界面中勾选 Copy items if needed，并确保 Add to targets 勾选相应的 target。

向“TARGETS > Build Phases > Link Binary With Libraries”中添加依赖库。检查是否已经加入 TestinDataAnalysis.framework、libsqlite3.tbd、libicucore.A.tbd，如果没有，则手动加入，如图 11-21 所示。

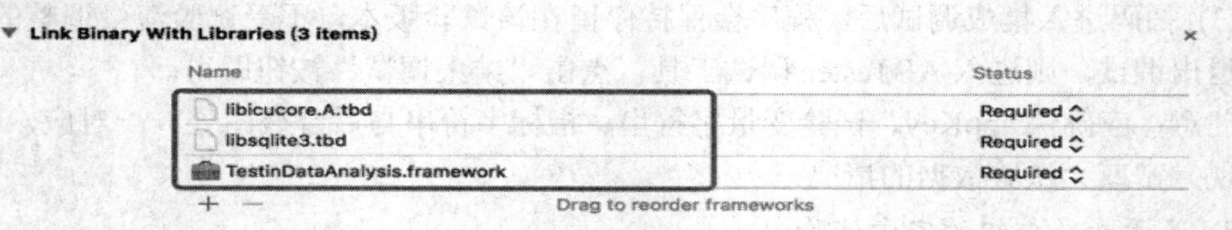

图 11-21　添加依赖库界面

SDK 依赖库有：

libsqlite3.dylib

libicucore.A.dylib

(如果使用的是 Xcode7 或更高版本，则后缀为 tbd。)

在“TARGETS > Build Settings > Other Linker Flags”中设置链接器参数-ObjC、-all_load，如图 11-22 所示。

图 11-22　设置链接器参数

检查 TARGETS > Capabilities > Keychain Sharing 是否开启，如未开启则开启。

以上步骤进行完后，编译工程。如果没有报错，则表示集成 SDK 成功，可以进行下一步。

2) SDK 初始化

在 AppDelegate 中引入图 11-23 所示的头文件。

```
#import <TestinDataAnalysis/TestinDataAnalysis.h>
```

图 11-23　引入头文件

在工程 AppDelegate 中的“application:didFinishLaunchingWithOptions：”方法中，调用 SDK 初始化方法，如图 11-24 所示。

```
[TestinDataAnalysis initWithAppkey:@"Your AppKey" launchOptions:launchOptions];
```

图 11-24　调用 SDK 初始化方法

图 11-24 中，“Your AppKey”是在 Testin A/B 测试平台创建应用之后获得的授权标识。

注意：试验应用此时应该提前创建完毕，可在 Testin A/B 测试的应用列表中找到。

3) 根据试验变量展示对应试验版本

试验变量的值决定了不同版本所展示的内容或程序的逻辑。一般情况下，不同试验版本应有不同的变量值。试验变量值应由相关人员在后台提前录入。

集成 SDK 的关键代码如图 11-25 所示，可根据所获取的试验变量值来执行不同试验版本的代码，如图 11-26 所示。

```
+ (id)getExperimentVariable:(NSString *)variableName defaultValue:(id)defaultvalue;
```

图 11-25　集成 SDK 的关键代码

图 11-26 中，“themeColor”就是试验变量，其应与 Testin A/B 测试后台录入的变量保持一致。在 getExperimentVariable 中需要传入一个默认值(例如代码样例中的“red”)，以便在网络异常等极端情况时让用户能正常使用默认的原始版本。

```
NSString *value = [TestinDataAnalysis getExperimentVariable:@"themeColor" defaultValue:@"red
    if ([value isEqualToString:@"red"]) {
        button.backgroundColor = [UIColor redColor];
    } else if ([value isEqualToString:@"green"]) {
        button.backgroundColor = [UIColor redColor];
    } else {
        //do something
    }
```

图 11-26　试验变量不同版本代码

4) 上报指标

指标用于衡量不同版本试验结果的好坏，Testin A/B 测试后台中的试验图表基于上报的指标数据生成。指标应由相关人员在后台提前录入。

在需要被统计的事件中可以添加指标统计的相关代码。例如，如果需要统计应用中按钮的点击次数，以比较不同试验版本的优劣，可以将指标 settingClick 传入 track 函数实现上报指标，每次累加 1。

5) 集成调试

集成调试的作用是在开发人员完成代码修改后，验证 SDK 的集成是否成功，变量和指标的读取与判断是否正确。

注意：集成调试是在开始试验之前进行的。

在 SDK 初始化方法下方调用此方法，如图 11-27 所示。此方法只用于集成调试，上线时需移除此方法。

```
[TestinDataAnalysis setDebugTouchAssist:YES];
```

图 11-27　集成调试

重新编译运行程序后，APP 会出现一个悬浮按钮，如图 11-28 所示。

图 11-28　悬浮按钮

点击悬浮按钮，再点击“加入试验”，进入扫码界面，打开后台系统“集成调试”页面，扫描对应版本二维码强制进入某试验。

扫描成功后，会弹出“成功加入试验”弹框，说明强制进入某版本成功。再次重新编译运行程序，如果显示样式正确，则说明变量设置成功。触发埋入指标的事件，在后台系统中查看数值是否正确。集成测试成功后，就完成了 A/B 测试 SDK 的埋点集成工作。

注意：应确保 AppKey、试验变量字符串、指标字符串与后台截图处一一对应，否则可能出现异常或无试验数据情况。测试数据并不会计入试验结果。

6) 基于受众分组的定向试验

以上设置完成了 Testin A/B 测试 iOS SDK 的集成工作，可通知产品或相关 AB 测试人员点击“开始试验”按钮进入试验阶段。

默认情况下，A/B 测试会基于全部用户进行 A/B 测试试验。如果需要从所有用户中选出特定的用户参与 A/B 测试，比如只想要男性用户或 30 岁以下的用户参与试验等，需要调用相关 SDK 的 API。Testin A/B iOS SDK 会自动把 APP 的系统版本、语言等用户标签自动上传，也可以根据需要给当前用户打上自定义标签，进而将不符合受众分组条件的用户排除在此次试验之外。

注意：受众分组条件应在后台提前录入。

点击“添加”即可新建用户分组，如图 11-29 所示。

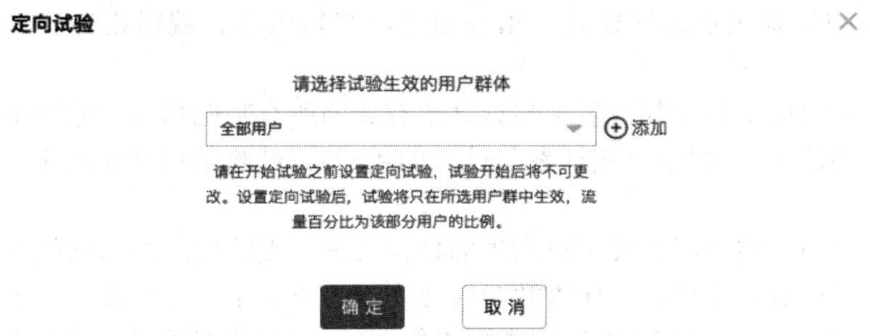

图 11-29　定向试验用户群体编辑界面

在新建受众界面中，点击“自定义条件”以添加新的受众分组。属于这个分组的用户会参与 A/B 测试中，所有不符合该受众分组条件的用户都不会参与该试验。

注意：务必在初始化方法“[TestinDataAnalysis initWithAppkey:@"appkey" launchOptions:launchOptions]”之前加入以下代码。在“application:didFinishLaunchingWithOptions:”方法中进行设置，如图 11-30 所示。

```
NSMutableDictionary *dic=[@{@"userClass":@"gold"} mutableCopy];
[TestinDataAnalysis setCustomTrackerProperties:dic];
```

图 11-30　初始化方法

11.1.4　创建应用及试验

1. 创建应用及应用概况

在 A/B 测试里，应用是管理所有试验的单元体。创建应用时需要区别平台类型。Testin A/B 测试支持 Web(H5)、Android、iOS 平台类型的应用。Web(H5)用来优化 PC 端 Web 网站或移动端 H5 网站。Android 用来优化设备类型为 Android 类型的应用。iOS 用来优化设备类型为 iOS 类型的应用。在进行 A/B 测试时，需要根据自己的需要选择对应的类型。

需要注意的是，如果有多个 APP 产品需要做 A/B 测试，建议以应用类型为单位创建多个应用，以管理每个应用的 A/B 测试。例如，如果有 PC 端主站、手机 M 站、iOS APP 和安卓 APP 这 4 个相互独立的产品，建议在 Testin A/B 测试管理页面为它们创建 4 个独立的应用。

应用概况界面对于用户所创建的应用进行相关内容展示。其中包含流量趋势、流量层状态、流量走势与试验列表。流量趋势向用户展示了昨日全部流量、历史流量累计、运行中的试验、历史试验累计。流量层状态对于当前应用下所创建的所有流量层的使用状态进行了说明。用户可以查看分层与同层互斥试验的流量占比，并对接下来的试验与整体应用下各个试验的使用情况进行查看与管控。

2．创建试验及试验概况

在每一个应用中，可以根据需求创建多个试验，每一个试验对应一个独立的 A/B 测试需求。在创建试验这一步，需要根据设计好的 A/B 测试方案建立对应的试验版本和试验指标。创建试验的步骤包括选择模式、填写信息、编辑版本、编辑指标，具体内容见前文所述。

每一个试验的试验概况都提供了与该试验有关的所有基础指标、复合指标的结果展示，以及不同版本的流量走势图(仅统计参与试验的用户)。试验未启动状态下，将不会生成任何指标数据。

试验运行期间，将会同步展示已产生的指标数据。现阶段产品默认提供 4 个维度的指标数据，分别是均值、总值、转化人数和转化率。这里基于 Android 与 iOS 应用类型提供 UV 系统预置指标，针对 Web/H5 应用类型提供 UV 与 PV 两项系统预置指标。流量走势图提供“按时”与“按日”两个维度的数据。对各个维度数据的解释如下：

UV：进入试验的访客数，累计去重。

PV：试验版本的展示次数。

指标总值：累计上报指标数据的总值。

指标均值：指标总值/试验 UV。

转化人数：累计指标触发人数。

转化率：转化人数/UV。

注意：建议在查看试验概况的数据之后，进入“指标详情”查看指标的统计数据，进一步对比数据的置信区间和 p-value。此外，也可以联系客户经理进行试验数据的专业解读。

11.2　交叉事件测试

交叉事件测试又可以称为干扰测试、事件冲突测试等，是指一个功能正在执行过程中，同时另外一个事件或操作对当前过程进行干扰的测试。

例如，在用户使用手机 APP 时，经常会遇到被打断的情况。如正在查看微信时，突然收到电话或短信，手机会响铃提示有来电或发出收到短信的提醒声音。如果微信存在漏洞，会导致微信在遇到上述情况时发生异常。测试人员在测试中也需要覆盖到这些干扰的情况。常见的场景有以下几种：

(1) 多个 APP 同时运行。

(2) APP 运行时进行前/后台切换。

(3) APP 运行时拨打/接听电话。

(4) APP 运行时发送/接收信息。

(5) APP运行时发送/收取邮件。

(6) APP运行时切换网络(2G、3G、4G、WiFi)。

(7) APP运行时浏览网页。

(8) APP运行时使用蓝牙传送/接收数据。

(9) APP运行时使用相机、计算器等手机自带设备。

(10) 电量不足时提醒框弹出。

(11) 安全软件告警框弹出。

如何进行交叉事件测试呢？应该进行有选择性的测试。由于测试时间和测试资源有限，一般不推荐对每个应用都进行干扰测试。比较好的做法是，在测试之前需要先评估一下功能本身与干扰的关联性。例如，测试人员对一款游戏APP进行测试，则需要保证用户在玩游戏的过程中接到电话后能正常中断游戏并在挂断电话后正常恢复并继续游戏。另外，也需要考虑通知栏消息(安卓手机的通知栏消息通常在屏幕最上面)是否会覆盖APP或游戏等界面。

另外，在用户在进行支付或找回密码等操作时，须收到短信验证码才能继续后续操作。在设计APP时，必须考虑支付的安全性。当用户按“Home”键将APP切换到后台做了保护处理时，则不再显示输入验证码的界面。而根据不同手机和用户的设置，收到短信验证码的时候不一定会在通知栏顶部显示，那么用户就需要先切换到读取短信的地方再切换到支付操作界面，但是这时由于上面提到的保护措施，已经无法再输入验证码了，用户就无法完成支付流程。如果在测试中开启了短信预览功能或者使用两个手机，一个测试机有SIM卡，用于接收短信，另一个测试机用于执行APP，以上情况就会被掩盖，等到用户遇到这类问题时就会投诉。

针对上述细节问题，产品经理、开发部门可能不会在定义需求和设计阶段详细定义，但是作为测试工程师，需要对此进行关注，尤其在定义需求、设计评审中发现此类问题时应及时提出。

11.3　边界极限测试

在测试过程中，为了保证测试覆盖用户可能遇到的大多数情况，测试人员除了执行正向功能测试外，还需要设计一些极限以及行为边界测试，才能全面覆盖用户的特殊场景。下面列举几个场景对边界极限测试进行说明：

(1) 手机内存空间不足。

将手机的内存用完，然后对测试APP进行操作。例如，在内存用尽时，微信无法自动保存信息或图片等，也无法再下载或安装新的APP。通常来说，我们可接受的底线是如果进程被系统杀掉，在可用存储空间增多后能正常重启并使用APP。

(2) 插拔SD卡。

APP需要将内容存储到SD卡时，如果SD卡接触不良，则无法完成存储操作。查看APP显示状态，正常情况下，APP会出现友好的提示界面，如果出现APP闪退、死机等情况，则说明APP出现了处理错误。

(3) 飞行模式。

如果程序使用数据网络、蓝牙等与飞行模式相关的功能，建议覆盖这些场景进行测试。

(4) 系统时间有误。

系统时间晚于或早于系统标准时间，通过此场景的测试通常能够发现一些设计和代码上的缺陷，建议对所有与系统时间有关的功能，均手动调整系统时间进行相关测试。

(5) 第三方应用依赖。

如果被测应用部分功能依赖于第三方软件的服务(例如，在使用中需要启动 QQ 或微信)，那么可以对第三方应用及 QQ 或微信进行卸载和安装的操作，通过这种方式查看被测 APP 是否出现闪退或异常错误现象。

11.4　弱网环境测试

移动互联网产品与 PC 互联网产品相比，有一个特点是使用的网络比较多样，除了连接 WiFi 之外，其他时间则使用移动网络。移动网络遇到的情况比较复杂，例如在信号不好的地方(建筑物内或者隧道内)，以及基站间切换或者在人员密集场所等基站容量不够的情况下，可能遇到网络不稳定的情况。而 APP 的潜在问题在复杂网络情况下才会暴露出来，这就需要进行弱网测试，及早发现和修复问题，提升产品的使用体验。

作为测试人员，需要对 APP 在上线前做一定场景的弱网络环境模型，并查看 APP 在弱网络环境下是否存在某些未知的问题。下面是常用的弱网络环境场景：

(1) 3G 弱网络信号场景模拟。

(2) 市区低速移动场景模拟。

(3) 郊区高速移动场景模拟。

(4) 请求回应超时-上行超时场景模拟。

(5) 请求回应超时-下行超时场景模拟。

(6) 网络抖动场景模拟。

下面介绍模拟弱网测试方案。

11.4.1　APP 弱网测试工具方案

进行 APP 弱网环境测试时，可以通过手动设置数据丢包率、网络时延等参数，模拟弱网环境。可利用 Charles、Fiddler、Clumsy、Netlimite、Network Emulator Toolkit 等工具进行弱网测试。

下面介绍如何用 Network Emulator Toolkit 来对 APP 进行弱网测试。测试原理是利用软件对 WiFi 进行网络控制，将手机连接到 WiFi，就可以测试 APP 在弱网环境下的功能表现。

首先要将 PC 作为 WiFi 热点打开，然后将手机连接 PC 的 WiFi，连接成功之后，将安装好的 Network Emulator Toolkit 在 PC 端打开，如图 11-31 所示。

在进行后续的操作之前，先要检查一下网络环境是否连接正常，打开电脑的“命令提示符”DOS 窗口，输入“ping www.jd.com”，出现如图 11-32 所示内容，说明网络连接正常，这样就可以进行下一步操作。

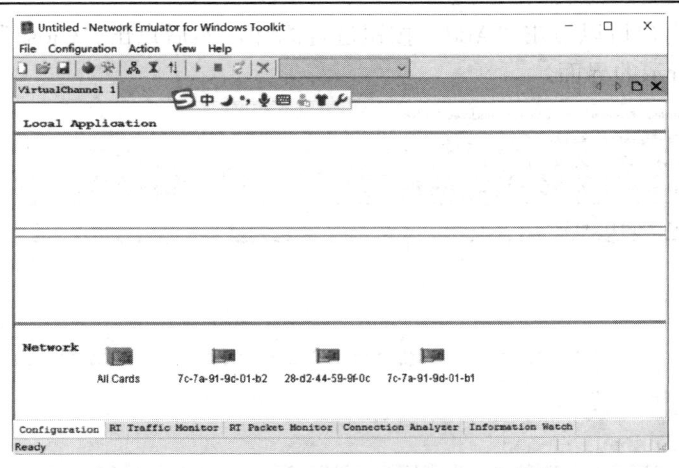

图 11-31　Network Emulator Toolkit 主界面

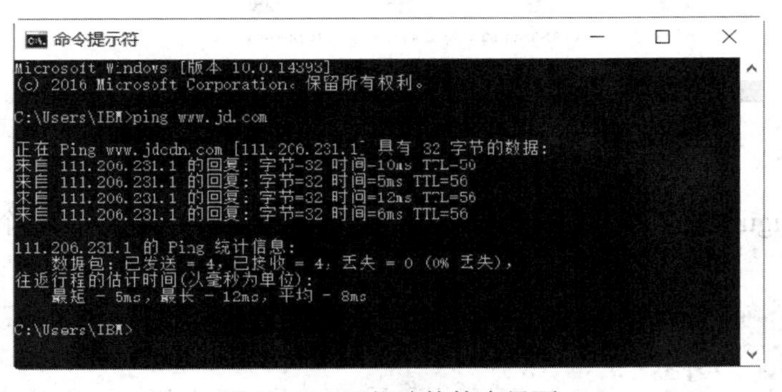

图 11-32　网络连接检查界面

回到 Network Emulator Toolkit 主界面，点击“Configuration”进入菜单列表，然后选择“New Filter”，进入图 11-33 所示界面。

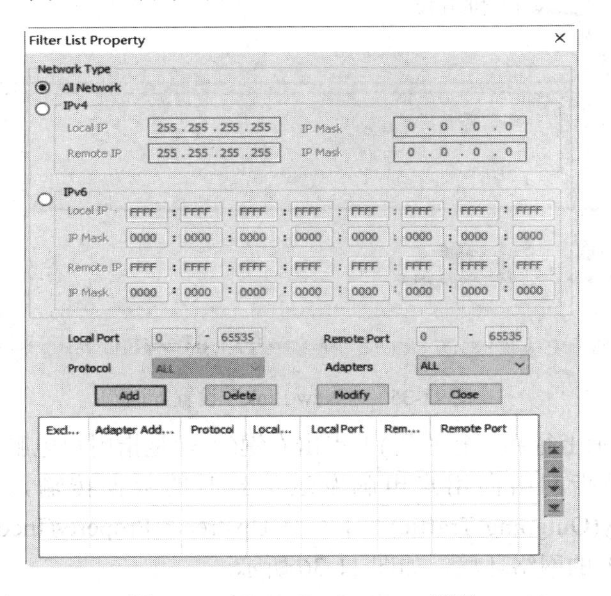

图 11-33　Filter List Property 界面

在此界面，用户可以点击“Add”按钮进行添加，然后点击“Close”按钮进行关闭，进入如图 11-34 所示的界面。

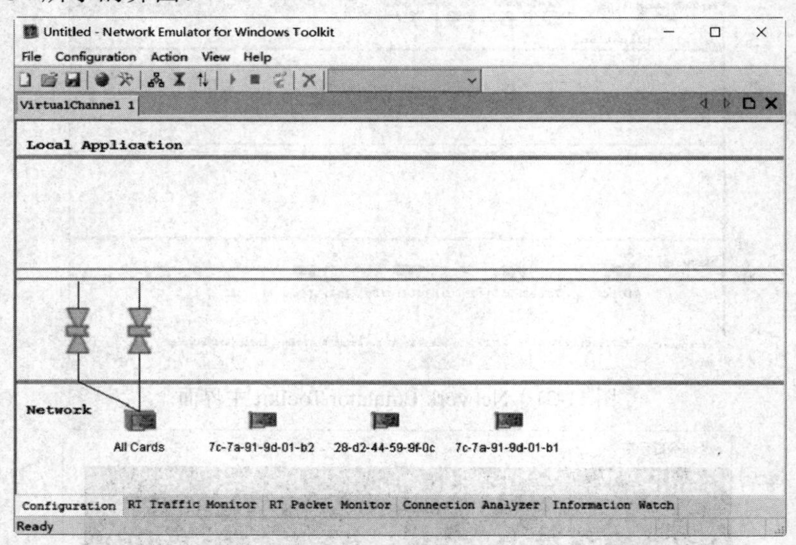

图 11-34　创建过滤器界面

点击“Configuration”，进入界面之后点击“New Link”来创建一个新的连接，如图 11-35 所示。

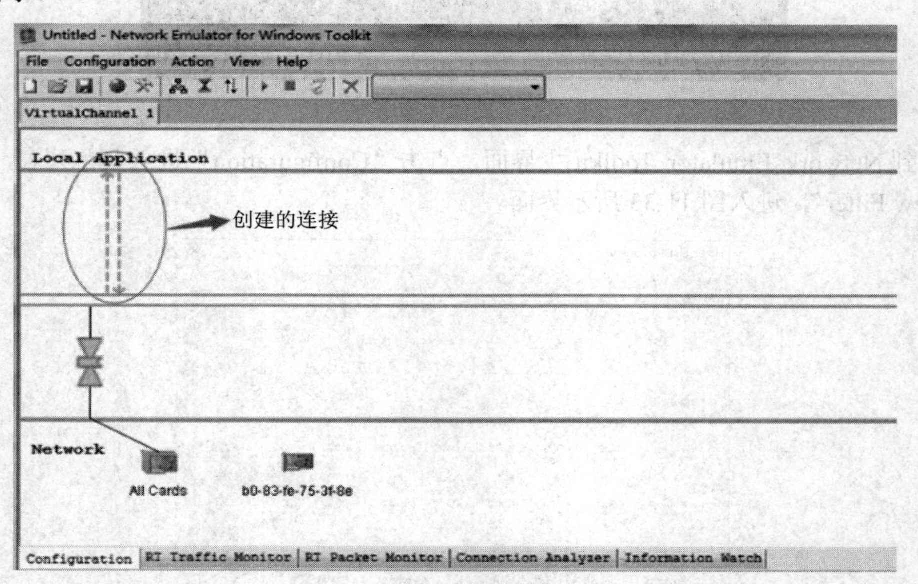

图 11-35　“New Link”设置界面

在虚线(分别表示上行和下行设置)上点击右键(上行是指用户电脑向网络发送信息时的数据传输，下行是指网络向用户电脑发送信息时的数据传输，NEWT 中的上行是 Downstream Property(Outgoing Traffic)，下行是 Upstream Property(Incoming Traffic))设置一个随机丢包率为 25%的网络环境，如图 11-36 所示。

通过“Latency”>“Uniform Distributed”设置一个网络延时在 100～500 ms 的网络环

境，如图 11-37 所示。

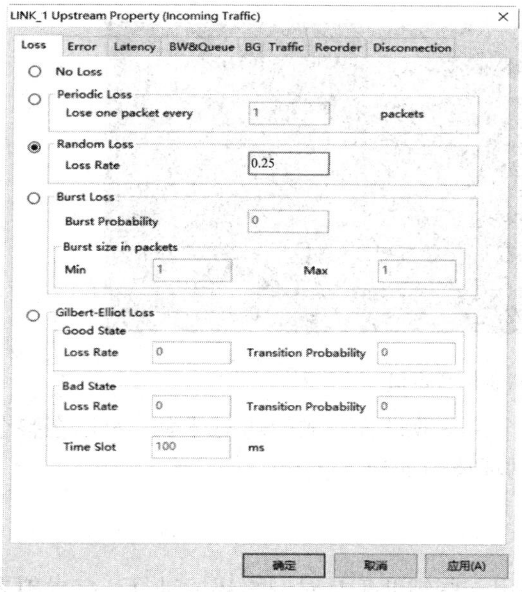

图 11-36　丢包率设置界面

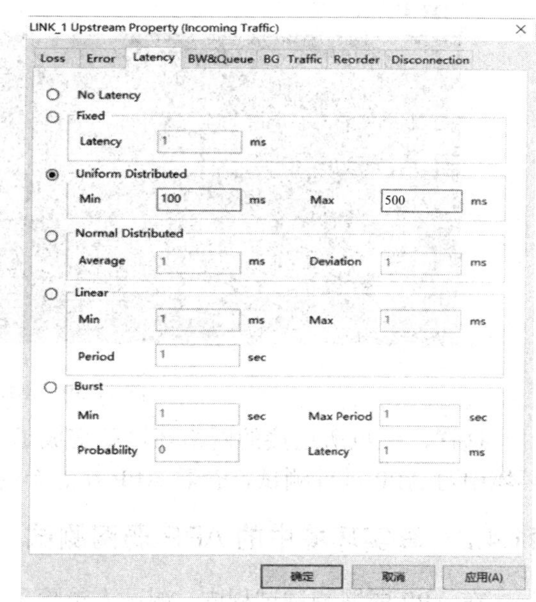

图 11-37　网络延时设置界面

以上这些设置完成之后需要将其启动，点击如图 11-38 中圆圈所示的按钮来启动即可。

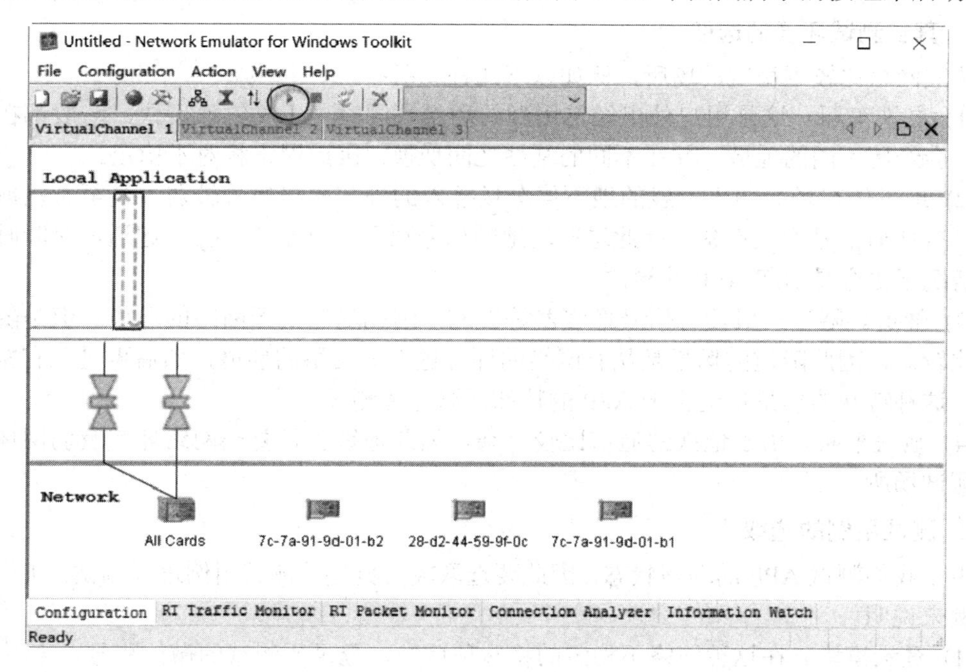

图 11-38　启动界面

自定义的网络环境设置完成之后，需要检查确认当前所启动的网络环境是否已经按照设置内容运行。打开“命令提示符”窗口，输入“ping www.jd.com”进行查看，可以看到图 11-39 所示的窗口，丢包率与网络延时都已经按照之前设置的要求运行。

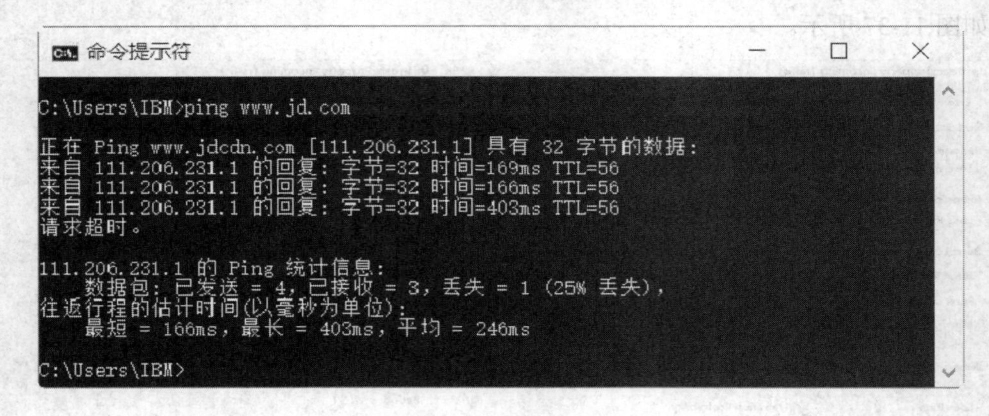

图 11-39　网络状态检查窗口

这样，手机所连接的网络环境就变成了一个由参数设置而成的弱网环境，可以在整个环境中对 APP 进行测试，查看 APP 在这个弱网环境中的使用状态。

11.4.2　真实环境中的 APP 弱网测试

在 APP 弱网测试过程中，测试人员除了利用一些辅助工具对网络环境进行一些模拟之外，也需要在真实的弱网络环境中进行测试，这样才能更加贴近真实的用户使用环境。

要做到真实的弱网测试，关键在于以下两个重要环节的选取。

1. 真实测试环境的选取

选取网络比较不稳定的场所，例如以下几种场所：

(1) 高铁车厢。这是用户外出经常用到的场景，同时由于高铁速度快，一般都在郊区运行，会经历不同的地域，并在不同的基站之间切换，因此网络相对不稳定。

(2) 地下停车场。由于一般的地下停车场接入的外部网络信号较弱，甚至有些地下停车场没有任何信号增强设备，因此这种场地的信号很弱，甚至有时会引起通信时断时续，这种情况下更容易引起 APP 的异常。

(3) 隧道。隧道一般没有信号增强器等设施，因此隧道是无网络的环境，但是隧道一般都比较短，因此隧道的场景是从有网络的环境进入无网络的环境，然后再进入有网络的环境，这种特殊的场景也适合于 APP 的特殊网络环境测试。

(4) 地铁车厢。由于地铁的通信比较复杂，因此地铁也是复杂网络环境及弱网环境的理想测试场所。

2. 测试用例的选取

由于我们测试 APP 的弱网状态，因此要选取较为典型的测试用例进行测试。下面以微信为例来说明。

(1) 登录模块。在这种网络不稳定的特殊环境中，登录所测试的微信账号，查看 APP 是否出现异常。

(2) 发送消息。发送消息给好友，查看发送状态。如果失败，则重新发送，查看手机是否有异常现象发生。

(3) 手机支付/转账。在特殊网络环境中进行手机支付/转账业务，查看 APP 是否出现异常。

总之，在 APP 的弱网测试中，尽量要选取与网络相关的、涉及 APP 核心业务内容的、用户经常用到的功能作为测试点，这样可以有效地覆盖主要测试内容，确保 APP 不会发生严重错误。

11.5　智能硬件 APP 应用测试

11.5.1　智能硬件应用测试概况

智能硬件是指通过将硬件和软件相结合的方式对传统设备进行智能化改造。而智能硬件移动应用则是软件，通过应用连接智能硬件，操作简单，开发简便，各式应用层出不穷，也是企业获取用户的重要入口。

目前智能硬件市场的分布情况如图 11-40 所示。

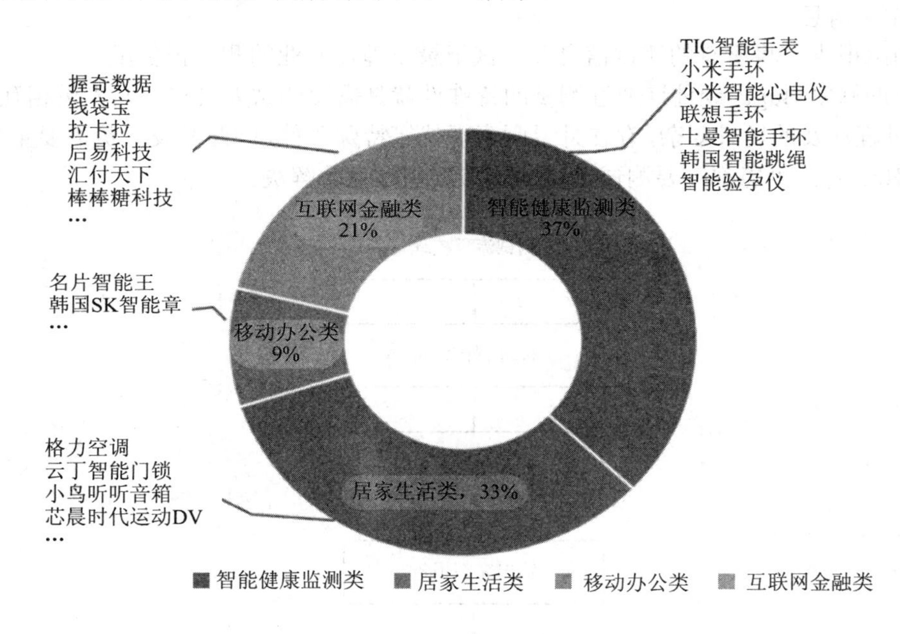

图 11-40　智能硬件市场分布

首先，需要了解智能硬件的工作机制。智能硬件提供的服务一般涉及 APP 端、智能硬件端和云服务端。其中 APP 端主要是对智能硬件进行监控及管理，也是软件测试时需要测试的部分；智能硬件端主要是提供一些基本的数据及执行指令；云服务端主要是根据智能硬件端提供的数据为消费者提供智能化服务。

由此可见，智能硬件的 APP 测试比传统 APP 测试多涉及一个智能硬件端，所以 APP 端和云服务端都可能会受到智能硬件端的限制和影响，例如，在测试 360 儿童手环的过程中，测试人员发现手环录音传输延时问题，经过分析发现，在录音和传输过程中存在着一些没有必要的请求。在对请求进行优化后，传输效果还是没有达到预期。经过深入分析，发现手环是将一次录音文件拆分成十几部分，然后分别打包上传，一个包传输失败后，手环还会继续重新传输多次，这就导致录音传输速度慢的问题。那么，为什么会选择这种上传机制呢？经过再次分析，原来是手环所用的芯片对上传文件的大小进行了限制。可见，APP 端和云服务端都会受到智能硬件端的限制和影响。所以，要做好智能硬件的 APP 测试工作，测试者除了需要具备传统 APP 测试的经验和知识外，还必须对智能硬件的构造、器件、型号非常了解，例如，智能硬件的蓝牙模块是支持 3.0 还是 4.0，这些对测试结果的判断非常重要。

11.5.2　智能硬件应用测试流程

首先，智能硬件应用测试需要搭建一套 APP、智能硬件、服务器的测试环境。环境搭建完成之后，执行下面的测试流程(如图 11-41 所示)：

(1) 筛选所有测试的设备。设备包含智能硬件和安装被测 APP 的不同型号的手机，这主要是用于对 APP 以及智能硬件的兼容、功能等测试。

(2) 执行测试。按照准备阶段所涉及的测试用例进行用例的执行，并且标注正确结果及日志等相关信息。

(3) 输出报告。将所有的测试信息及测试记录整理在专业的测试报告里。

(4) 协助修复 Bug。硬件连通性测试的特殊性就是需要测试人员与开发人员相互协作，由于测试过程涉及的场景复杂，存在外界因素干扰等特殊条件，因此开发人员需要重现 Bug 或者修复 Bug 时，可能都需要测试人员的参与，进行辅助解决。

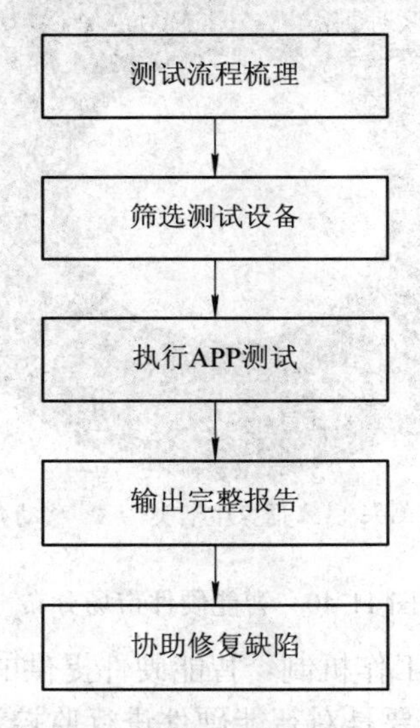

图 11-41　智能硬件应用测试流程

11.5.3　智能硬件应用测试要点

智能硬件应用测试中，除了测试 APP 功能点之外，还要充分考虑到智能硬件与 APP 之间的通信，以及 APP 与智能硬件的交互反馈问题、数据通信准确问题等。在 APP 与智能硬件的测试中，连通性测试是其他测试的基础。下面针对 APP 智能硬件连通测试列举一些测试要点(如表 11-1 所示)。

表 11-1　智能硬件连通性测试要点

测试分类	测 试 要 求
设备连接	搜索设备 连接设备 连接方式：蓝牙、USB、音频数据接口、WiFi
稳定性	连接成功率 硬件设备自动重连 硬件设备异常情况连接(断开、关机等) 长时间/远距离连接状态
数据同步	健康监测类：计步、睡眠、心率、心电图、血压 居家生活类：通过 APP 遥控操作智能家电 互联网金融类：连接刷卡器或 NFC 进行充值、消费、绑定银行卡 移动办公类：指纹安全验证、电子文档智能签名
交互	智能硬件和 APP 操作之间相互响应 距离感应，智能硬件各项操作数据反馈
功能与 UI	安装、卸载、升级 注册、登录 与手机适配 主要界面 UI

1．APP 与智能硬件的连通方式

一般的 APP 与智能硬件有以下几种连通方式：

(1) 蓝牙。例如，小米手环通过蓝牙连接方式将数据传输到手机 APP。

(2) 音频数据口。例如，拉卡拉通过将音频线插入到手机音频口连接手机的 APP。

(3) WiFi。例如，格力空调通过 WiFi 网络连接到手机 APP 进行空调的相关控制。

(4) OTG。例如，掌上心电将 OTG 检测仪插入手机 USB 接口，打开手机 APP 进行使用。

(5) NFC。例如，乐速通科技的 APP 可打开手机 NFC 开关，将银行卡贴近 NFC 区域，识别银行卡信息，在 APP 中进行相关业务操作。

2．APP 与智能硬件连通的稳定性测试

APP 通过不同的连接方式连接到智能硬件设备，查看在不同的环境下，连接是否稳定，如果由于外界因素断开连接，查看智能硬件与 APP 是否可以自动连接，并且数据是否可以正常传输。

手机及智能硬件关机，当其重新开机后，查看两者是否可以正常匹配并且连接成功，将硬件与 APP 分开到超出正常连接范围，查看硬件与手机 APP 的状态，当恢复到有效距离时，再查看连接状态。

3．APP 与智能硬件的数据同步

很多智能硬件需要将采集的数据传输给 APP 进行分析(例如健康监测类的智能产品，

需要将血压、心率、睡眠等数据传输给相关APP)，那么需要测试的是智能硬件与APP间的传输是否准确。

4. APP与智能硬件的交互

测试人员要充分测试智能硬件对于控制APP的操作是否能够及时准确地响应。例如，用APP控制格力空调，那么设置制冷、−18℃的参数，查看空调是否有对应的响应，同时空调参数是否是−18℃。这类APP控制智能终端硬件的行为及智能硬件的响应，称为交互测试。这种测试也是对软硬件基本功能的质量保证。

5. APP与智能硬件的UI测试

在APP与智能硬件的连通测试中，APP的UI与智能硬件的UI都需要测试，查看在操作过程中是否符合设计要求，保证操作友好和APP操作的易用性等。

第十二章　移动应用测试管理

12.1 内 测 管 理

APP 开发企业经常对开发的 APP 组织企业内部员工进行内部测试，以便找出问题，提升 APP 的质量。

12.1.1　内测的定义

内测即内部测试，是指软件的小范围测试，类似 α 测试。一般来说，APP 或者游戏都要经过内测才可以进行公开测试。内测最早是游戏软件开发提出的需求，游戏内测通常是在软件开发完成的初期，由软件公司将限定数量的激活码或账号发送给玩家，由玩家测试并向游戏公司反馈使用情况和存在的问题，以促进游戏的进一步完善，然后再进入公测阶段。

那么，APP 为什么要做内测呢？这是根据开发团队的不同需求来定。通常，由下面几方面因素来决定 APP 内测的规模和参与人群。

(1) 由于前期 APP 的保密性，防止信息外流，要进行内部人员测试。

(2) 开发模块不成熟，只能允许部分内部人员进行核心模块测试。

(3) 自身开发团队测试人员不足，需要引入其他部门同事参与测试，来保证现阶段的软件质量。

(4) 需要公司内部真正熟悉业务的同事进行测试，以银行为例，需要相关业务部门同事的参与，以保证相关业务逻辑的实现及质量。

12.1.2　云测内测平台使用

现在市场上有很多关于 APP 内测的管理平台。下面主要以云测开发的公共免费内测平台为例，介绍 APP 内测项目的管理及使用。

打开 IE 浏览器，输入 http://www.pre.im，打开“pre.im 内测平台”的首页，如图 12-1 所示。

如果是第一次登录，需要先注册成为该平台系统的用户，然后点击登录按钮进行登录，登录成功后会进入应用管理界面。

在这个界面可以看到自己所上传的 APP 内容。如果要发布新版本的 APP 进行内测，那么可以点击界面右上角的“发布应用”来进行内测分发。

点击“发布应用”按钮之后，进入发布应用界面进行应用的发布。

图 12-1　pre.im 内测平台首页

可以点击中间的上传按钮，上传要发布的 APP，会出现上传等待界面，等待上传完成。

上传完成之后，会跳转到应用编辑界面。

如果需要控制下载人员的权限，即在下载过程中输入密码才可下载，那么可以在密码设置框中设置相关下载密码。

继续下拉该页面，则会出现通知内测成员界面信息。由于账户是新建的，账户里没有包含要通知的内测人员名单，因此通知内测成员的按钮是灰色的。

因此，需要先设置内测团队详情，才可以进行发布。点击“内测团队”链接，进入内测团队设置界面。

进入这个界面之后，就可以添加相关的内测干系人员。点击界面右上角的“添加内测成员”来进行成员的添加，进入添加内测成员界面。

如果账户之前保存过一些内测人员名单，则需要勾选参与内测的人员，点击“添加”即可。

如果内测团队添加界面里面没有相关可添加的联系人，那么就需要邀请相关干系人进入内测管理平台，需要点击左边菜单的“团队管理”界面，点击“团队管理”链接。

点击团队管理界面右上角的“邀请成员”按钮，进入邀请成员界面。

在邀请成员界面可以编辑被邀请的内测成员信息，邀请成功后，在添加内测成员界面可以显示出被邀请的内测成员的信息，就可以进行内测团队的添加。

现在返回通知内测成员界面，打开通知内测成员按钮。

当开关设置成“ON”，并且点击“保存”时，系统会将相关信息自动转发给内测成员，就可以进行内测。

点击“保存”之后，内测成员就会收到测试短信。

内测成员可以点击短信里的链接，下载发布测试的 APP 并进行内测。

12.1.3　应用内测管理

在 APP 内测发布之后，管理人员可以实时查看内测人员的测试状态以及测试信息，实时进行跟踪管理。

登录“www.pre.im”内测管理平台首页，进入应用管理界面。

点击想要查看的内测 APP，进入应用概述界面。在此界面可以清晰地看到查看次数、下载次数以及问题反馈信息。

12.2　软件测试流程

无论是 Web 软件测试还是 APP 测试，都需要按照测试流程工作。通用的测试流程包括测试计划、测试设计、测试执行、测试总结几个阶段。

12.2.1　测试计划

测试计划就是描述所有要完成的测试工作，包括被测试项目的背景、目标、范围、方式、资源、进度安排、测试组织，以及与测试有关的风险等方面。

1. 制订测试计划的目的

一个计划一定是为了某种目的而产生的。对于软件质量管理而言，制订测试计划的目的主要有以下几点：

(1) 使软件测试工作各个阶段目标更明确，测试工作可以有条不紊地进行。

(2) 促进项目组成员相互沟通，及时解决由于沟通不畅而引起的问题。

(3) 预测在测试过程中可能出现的风险，并制订合理的规避风险的措施。

(4) 使软件测试工作更易于管理。

2. 制订测试计划的原则

制订测试计划是测试中最具挑战性的工作，以下原则将有助于制订测试计划：

(1) 制订测试计划应尽早开始。

(2) 保持测试计划的灵活性。

(3) 保持测试计划的简洁和易读。

(4) 尽量争取多渠道的测试计划评审工作。

(5) 计算测试计划的投入成本。

3. 测试人员面对的问题

制订测试计划时，测试人员可能面对以下问题，必须认真对待，并予以妥善处理：

(1) 测试人员与开发者意见不一致。测试人员与开发者的意见应尽量达成一致，必要时需要企业高层介入。

(2) 缺乏测试工具。在应用熟练的情况下，大型的项目测试工具的应用会在一定程度上减少测试周期，特别是在性能测试方面，测试工具的应用是非常必要的。

(3) 培训/沟通不够。培训工作很重要，有助于测试人员了解需求，了解系统实现的细节等。

(4) 管理部门缺乏对测试工作的理解和支持。这是非常困难的事情，如果没有管理部门的支持与理解，测试工作就会阻力重重。这就需要测试部门相关领导多和管理部门相关领导沟通、交流，阐述测试的重要性。当然，测试人员也要通过自己的不懈努力来证明经过测试的产品和没有经过测试的产品的具体差别，让管理部门人员真正意识到测试的重要性。

(5) 缺乏用户的参与。测试的目的是为了满足客户的需求。如果有客户的参与，测试人员就可以更加明确客户的操作环境、操作方式等，这些对于后期合理地设计测试用例大有裨益。

(6) 测试时间不足、工期短、资源少。这是测试部门经常要面临的问题。测试部门需要和项目组合理确定测试时间，阐述测试时间和产品质量之间的关系以及测试的重点等内容，尽量争取合理的测试时间。

4. 建议

制订测试计划时，由于各软件公司的背景不同，测试计划文档也略有差异。实践表明，制订测试计划时，使用正规化文档通常比较好。

12.2.2 测试设计

测试设计阶段要设计测试用例和测试数据，保证测试用例完全覆盖测试需求。简单地说，测试用例就是设计一个情况。软件程序在这种情况下，必须能够正常运行并且得到程序所设计的执行结果。如果程序在这种情况下不能正常运行，而且这种问题会重现，这就表示已经测出软件有缺陷，必须将这个问题标示出来，并且输入到问题跟踪系统内，通知软件开发人员。在软件开发人员将问题修改完成并提交下一个测试版本后，测试工程师取得新的测试版本，用同一个测试用例来测试这个问题，确保该问题被修复。在测试时，不可能进行穷举测试，为了节省时间和资源，提高测试效率，必须要从庞大的测试用例中精心挑选出具有代表性的测试数据来进行测试。使用测试用例的好处主要体现在以下几个方面：

(1) 在开始实施测试之前设计好测试用例，可以避免盲目测试并提高测试效率。

(2) 测试用例使软件测试的实施重点更加突出，目的更加明确。

(3) 在软件版本更新后，只需修正少量的测试用例便可开展测试工作，降低工作强度，缩短项目周期。

(4) 功能模块的通用化和复用化使软件易于开发，而测试用例的通用化和复用化则会使软件测试易于开展，且随着测试用例的不断优化，其效率也不断提高。

测试用例主要有以下几种。

(1) 功能测试用例，包含功能测试、健壮性测试、可靠性测试。

(2) 安全测试用例。

(3) 用户界面测试用例。

(4) 安装/反安装测试用例。

(5) 集成测试用例，包含接口测试。

(6) 性能测试用例，包含性能测试、负载测试、压力测试、容量测试、并发测试、配置测试、可靠性测试、失败测试。

12.2.3 测试执行

用例设计完成之后，通常由需求、研发、测试、质控人员举行一轮或者多轮的用例评审工作，考查用例是否能够覆盖用户的需求。如果用例未通过评审，则需要测试人员对用例进行修改或补充，直到用例通过评审为止。

测试执行阶段可以划分为两个子阶段。第一个阶段的目的是发现缺陷。测试用例的执行应该帮助人们更快地发现缺陷，而不应该使人们发现缺陷的能力降低。从理论上说，如果缺陷都找出来了，质量也就有了保证。所以在这一阶段，应尽可能多地发现缺陷，这样不仅能促使开发团队尽早修正大部分缺陷，也能提高测试效率，有利于后面的回归测试。在代码冻结或产品发布前的阶段，目的是减少风险，增加测试的覆盖度。这时测试的效率会低一些，以损失部分测试效率为代价，获得更高的收益。

1. 缺陷管理

测试阶段是测试人员和研发人员沟通最频繁的一个阶段。在软件测试过程中，测试人员发现缺陷以后，通常会提交到缺陷管理工具中。常见的缺陷管理工具包括：开源免费的测试工具 BugZilla、Mantis、JIRA、BugFree 等；商业的测试工具 HP TestDirector (QualityCenter)、IBM Rational ClearQuest、Compuware TrackRecord 等。测试管理工具能让测试人员、开发人员或其他 IT 人员通过一个中央数据仓库，在不同地方就能交互测试信息。一般缺陷管理工具都是测试管理工具的一个重要组成部分，它们都能够将测试过程流水化，从测试需求管理、测试计划、测试日程安排、测试执行到出错后的错误跟踪，仅在一个基于浏览器的应用中便可完成，而不需要每个客户端都安装一套客户端程序，使用简便。

在大型软件企业或者非常规范的企业，测试人员提交缺陷以后，测试负责人或测试主管首先判断其是不是一个缺陷，如果是缺陷，则将其提交给研发项目经理，研发项目经理再将缺陷分派给具体的研发人员。研发人员将缺陷修改完成以后，形成一个新的版本，提交给测试组，测试人员对新提交的版本进行问题的验证，这个过程也称为回归测试。如果经测试人员验证，所有缺陷均得到修复，则关闭缺陷，那么这个版本就可以作为发布的版本。但是，更多的时候可能会出现研发、测试人员之间存在着争议的情况——测试人员认为这个缺陷应该修改，而研发人员认为这个缺陷不需要修改，这时需要质控、研发、测试等相关人员对缺陷进行评审，决定缺陷是否需要修改，或者是否对缺陷进行降级处理等，待达到产品的准出条件(如严重等级为中等级别的缺陷不能超过 2 个)以后，就可以发行产品。当然，不同企业对缺陷的处理流程也各不相同。最普遍的缺陷处理流程(如图 12-2 所示)如下：

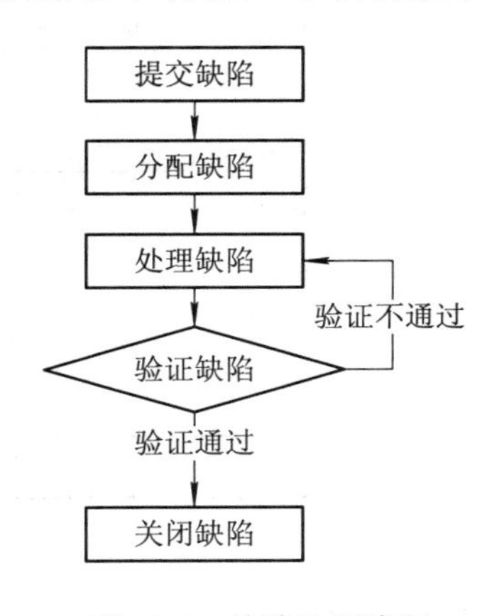

图 12-2　缺陷处理流程

(1) 测试人员发现并提交一个 Bug，此时 Bug 为新建(New)状态。

(2) 测试负责人、测试主管确认这是一个 Bug 以后，将 Bug 的状态置为打开(Open)状态，研发经理指定研发人员对 Bug 进行修复，研发人员接受以后，Bug 的状态变为已分配(Assigned)状态。

(3) 研发人员修改该 Bug 以后，将 Bug 的状态变为已修复(Fixed)，待系统 Bug 修复完成以后，形成一个新的版本提交给测试人员。

(4) 测试人员对新版本进行回归测试，如果该 Bug 确实已经修正，则将 Bug 的状态修改为已关闭(Closed)状态，如果没有修正，则需要让开发人员继续修改该 Bug。

当然，上面的流程还很不完善，在测试过程中还会遇到以下情况：新版本中仍然存在与上个版本相同的缺陷，此时就需要将 Bug 置为重新打开(Reopen)状态；测试人员甲和测试人员乙提交相同的 Bug，此时就需要将 Bug 置为重复(Duplicated)状态；研发人员认为这不是一个 Bug，此时 Bug 被置为拒绝(Rejected)状态，等等。这些情况在上面的流程中都没有涉及，如果读者对缺陷的流程非常关心，建议参考其他的测试书籍，这里限于篇幅，不做过多介绍。

通常在提交一个 Bug 的时候，都需要输入一些重要的信息，如图 12-3 所示，包括：缺陷的概要信息(Summary)、指派给某人(Assigned To)、缺陷发现者(Detected By)、缺陷发现的版本(Detected in Version)、缺陷发现日期(Detected on Date)、优先级(Priority)、严重等级(Severity)、项目名称(Project)、模块名称(Subject)、状态(Status)、描述(Description)等信息。

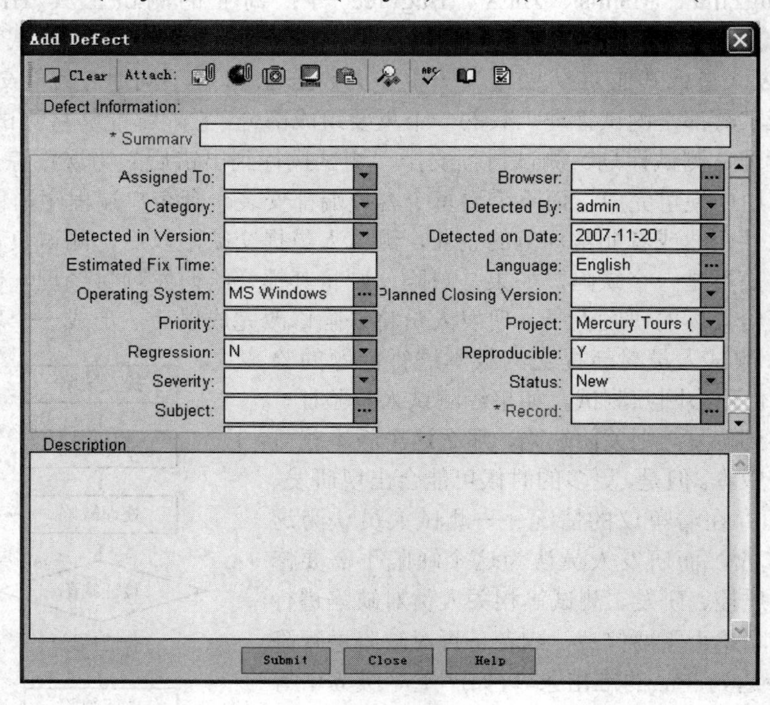

图 12-3　在 TestDirector 中提交一个新的 Bug

下面简要描述一下提交 Bug 时一些重要项的含义：

(1) 缺陷概要是用简明扼要的语言表述缺陷的实质性问题。

(2) 描述是对概要信息的详细表述，可以包括操作环境、操作步骤、测试数据等信息，这些内容将是复现问题的重要依据。

(3) 缺陷发现的版本是指在测试的时候，在哪个版本的软件中发现该缺陷。

(4) 项目名称是测试的产品或项目的名称。

(5) 模块名称是指产品或项目的具体的功能模块名称，如系统设置模块、业务处理模块等。

(6) 状态是指当前缺陷处于何种阶段，如 New(新建)、Open(打开)、Fixed(已修复)、Closed(已关闭)等。

(7) 优先级是处理该缺陷的优先等级，等级高的需要优先处理。

(8) 严重等级是指该缺陷将对系统造成的影响程度，在 TestDirector(QualityCenter)中主要包括 Low(轻微)、Medium(中等)、High(高)、Urgent(严重)等。

2. 测试执行

在软件测试执行过程中，因为各个企业的背景不一样，所以实施的手段也各不相同。有的企业不仅进行常规的黑盒测试(功能性测试)，还进行白盒测试(如单元测试等)，同时进行系统性能方面的测试；有的企业主要进行功能性测试和简易的性能测试，这可能是目前国内软件企业最普遍的处理方式；有的企业则仅仅进行功能性测试。

执行测试时应遵循以下步骤：

(1) 设置测试环境，确保所需的全部构件(硬件、软件、工具、数据等)都已实施并处于测试环境中。

(2) 将测试环境初始化，以确保所有构件都处于正确的初始状态，可以开始测试。

(3) 执行测试过程。

测试的执行过程非常重要，如果测试执行过程处理不当将会引起软件测试周期变长，测试不完全，人力、物力严重浪费等情况。测试执行阶段是软件测试人员与软件开发人员之间沟通最密切的一个阶段。软件测试是否能够按照计划正常执行与开发人员、IT 管理人员、需求人员等是否能够密切配合分不开。通常，开发人员构建一个版本并制作成一个安装包以后，首先要运行一下，查看系统的各个功能是否能够正常工作，如果涉及硬件产品，还要结合硬件产品进行测试，保证系统大的流程应该是可以运行的，这也就是前面介绍的冒烟测试。经过冒烟测试以后，如果没有问题则把该包提交给测试部门进行测试，否则，开发人员需要定位问题产生的原因，修改代码或设置，重新编译、打包以及进行冒烟测试。如果测试部门拿到的是没有经过冒烟测试的产品，则很有可能会出现资源浪费、耽误测试进度等情况。笔者管理的测试团队有一次就因为开发人员工作任务繁忙，没有对提交的软、硬件结合产品进行冒烟测试，导致测试人员为定位问题而进行业务模块、系统设置等多方面的测试工作，耗时 5 个工作日，最后检查到原因，是由于开发人员提供的硬件端口损坏，这个教训很深刻。

经过冒烟测试后的产品提交给测试部门以后，测试人员部署相应的环境，开始执行前期已经通过评审的功能、性能方面的测试用例。在执行用例的过程中，如果发现了缺陷，则提交到缺陷管理工具中，所有的功能、性能测试用例执行完成以后，第一轮测试工作完成。开发人员需要对第一轮测试完成后出现的缺陷进行修复工作，测试人员也需要在测试过程中修改、完善、补充用例，通常每轮测试完成以后，测试人员都会给出一个测试的报告，指出当前存在缺陷的严重等级数目、重要的缺陷、缺陷的列表等数据，将其提供给项目经理、研发经理等，目的是让项目组的相关负责人清楚当前系统中存在的主要问题，及时解决问题。

研发人员对第一轮的缺陷修复完成后，重新编译、打包、执行冒烟测试，提交给测试部门，测试人员进行第二轮测试，测试人员此时需要进行回归测试，验证上一轮的问题是否已经修复，是不是还有新的问题产生等。如此往复，经过几轮的测试以后，依据项目计划、测试计划以及缺陷的情况等来决定是否终止测试。

12.2.4 测试总结

测试执行完成以后，需要对测试的整个活动进行总结。测试总结工作不仅能够对本次测试活动进行分析，也能够为以后测试同类产品提供重要的依据。

通常，一份测试总结报告中会包括系统概述、编写目的、参考资料、测试环境、差异性分析、测试充分性评价、残留缺陷、缺陷统计、缺陷分析、测试活动总结、测试结论等方面内容。

1. 测试总结报告的编写目的

测试总结报告的编写目的是总结测试活动的结果，并根据这些结果对测试进行评价。在测试总结报告中，测试人员对测试工作进行总结，并识别出软件的局限性和发生失效的可能性。在测试执行阶段的末期，测试人员应该为每个测试计划准备一份相应的测试总结报告。本质上讲，测试总结报告是测试计划的扩展，起着对测试计划"封闭回路"的作用。在测试总结及报告的编写目的中，应说明编写这份文档的目的，指出预期的读者。

2. 参考资料

参考资料主要列出编写本文档时参考的文件、资料、技术标准以及作者、标题、编号、发布日期和出版单位，说明能够得到这些文件资料的来源。对于每个测试项，如果存在测试计划、测试设计说明、测试规程说明、测试项传递报告、测试日志和测试事件报告等文件，则可以引用它们。一般参考资料可以用列表形式给出，参考表 12-1。

表 12-1　参考资料列表

序号	资料名称	作者	版本和发行时间	获取途径
1	需求规格说明.doc	唐××	V2.0/2007-05-30	VSS
2	测试计划.doc	孙××	V2.0/2007-05-28	VSS
3	…	…	…	…

3. 系统概述

系统概述主要归纳对测试项的评价，指明被测试项及其版本/修订级别。测试项概述包括项目/产品的名称、版本以及测试项内容等。下面提供示例参考：

(1) 产品名称：人事代理系统。

(2) 产品版本：V2.0.0。

(3) 测试项内容。测试项信息如表 12-2 所示。

表 12-2　测试项列表

测试类型	测试项/被测试的特性
功能测试	批量导入电子档案文件(主执行者：人力资源中心用户)
	电子档案(主执行者：人力资源中心用户)
	…
性能测试	100 个用户并发下载人事数据，响应时间在 15 s 以内(主执行者：代理单位普通用户和人力资源中心用户)
…	…

4．测试环境

测试环境指出测试活动发生的环境(软件、硬件、网络环境等)，可以参考下面形式：

本次测试的测试环境如下：

(1) 软件环境。

操作系统：xx。

服务器端：Windows XP Professional+ SP2/ Windows 2000 Server+SP4。

客户端：Windows XP Professional+SP2。

数据库：SQL Server 2000。

Web 应用：Tomcat-5.5.9。

浏览器：Microsoft Internet Explorer 6.0+SP2。

(2) 硬件环境。

CPU：Intel (R) Pentium (R) 4 CPU 3.00 GHz。

内存：1 GB 以上。

硬盘：80 GB。

网卡：100 M 以太网。

5．差异性分析

差异性分析是指报告测试项与它们的设计说明、测试计划、测试设计说明/测试规程说明中描述或涉及的测试之间的差别，在其中应说明产生差别的原因。

6．测试充分性评价

测试充分性评价是指根据测试计划规定的充分性准则(如果存在的话)对测试过程作充分性评价，指出未被充分测试的特性或特性组合，并说明理由。测试的主要评测方法包括覆盖评测和质量评测。覆盖评测是对测试完全程度的评测，它建立在测试覆盖基础上，测试覆盖是由测试需求和测试用例的覆盖或已执行代码的覆盖表示的。质量评测是对测试对象的可靠性、稳定性以及性能的评测。质量建立在对测试结果的评估和对测试过程中确定的缺陷及缺陷修复的分析基础上。

1) 覆盖评测

覆盖评测指标是用来度量软件测试的完全程度的，所以可以将覆盖用做测试有效性的一个度量。最常用的覆盖评测是基于需求的测试覆盖和基于代码的测试覆盖，它们分别是指针对需求或代码的设计/实施标准而言的完全程度评测。

(1) 基于需求的测试覆盖。基于需求的测试覆盖在测试过程中要评测多次，在测试过程中，在每一个测试阶段结束时给出测试覆盖的度量。例如，计划的测试覆盖、已实施的测试覆盖、已执行成功的测试覆盖等。

(2) 基于代码的测试覆盖。如果有的单位做白盒测试，则需要考虑基于代码的测试覆盖。基于代码的测试覆盖评测是测试过程中已经执行的代码的多少，与之相对应的是将要执行测试的剩余代码的多少。许多测试专家认为，一个测试小组在测试工作中所要做的最重要的事情之一就是度量代码的覆盖情况。很明显，在软件测试工作中，基于代码的测试覆盖评测工作极有意义，因为任何未经测试的代码都是一个潜在的不利因素。

但是，仅仅凭借执行了所有的代码，也不能为软件质量提供保证。也就是说，即使所有的代码都在测试中得到执行，也不能担保代码是按照客户需求和设计的要求去执行。

2) 质量评测

测试覆盖的评测提供了对测试完全程度的评价，而在测试过程中对已发现缺陷的评测提供了最佳的软件质量指标。

常用的测试有效性度量是围绕缺陷分析来构造的。缺陷分析就是分析缺陷在与缺陷相关联的一个或者多个参数值上的分布。缺陷分析提供了一个软件可靠性指标，这些分析为揭示软件可靠性的缺陷趋势或缺陷分布提供了判断依据。

对于缺陷分析，常用的主要缺陷参数有以下 4 个：

(1) 状态：缺陷的当前状态(打开、正在修复或关闭等)。

(2) 优先级：表示修复缺陷的重要程度和应该何时修复。

(3) 严重性：表示软件缺陷的恶劣程度，反映其对产品和用户的影响等。

(4) 起源：导致缺陷的原因及其位置，或排除该缺陷需要修复的构件。

缺陷分析通常用以下 3 类形式的度量提供缺陷评测：

(1) 缺陷发现率。缺陷发现率是将发现的缺陷数量作为时间的函数来评测，即创建缺陷趋势图，见图 12-4。

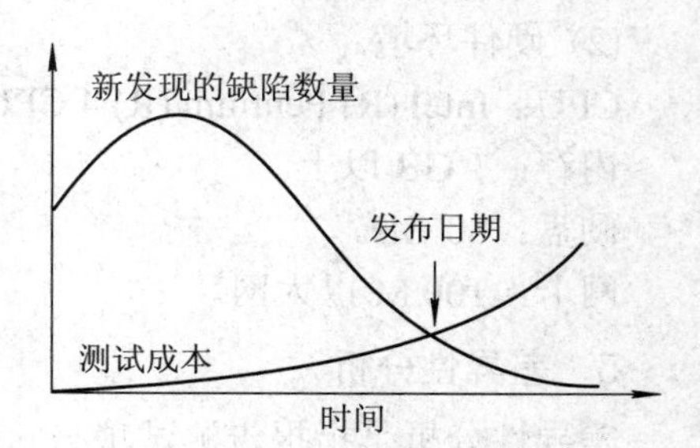

图 12-4　缺陷趋势

(2) 缺陷潜伏期。测试有效性的另外一个有用的度量是缺陷潜伏期，通常也称为阶段潜伏期。缺陷潜伏期是一种特殊类型的缺陷分布度量。在实际测试工作中，发现缺陷的时间越晚，这个缺陷所带来的损害就越大，修复这个缺陷所耗费的成本就越多。表 12-3 显示了一个项目的缺陷潜伏期的度量。

表 12-3　缺陷潜伏期的度量

缺陷造成阶段	发现阶段									
	需求	总体设计	详细设计	编码	单元测试	集成测试	系统测试	验收测试	试运行产品	发布产品
需求	0	1	2	3	4	5	6	7	8	9
总体设计		0	1	2	3	4	5	6	7	8
详细设计			0	1	2	3	4	5	6	7
编码				0	1	2	3	4	5	6
总计										

(3) 缺陷密度。软件缺陷密度是一种以平均值估算法来计算出软件缺陷分布的密度值。程序代码通常是以千行为单位的，软件缺陷密度是用下面公式计算的：

软件缺陷密度=软件缺陷数量/代码行或功能点的数量

图 12-5 所示为一个项目的各个模块中每千行代码的缺陷密度分布图。

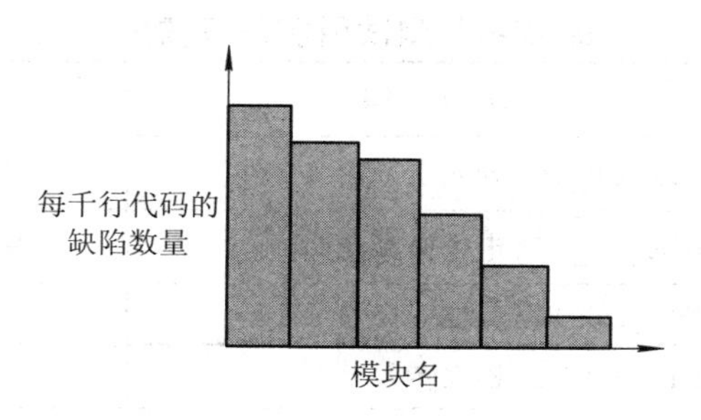

图 12-5　各个模块中每千行代码的缺陷密度

但是，在实际评测中，缺陷密度这种度量方法是极不完善的，度量本身是不充分的。这里存在的主要问题是：所有的缺陷并不都是均等构造的。各个软件缺陷的恶劣程度及其对产品和用户影响的严重程度，以及修复缺陷的重要程度有很大差别，有必要对缺陷进行分级、加权处理，给出软件缺陷在各严重性级别或优先级上的分布作为补充度量，这样将使这种评测更加充分，更有实际应用价值。因为在测试工作中，大多数的缺陷都记录了它的严重程度等级和优先级，所以这个问题通常都能够很好地解决。例如，图 12-6 所示的缺陷分布图表示软件缺陷在各优先级上所体现的分布方式。

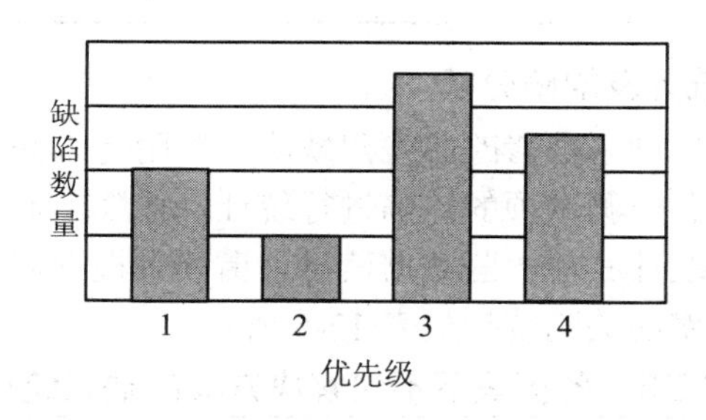

图 12-6　各优先级上软件缺陷分布图

上面讲了一些关于覆盖评测和质量评测的内容，下面结合以前做过的项目举一些测试充分性评价方面的示例：

(1) 本次测试严格按照软件系统测试规范执行测试任务。

(2) 在测试进行过程中，满足执行测试的前置条件，测试计划、测试用例准备齐全，并经过内部评审认可，需求覆盖度达到 100%，满足测试准入条件。

(3) 测试过程严格按照测试计划实施，测试用例的执行覆盖度达 100%，同时，测试过程中根据实际系统的运行方式，对测试用例和数据进行了修改和补充。

(4) 测试过程中进行了必要的回归测试和交叉测试。

……

7．结果概述

结果概述是总结测试的结果，指出各测试项的测试情况，描述测试用例的执行通过情况，给出最后一次的测试版本号，下面提供示例参考：

本次测试进行了功能测试的检查。最后一次的测试基线为：Build_HHR(α) V2.0.0.014。

功能测试执行情况详见表 12-4。

表 12-4　测试用例执行情况

测试项	对应用例编号	是否通过	备　注
导入电子档案文件	HHR_2.0_TC_导入电子档案文件	是	功能测试
电子档案	HHR_2.0_TC_电子档案文件	是	功能测试
单位用户登录	HHR_2.0_TC_单位用户登录	是	功能测试
	HHR_2.0_TC_档案转入		
预约	HHR_2.0_TC_预约申请	是	功能测试
	HHR_2.0_TC_预约回复		
档案转入、转出	HHR_2.0_TC_档案转入	是	功能测试
	HHR_1.0_TC_档案转出		
下载数据	HHR_2.0_TC_下载数据	是	功能测试
人员基本信息增加字段	HHR_2.0_TC_填写人事档案数据	是	功能测试
…	…	…	…

8．残留缺陷、缺陷统计及缺陷分析

残留缺陷摘要是简要罗列未被修改的残留缺陷，并附有未修复意见。

缺陷统计是对隶属于各个测试项的缺陷进行统计，通常都需要统计一下表 12-5 所示数据，有的测试部门还需要统计其他一些数据信息，请读者根据需要进行选择添加。

各模块下不同解决方案的缺陷统计如表 12-5 所示。

表 12-5　各模块下不同解决方案的缺陷统计表

模块名称	有效缺陷			总　计
	已解决	以后解决	不解决	
单位管理	1	0	0	1
档案录入	6	0	2	8
档案业务	1	0	0	1
电子档案	8	0	0	8
批量导入	5	0	1	6
下载数据	5	0	0	5
用户管理	1	0	0	1
预约	11	0	1	12
总计	38	0	4	42

各模块下不同严重级别的缺陷统计如表 12-6 所示。

表 12-6　各模块下不同严重级别缺陷所占百分比

模块名称	2–重要		3–中等		4–次要		5–有待改进	
	缺陷数目	百分比(%)	缺陷数目	百分比(%)	缺陷数目	百分比(%)	缺陷数目	百分比(%)
单位管理	0	0	1	4.35	0	0	0	0
档案录入	1	16.67	2	8.70	1	12.5	4	80
档案业务	0	0	1	4.35	0	0	0	0
电子档案	2	33.33	2	8.70	4	50.0	0	0
批量导入	1	16.67	5	21.74	0	0	0	0
下载数据	1	16.67	4	17.39	0	0	0	0
用户管理	0	0	1	4.35	0	0	0	0
预约	1	16.67	7	30.43	3	37.5	1	20
总计	6	14.29	23	54.76	8	19.05	5	11.90

缺陷分析是对有效缺陷进行缺陷分布分析、缺陷趋势分析，以及缺陷龄期分析。通常都会对以下数据进行分析：

(1) 缺陷分布。

缺陷分布如表 12-7 所示。由表 12-7 可知，模块“预约”“电子档案”“批量导入”和“档案录入”占的缺陷相对比较多，主要是异常处理、逻辑控制以及界面易用性问题。

(2) 缺陷趋势。

缺陷趋势如图 12-27 所示。由图 12-7 可知：

(1) 整个测试活动持续 15 天，随着测试时间的推移，新提交的缺陷数减少。

(2) 整个测试共提交有效缺陷 42 个，所有缺陷均已解决、已关闭。

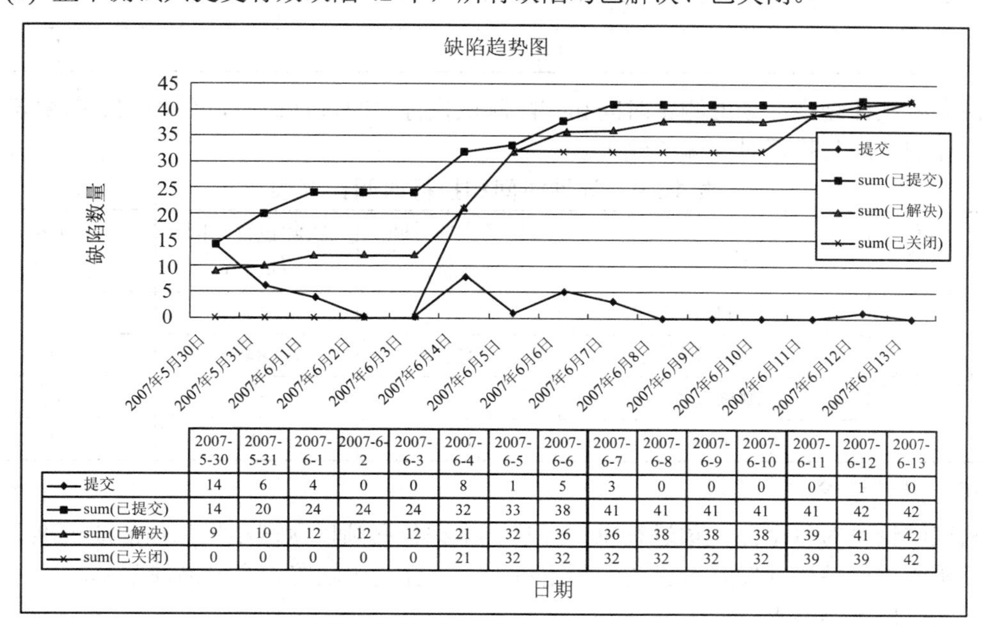

	2007-5-30	2007-5-31	2007-6-1	2007-6-2	2007-6-3	2007-6-4	2007-6-5	2007-6-6	2007-6-7	2007-6-8	2007-6-9	2007-6-10	2007-6-11	2007-6-12	2007-6-13
提交	14	6	4	0	0	8	1	5	3	0	0	0	0	1	0
sum(已提交)	14	20	24	24	24	32	33	38	41	41	41	41	41	42	42
sum(已解决)	9	10	12	12	12	21	32	36	36	38	38	38	39	41	42
sum(已关闭)	0	0	0	0	0	21	32	32	32	32	32	32	39	39	42

图 12-7　缺陷趋势

表 12-7　模块缺陷分布

模块名称	缺陷数目	模块名称	缺陷数目
单位管理	1	批量导入	6
档案录入	8	下载数据	5
档案业务	1	用户管理	1
电子档案	8	预约	12

9．测试活动总结

测试活动总结是总结主要的测试活动和事件。总结资源消耗数据，如人员的总体水平，总机时和每项主要测试活动所花费的时间(如表 12-8 所示)，同时，与测试计划中活动进度安排进行比对。

表 12-8　测试活动时间表

<table>
<tr><th>活动名称</th><th>提交成果</th><th>起始时间</th><th>终止时间</th><th>执行人员</th><th>实际工时(小时)</th></tr>
<tr><td>编写测试用例、准备测试数据</td><td>人事代理系统测试用例及其辅助程序的编写和大数据量数据准备</td><td>2007-05-18</td><td>2007-05-20</td><td>张三</td><td>24</td></tr>
<tr><td rowspan="5">测试执行</td><td>V2.0.0.010</td><td>2007-05-30</td><td>2007-06-01</td><td>张三、李四</td><td>48</td></tr>
<tr><td>V2.0.0.011</td><td>2007-06-02</td><td>2007-06-04</td><td>张三、李四</td><td>15</td></tr>
<tr><td>V2.0.0.012</td><td>2007-06-05</td><td>2007-06-07</td><td>张三、李四</td><td>15</td></tr>
<tr><td>V2.0.0.013</td><td>2007-06-08</td><td>2007-06-12</td><td>王五</td><td>3</td></tr>
<tr><td>V2.0.0.014</td><td>2007-06-13</td><td>2007-06-13</td><td>王五</td><td>3</td></tr>
<tr><td>编写测试总结报告</td><td>人事代理系统测试总结报告</td><td>2007-06-20</td><td>2007-06-21</td><td>张三</td><td>12</td></tr>
<tr><td colspan="5">总计</td><td>120</td></tr>
</table>

根据测试计划中计划的测试时间和实际测试执行时间进行比对，可得表 12-9。由表 12-9 可知，计划时间与执行时间偏差较大。

表 12-9　计划时间和执行时间比对表

项目名称	比对项	测试计划时间(小时)	实际执行时间(小时)	执行偏差(小时)
人事代理系统	测试用例和测试数据准备	26	24	–2
	测试执行	120	84	–36
	测试总结	16	12	–4
	总工时(小时)	162	120	–42

10．测试结论

测试结论是对每个测试项进行总的评价。本评价必须以测试结果和项的通过准则为依据，说明该项软件的开发是否已达到预定目标，计算代码缺陷率和产品缺陷率。

下面提供示例参考：

(1) 经测试验证，系统完成需求所要求的全部功能，测试项中各功能的实现与需求描述一致。

(2) 测试结果满足测试退出准则。

(3) 整个系统在设计结束后定义功能点 96 个，测试发现的有效缺陷为 42 个，按功能点对缺陷数进行计算可得，代码缺陷率 = 42/96 = 0.4375 个/FP(代码缺陷率=有效缺陷/FP 总数)。

12.3　测试用例设计

测试人员的一个基本工作，或者说是基本功，就是测试用例的编写。对于一些快速迭代的互联网产品，关于是否需要编写测试用例，也有一些讨论和争论。

笔者认为还是需要编写测试用例，特别是对于 APP 这样的产品，很多功能有一定的稳定性。类比来说，电影的剧本有场景、动作、台词，规划出一个基本的框架，测试用例也是一样，考虑针对什么功能，在什么情况和使用场景下做什么操作，用什么数据，期望有什么样的结果，进而和实际结果对比判断是否合理。如果完全没有这样的剧本，测试会比较盲目，更重要的是，如果不系统地把这些测试点提前记录下来，等到测试人员拿到可测的版本，如何保证能想起上面所有这些情况，并系统地覆盖？

对各种场景和路径进行比较系统化的覆盖，是对一个专职或者专业测试人员的基本要求，这一点使他们和普通用户的使用区分开来，也体现了测试的系统性、深度和效率，在很短的时间里覆盖足够多的场景。另外，还有很重要的一点，测试人员把这些测试点记录下来，也可以请其他测试人员以及开发人员等一起来评审，确保测试用例的正确性和全面性。缺少用例，也不便于知识的积累和传递，因为现实中会有具体模块负责人员的变更和交接。

当然，虽然有了测试用例，实际执行过程中还是存在一些随机因素，对于同样的用例，不同的人会发现不同的问题，因为人在执行的过程中观察的点会不同，操作的方式也会有差别。

下面在是否编写用例上给出了建议，这与传统的软件研发流程相同，但是细节上存在差异，主要体现在以下几个方面：

(1) 用例设计上的投入。

在笔者曾经参与过的企业级产品的测试中，因为一个软件发布版本的周期是 6 个月以上的时间，所以测试用例设计的流程会做得比较严谨。我们之前的做法是对于每一个模块编写测试设计文档，讨论需要考虑的测试场景，然后进行开发测试内部评审。修订完之后开始编写正式的测试用例，然后再召开测试用例评审会。这些固然严谨和全面，但对于互联网产品，很多模块只有几天的测试时间，所以通常省去了测试设计思路的文档化过程。

(2) 用例编写的详细程度。

严格来说，测试用例应该至少包括下面的要素：

用例的题目：用一句话描述。

测试步骤：逐条写下，详细程度需要即使有少量经验的人也可以执行。

前置条件：此用例的执行需要哪些前置条件或者在什么条件下才会有预期的结果。

测试数据：此用例的执行需要什么样的测试数据，比如在电商购物核心功能测试中，对于无货的商品，特殊的优惠券等信息，需要提前准备好并附上。

期望的测试结果。

如果每个用例写到这样的程度，实际上对于很多项目来说是无法承受的。一般按照的测试用例编写方法，里面每一个子节点其实对应的是一个用例，但是非常概括，或者只能算是一个提示，告诉对应的测试人员需要考虑这样的情况，但是并没有详细地给出测试的步骤、数据和期望的结果。

在某种程度上，这是一种妥协，但也是另一种工作方式，用例就相当于一个故事梗概，需要对应的测试人员了解需求，以及基本的实现方式，进而执行。在这一点上，类似于演讲时用的 PPT，可以把要说的话全部写在上面，也可以只写几个关键词，其他内容需要自己补充和发挥。

可以看出，这种方式其实对测试人员提出了更高的要求，需要测试人员对负责的业务功能细节非常了解，并且对测试环境和数据等方面也能进行把控。所以在人员的分工上，对于一个功能模块，会有一个具体的测试负责人来跟进。

图 12-8 展示了某个 APP 各个功能模块的细节及逻辑流程，这样就可以非常清晰地显示每一条用例代表的场景及如何执行测试。

(3) 表现形式。

图 12-8 引入了思维导图的表现形式，这种表现形式基于常用的 Xmind、Freemind 等工具。传统上，测试用例主要的载体是 Excel 表格，或者基于 Web 的测试用例管理平台。以上表现形式都可以比较完整地表达测试用例中的各个要素。Excel 表现形式遇到的问题是：一方面编写的工作量比较大，考虑一个功能模块有超过 100 个用例是很普遍的；另一方面是缺少逻辑关系，这一点是思维导图的优势。图 12-9 所示为传统的功能逻辑用例测试 Excel 样例。

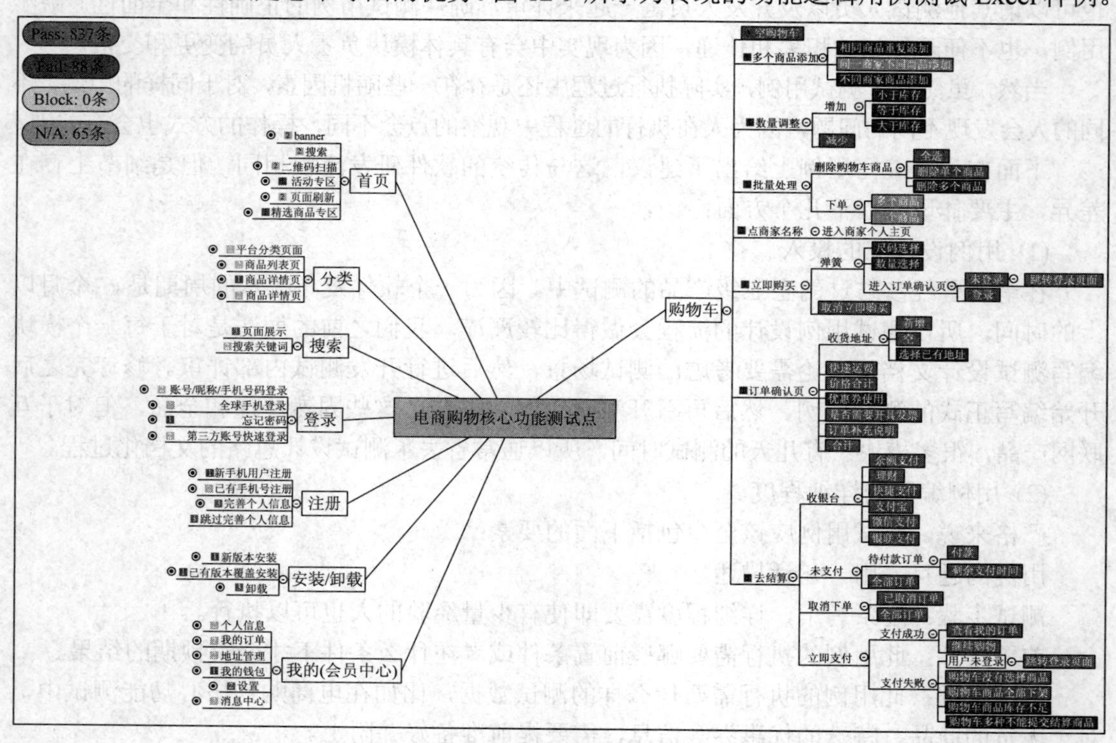

图 12-8　针对 APP 测试功能逻辑用例测试点

以上几种形式我们在不同的项目中都实际应用过，包括先用思维导图来编写用例，然后导出为 Excel 形式或者导入到第三方用例管理平台等方式。从实际应用来看，转换的过程体验并不好，也会存在变更后双向同步的问题。在目前实际项目的做法中，我们并没有严格要求测试人员编写用例的形式。

用例编号	功能	用例标题	优先级	测试步骤	预期结果	测试结果
1	选择商品	选择当日达商品	P1	1. 添加商品到购物车； 2. 打开购物车页面； 3. 选择当日达商品	1. 当日达商品选择成功； 2. 购物车【合计金额】同步更新； 3. 购物车【去结算】按钮显示数量同步更新	pass
2		选择次日达商品	P1	1. 添加商品到购物车； 2. 打开购物车页面； 3. 选择次日达商品	1. 次日达商品选择成功； 2. 购物车【合计金额】同步更新； 3. 购物车【去结算】按钮显示数量同步更新	pass
3		选择单个商品	P1	1. 添加商品到购物车； 2. 打开购物车页面； 3. 点击商品前面选择按钮，选择单个商品	1. 商品选择成功； 2. 购物车【合计金额】同步更新； 3. 购物车【去结算】按钮显示数量同步更新	pass
4		取消选择单个商品	P1	1. 添加商品到购物车； 2. 打开购物车页面； 3. 点击商品前面选择按钮，选择单个商品； 4. 再次点击商品前面选择按钮，取消选择商品	1. 商品取消选择成功； 2. 购物车【合计金额】同步更新； 3. 购物车【去结算】按钮显示数量同步更新	pass
5		全选商品	P1	1. 添加多个商品到购物车； 2. 打开购物车页面； 3. 点击当前商家【全选】按钮	1. 商家的全部商品都被选中； 2. 购物车【合计金额】同步更新； 3. 购物车【去结算】按钮显示数量同步更新	pass
6		取消全选商品	P1	1. 添加多个商品到购物车； 2. 打开购物车页面； 3. 点击当前商家【全选】按钮； 4. 再次点击商家【全选】按钮，取消全选商品	1. 商家的全部商品都被取消选中； 2. 商家的【去结算】按钮置灰不可点； 3. 购物车【合计金额】同步更新； 4. 购物车【去结算】按钮显示数量同步更新	pass
7		库存不足商品不能选择	P2	1. 添加商品到购物车； 2. 设置商品数量为最大值； 3. 切换收货地址，使商品购物车数量超过当前库存数量； 4. 查看商品显示	1. 商品选择按钮处于置灰状态； 2. 商品数量可以修改	pass
8		库存不足时全选商品	P1	1. 添加多个商品到购物车； 2. 设置商品数量为最大值； 3. 切换收货地址，使多个商品购物车数量超过当前库存数量； 4. 点击商家【全选】按钮	1. 弹框显示多个商品库存不足提示信息； 2. 【全选】按钮处于选中状态； 3. 购物车【合计金额】同步更新； 4. 购物车【去结算】按钮显示数量同步更新	pass
9		关闭APP后再打开，商品选中状态不变	P1	1. 添加商品到购物车； 2. 打开购物车页面，选中部分商品； 3. 关闭APP； 4. 再次打开APP，查看购物车页面商品显示	购物车页面商品选中状态不变	pass
10		对商品进行加减操作会选中商品	P1	1. 添加商品到购物车； 2. 打开购物车页面，取消商品选中状态； 3. 增加或减少商品数量； 4. 查看商品状态	对商品进行加减操作后，商品会更新为选中状态	pass

图 12-9　功能用例设计 Excel 样例